采煤机动力学分析方法与系统

丁 华 著

科 学 出 版 社

北 京

内 容 简 介

本书运用矿山机械、信息工程学科交叉的最新理论与应用技术，建立了采煤机整机刚柔耦合动力学模型；通过对采煤机整机及关键零部件的动力学特性的研究，提出了集采煤机建模、分析、优化为一体的数字化设计方案；突破了采煤机参数化CAD建模、参数化CAE分析、参数化优化设计、网络环境下的动力学分析等关键技术，开发出采煤机动力学分析系统(包括 NX NASTRAN的采煤机参数化设计与分析系统、网络环境下基于ADAMS的采煤机动力学分析系统)。从而实现了从建模到分析再到优化的闭环控制，推动了采煤机传统动力学分析方法向数字化、网络化、智能化方向发展，提高了采煤机设计效率及企业的自主创新和协同创新能力。

本书总结了作者在采煤机动力学分析与系统研究中的经验和最新研究成果，希望为从事采煤机设计、动力学分析、现代设计理论与方法研究的学者及研究生提供参考和帮助。

图书在版编目（CIP）数据

采煤机动力学分析方法与系统 / 丁华著．—北京：科学出版社，2019.5

ISBN 978-7-03-060774-4

Ⅰ. ①采… Ⅱ. ①丁… Ⅲ. ①采煤机-机械动力学-研究 Ⅳ. ①TD421

中国版本图书馆CIP数据核字（2019）第043725号

责任编辑：朱晓颖　朱灵真 / 责任校对：郭瑞芝

责任印制：张　伟 / 封面设计：迷底书装

科 学 出 版 社 出版

北京东黄城根北街16号

邮政编码：100717

http://www.sciencep.com

北京建宏印刷有限公司 印刷

科学出版社发行　各地新华书店经销

*

2019年5月第　一　版　开本：787×1092　1/16

2019年5月第一次印刷　印张：11 1/4

字数：288 000

定价：88.00元

（如有印装质量问题，我社负责调换）

前　言

煤炭工业是我国国民经济的基础产业，在国民经济中占有重要的战略地位。近年来，随着国民经济的快速发展，煤炭能源需求总量仍处于高速增长阶段。为了提高煤炭的生产效率、保障煤炭持续可靠地供应，必须提高生产技术。采煤机是煤矿采煤工作的核心设备之一，其运动状态与可靠性直接影响生产的经济性和安全性。采煤机是机、电、液多学科组成的复杂耦合系统，在恶劣、复杂、多变的工作条件下极易发生故障而影响正常开采工作，给企业和国民经济带来巨大损失。因此，如何运用现代设计方法提高采煤机关键零部件的耐久性、可靠性和稳定性已成为采煤机现代设计方法研究中亟待解决的问题。

本书针对采煤机现代设计方法存在的不足，研究采煤机整机及其关键部位的动力学特性，将参数化原理和网络化思路融入采煤机动力学分析中，提出了参数化动力学分析方法和网络化动力学分析方法，突破了采煤机参数化建模、参数化分析、参数化优化及集成、在线参数化仿真等关键技术。并在此研究基础上，开发了基于 NX NASTRAN 与网络平台的采煤机动力学分析系统，在一定程度上实现了采煤机动力学分析的集成化、网络化、自动化和智能化，为提高采煤机设计可靠性提供了有效途径。具体内容包括：

(1) 建立采煤机整机刚柔耦合动力学模型，研究采煤机整机及关键部位的动力学特性，关注不同载荷工况下关键零部件应力应变情况，分析其危险位置，并结合疲劳寿命分析研究关键零部件的疲劳寿命情况及破坏形式，为采煤机的设计提供理论依据。

(2) 提出参数化建模、分析、优化的集成解决方案，基于约束的参数化原理实现可变参数对模型的实时驱动，利用解算求解器和接口函数实现数据的无缝传递与共享，完成 CAD 建模、CAE 分析和优化的参数化与自动化，实现采煤机设计、分析、优化整个过程的良性闭环控制，不仅避免了数据在不同软件间转换时造成的数据丢失，而且缩短了采煤机研发周期，提高了设计效率。

(3) 提出网络环境下基于 ADAMS 的采煤机动力学分析方案，在 B/S 模式下通过 ADAMS 接口函数、宏命令语言、模型语言与仿真脚本文件等关键技术，搭建动力学分析的网络平台，通过网络远程调用 ADAMS 实现对采煤机关键机构的在线参数化建模仿真分析、上传模型在线仿真分析、仿真记录与仿真视频管理等功能，弥补了单机版 CAE 分析软件的局限性，拓展了设计分析范围，节省了企业成本，具有良好的社会效益和经济效益。

在本书的写作过程中，太原理工大学机械与运载工程学院杨兆建教授对研究内容给予了全面的指导，王义亮教授对全书进行了校核和审读，太重煤机有限公司总经理郝尚清为研究成果在企业的应用与推广提供了大力支持，同一课题组的原彬、李江云、谢爱争、赵峰等硕士研究生承担了课题的部分任务，在此一并表示感谢。

本书得到了山西省科技基础条件平台项目(201805D141002)的资助，在此表示感谢。

由于作者的知识水平有限，书中难免有不足之处，恳请广大读者提出宝贵意见。

作　者

2019年1月

目　　录

第1章 绪 论

1.1 研究目的与意义

我国是全球煤炭消费大国之一，虽然我国倡导优化能源消费结构、提高清洁能源和可再生能源在能源消费结构中所占的比重，但是由于我国能源结构为多煤、少油和缺气的格局，短期内我国目前的能源结构仍然以煤炭为主。煤炭是我国的主导能源，也是支撑国家经济快速发展的基础动力，在国民经济中具有重要的战略地位。为了保障煤炭持续可靠地供应，必须提高煤炭的生产效率，提高生产技术和采煤机的工作效率。

采煤机是机、电及液多学科组成的复杂耦合系统，在恶劣、复杂、多变的工作条件下，极易发生故障，如牵引箱的开裂、行星架的变形扭曲、行走轮轮齿的折断变形以及导向滑靴的撕裂等，严重影响煤矿企业正常开采工作，给企业和国民经济带来巨大损失。因此对采煤机关键零部件的耐久性、可靠性及稳定性提出了更高的要求。

我国采煤机制造业生产能力和规模堪称世界最大，但整体技术水平和创新能力却远落后于世界先进水平。例如，美国久益公司、德国艾柯夫公司的采煤机利用率达95%～98%，整机无故障运行12～18个月，主要部件的大修周期为600万h，最高达1000万h，而国内采煤机只能保持在6个月左右，大修周期明显短于国外采煤机[1]。另外，我国采煤机的原材料和关键零部件(齿轮、轴承、滚筒、电机、密封件)在质量上与国外产品存在较大差距，国外大功率电牵引采煤机寿命达2000万h，齿轮寿命达20000h以上，轴承寿命达30000h以上，而国产采煤机的齿轮寿命和轴承寿命一般为10000h[2]。中国与国外同类采煤机相比还存在较大的差距，主要体现在：外形尺寸庞大，重量超重；传动系统效率低，有效输出功率不高；可靠性较差，寿命短；自动化程度低，工人劳动强度大。由此可见，我国采煤机设计理论与技术暴露出诸多问题：设计理念落后，设计手段落后，设计理论不完善；技术创新能力弱，适应性差；协同能力差，整体方案解决能力弱，信息化水平低[3]。

近些年，采煤机设计与制造企业与高校、科研院所联合围绕数字化集成设计技术、基于网络的现代设计方法、矿山机械CAE、虚拟现实、绿色设计与制造、云计算与云制造等先进设计理论和方法进行研究与探索，现代设计方法逐渐在采煤机设计与生产制造单位得到了快速的发展及应用，成为企业可持续发展的重要手段。但由于采煤机设计过程具有多输入、多输出、不确定性及多干扰源的复杂非线性等特点，需要考虑多种特殊环境和复杂工况等综合因素，至今数字化设计进程缓慢。

目前采煤机设计研究的不足主要归纳为以下几个方面。

(1) 目前采煤机设计大都基于传统的设计方法和经验公式，需要查阅大量文献资料并进行复杂人工计算，效率低且可靠性差。为适应不同煤层高度、煤层硬度及年产量需求等原始条件，需要研发具有不同性能参数的采煤机，若依靠传统设计方法，则必须对零部件及整机进行重新建模，并手动校核其强度、刚度、稳定性和疲劳寿命等性能，工作过程烦琐且具有很大的重复性。

⑵企业对 CAE 研究不深入，对采煤机零件结构设计优化考虑不周，造成采煤机的一些关键零部件结构不可避免地存在过设计或欠设计，增加了大量的试验投资，致使生产成本一直居高不下，产品可靠性也得不到保证，极大地制约了产品市场竞争力的提高。虽然有不少企业和研究机构开展 CAE 分析技术的研究，但是 CAE 分析大多是面向个体定制，未实现参数化 CAE 分析，极大地影响了采煤机 CAE 分析的效率。

⑶采煤机参数化设计与分析技术对设计人员软件技术门槛和操作水平的要求较高，目前对于采煤机的建模、分析、优化仍停留在不同软件的初级使用阶段，且整个建模、分析、优化流程通过软件间的接口技术实现。不同软件对数据的处理及记录方式不同，不可避免地导致数据在不同软件间转换时丢失。因此研究参数化建模、分析及优化集成关键技术与开发集建模、分析及优化功能为一体的软件平台势在必行。

⑷传统的采煤机动力学分析计算对计算机的硬件及研发人员的技术能力要求较高，企业内部的计算机资源和网络资源不能得到最优化的配置利用，导致企业对仿真技术日益增长的需求与科研资金投入不足之间的矛盾；同时在传统的机械产品研发过程中，由于空间的限制，数据的保存与实时共享存在一定的困难，不利于研发人员之间的互相交流和协同工作，势必造成产品研发周期延长，企业竞争力降低。

针对目前采煤机现代设计存在的问题，本书运用矿山机械、信息工程学科交叉的最新理论与应用技术，提出了集采煤机建模、分析、优化为一体的数字化设计方案，突破了采煤机参数化 CAD 建模、参数化 CAE 分析、参数化优化、网络环境下的动力学分析等关键技术，开发了采煤机动力学分析系统，包括基于 NX NASTRAN 的采煤机参数化设计与分析系统和网络环境下基于 ADAMS 的采煤机动力学分析系统。基于 NX NASTRAN 的采煤机参数化设计与分析系统通过在同一软件中集成参数化建模、分析及优化三个子系统，可使研发人员通过 UI 中的参数控制零件的三维建模、分析及优化的全进程，实现了从建模到分析再到优化的闭环控制功能，有效地防止了数据丢失，同时提高了采煤机的设计效率。网络环境下基于 ADAMS 的采煤机动力学分析系统，将动力学分析软件 ADAMS 集成到服务器中，实现采煤机的运动机构参数化建模和动力学在线仿真分析，并且能够对企业设计人员所上传的采煤机模型进行动力学分析，为设计人员提供在线仿真数据结果，同时提供仿真数据与仿真视频的异地共享及保存功能，为采煤机设计提供了参考依据。

本书的研究推动了采煤机传统设计方法向数字化、网络化、智能化方向发展，提高了采煤机设计效率及企业的自主创新和协同创新能力，具体体现在以下几个方面。

⑴考虑到采煤机整机受力情况和各部件之间受力都有着直接或间接关系的因素，本书通过必要的假设与简化，建立采煤机工作时的刚体动力学模型和数学模型，建立采煤机整机刚柔耦合动力学模型，利用多体动力学分析软件 ADAMS，结合实际对不同工况进行动力学仿真，对采煤机整机、截割部和牵引部等关键部位进行受力分析，为采煤机动力学的分析研究与设计奠定一定的理论基础。

⑵由于数字化技术在煤机装备企业的应用还未普及，许多企业人员缺乏数字化设计的专业知识与技能。在采煤机设计与生产过程中仍采取传统设计方法，造成企业缺乏竞争力，成本提高，效益下降。采煤机动力学分析系统具有友好的交互界面，操作简便，企业设计人员在专业知识欠缺的条件下也能利用该软件对模型进行分析和优化，提高了工作效率。

⑶基于 NX NASTRAN 的采煤机参数化设计与分析系统集成参数化 CAD 建模子系统、

参数化 CAE 分析子系统及参数化优化设计子系统，实现了采煤机设计、分析、优化整个过程的闭环控制，不仅避免了数据在不同软件间转换时造成的数据丢失，而且缩短了采煤机研发周期，提高了设计效率。

(4)网络环境下基于 ADAMS 的采煤机动力学分析系统实现了对采煤机运动机构进行在线动力学仿真分析计算，可以提供采煤机关键零部件在不同工况下的载荷情况，为采煤机关键零部件设计提供参考依据，使设计人员摆脱传统分析方法的重复劳动，不受地域的限制进行异地合作与设计，实现信息的交流和共享，方便快捷，具有良好的社会效益。

(5)采煤机动力学分析系统将远程动力学分析服务集成在服务器端，企业无须购买专业分析软件，登录网站即可使用，使企业内部的计算机资源和网络资源得到了最优化的配置利用，有效缓解了企业对仿真技术日益增长的需求与科研资金投入不足之间的矛盾，缩短了采煤机研发周期，增强了企业竞争力。

1.2　国内外研究动态

1.2.1　采煤机动力学分析

采煤机的工作环境复杂恶劣，其性能的优劣直接关系到煤炭生产能否安全、高效地进行。采煤机在工作状态下长期承受复杂多变的动载荷的作用，导致各零部件失效，整机可靠性降低。因此，国内外许多学者都对采煤机的零部件动力学特性进行了研究。

2008 年，西班牙奥维尔多大学 Toraño 等采用模糊逻辑、神经网络和 3D 有限元计算等建模工具研发出一种长壁采煤设备的计算机模型，可以预测设备对于变化的操作条件的响应，将所得到的响应与深层测量结果所得到的大量数据进行对比，最终通过 VRML(虚拟现实建模语言)工具返回给系统用户[4]。2009 年，太原理工大学齐有军等人采用有限元法分析某型号采煤机减速齿轮箱的动态特性，研究并修正了引起箱体共振破坏和应力破坏的设计缺陷，并以箱体的重量最轻为目标进行箱体参数优化[5]。杨涛等利用 ADAMS 软件对某新型大采高电牵引采煤机的截割部进行运动学和动力学仿真分析，并以此结果为依据，在 ANSYS Workbench 中对截割部的关键零部件进行有限元分析[6]。东北大学赵丽娟等人采用有限元方法对采煤机扭矩轴进行了静力学分析，并结合 ADAMS 和 ANSYS/LS-DYNA 软件进行了动态接触仿真分析，得到了准确的扭矩轴应力、应变值及其变化规律[7]。2010 年，西安科技大学白学勇等人针对截齿工作过程中受力及可能出现的故障，采用有限元法对采煤机截齿截割过程的力学性能进行了模拟分析，研究了不同速度、不同安装约束对截齿截割性能的影响[8]。2012 年，中国煤炭科工集团有限公司王广等基于 Solid Edge 和 ADAMS 软件，采用机械系统动力学分析方法，得到了采煤机在固定摇臂倾角运行过程中调高油缸上所受动态力的情况[9]。2013 年，西安重工装备制造集团有限公司杜成林等采用有限元软件 ABAQUS 对采煤机齿轨轮和销排行走机构进行仿真分析，研究得出了导致齿轮根部应力出现峰值的原因[10]。2014 年，赵丽娟等人在 RecurDyn 中建立截割部传动系统刚柔耦合模型，并对系统添加基于 MATLAB 模拟得到的载荷，在仿真环境下描述了齿轮啮合的过程，求出各级齿轮的动态应力，并依据分析结果对传动齿轮进行了优化设计，为大型机械的柔性接触仿真提供了解决思路，揭示了齿轮在啮合过程中的周期性波动[11]。2015 年，赵丽娟等通过 MATLAB 、Pro/E、ADAMS 和 ANSYS 建立了联合仿真平台，对截割部进行了振动特性分析，并在 LS-DYNA 中进行了一级齿轮的动态接触分析，分析结果表明截割部存在易激发的固有振型，仿真结果为采煤机提高稳定性提供了参考和依据；并建立了采煤机截割部的动力学模型，利用输出的载荷文件对轴承进行动力学分析，明确了滚动轴承的动力学响应，为低速重载滚动轴承的设计提供了参考；以多体动力学理论为基础，建立了采煤机截割部刚柔耦合模型，对截割部行星轮系进行了动力学分析，根据各齿轮的应力和变形情况对行星头部太阳轮进行了结构改进，从而消除了行星架的应力集中情况[12]。近年来，太原理工大学煤矿综采设备重点实验室课题组利用 ADAMS、NX NASTRAN 等动力学分析软件对采煤机进行了动力学仿真分析[13-15]，为采煤机设计提供了理论依据。

1.2.2 基于 NX NASTRAN 的动力学分析

NX NASTRAN 是国际上应用最广泛的 CAE 工具，可以对多种类型的工程和产品的物理、力学性能进行分析、模拟、预测、评价和优化，以实现产品技术创新。其应用领域包括航空航天、汽车、军工、船舶、重型机械设备、医药和消费品等，这也使得其分析结果成为了工业化的标准。因此，国内外许多学者对基于 NX NASTRAN 动力学分析进行了研究。

1981 年，Larkin 等对 NASTRAN 分析的弹塑性用户元素进行了研究，指出 NASTRAN 弹塑性用户元素是其主要缺陷，在分析过程中梁元素和壳元素不能进行弯曲，为此提出通过加载更为详细的几何形变来解决该问题[16]。2006 年，Cestino 针对 NX 研发了一种计算机程序对机械结构和参数进行研究和优化，之后利用 NASTRAN 代码进行有限元分析并验证优化结果[17]。2010 年，Hajimirzaalian 等人通过 NASTRAN 仿真制作了设计平台，并对一些机械机构进行了优化[18]。2016 年，印度斯里兰卡工程学院 Ramesh 等人利用 NX NASTRAN 软件对含有红麻和玻璃纤维的混杂复合材料进行元素分析，并对其力学性能进行了预测[19]。2011 年，吉林大学谢飞等利用 NX 软件内嵌解算器 NASTRAN 对 Logix 型齿轮进行了弯曲应力分析[20]。2013 年，扬州大学 Li 等应用 NX 软件建立了旋转刀片轴的三维模型，并利用 NX NASTRAN 对其进行静力学分析[21]。2013 年，江苏大学李耀明利用三维软件 NX 建立了模型号联合收获机的底盘托架，并利用 NX NASTRAN 软件对其进行了模态分析[22]。太重煤机有限公司郭成龙利用 NX NASTRAN 软件对点牵引采煤机截割部摇臂进行了瞬态分析[23]。上海理工大学石更强运用 NX NASTRAN 软件对人工仿生膝关节进行了静力学分析[24]。2014 年，上海理工大学李春银等人利用 NX NASTRAN 对汽车空调旋叶式压缩机中排气阀片进行了模态分析[25]。2017 年，陈家琦等通过参数化设计轮毂结构，运用 NX NASTRAN 软件对轮毂进行有限元分析，完成轮毂结构的有限元分析及优化[26]。2018 年，赵娟妮使用 NX NASTRAN 软件对优化前、后的车架进行有限元分析，得出了车辆正常行驶时车架应力分布情况、位移分布图及模态分析结果，从而验证车架优化设计的合理性[27]。顾涛和罗平尔使用 NX NASTRAN 软件进行有限元分析，验证了铆压的可行性，完成了铆压机的设计，有效提高了铆压的质量和效率[28]。

1.2.3 基于网络的动力学分析

随着计算机网络技术的发展，动态网络技术、组件技术、数据库技术等使得基于网络的动力学分析成为可能。目前许多学者对远程设计和远程有限元分析都有所研究。

2005 年，新加坡国立大学 Mervyn 等采用客户端/服务器的系统结构，设计研发了一套基于网络的交互式夹具设计系统[29]。2010 年，马里博尔大学 Hren 将建模系统与虚拟样机技术结合，采用 B/S 结构开发系统，进行在线评估和仿真[30]。2012 年，建国大学 Lwin 等提出基于

Web 的多学科优化设计框架，整合相关技术实现了使用飞行仿真程序预测旋翼飞机的飞行特性[31]。2013 年，延世大学 Nyamsuren 等提出了基于 Web 的浇注系统协同设计框架，实现了 3D 模型数据的在线修改和创建[32]。2002 年，清华大学韩永彬等通过远程调用的方式实现了 ANSYS、ADAMS 和 Fluent 三种 CAE 软件基于 Web ANSYS、ADAMS 和 Fluent 三种软件的共享,并在此基础上完成了一个分布式计算环境下基于Web方式的CAE软件共享原型系统[33]。2003 年，清华大学张和明等人采用基于 CORBA 和 DCOM 的分布式对象处理技术，开发了基于 Web 的多学科协同设计与仿真平台原型系统[34]。武汉大学胡建正等采用组件化程序设计方法，将 ADAMS 软件引入履带车辆传动系统仿真开发中[35]。2007 年，西北工业大学王晓东等通过分析协同仿真实现方式及 ADAMS 与 Simulink 提供的外部接口，实现了两者单机环境下的协同仿真，利用 ADAMS 软件的 Controls 模块进行网络数据传输，实现了两者在不同主机上的远程系统仿真[36]。山东科技大学赵胜刚等人通过编写 JavaBean 的方法，初步实现了 MATLAB 的 Web 调用与 ADAMS 协同仿真,用于对控制、液压和机械系统提供协同仿真服务[37]。

太原理工大学现代设计网上合作研究中心和煤机装备山西省重点实验室长期致力于煤机装备现代设计方法的研究，近年来在基于 Web 的现代设计方面取得了大量的研究成果。2012 年，张艳花等利用 ASP.NET3.5 技术以及访问 SQL Server 2005 数据库的技术，设计了采煤机选型设计系统[38]。2013 年，杨兆建等人开发矿山机械 CAE 技术公共服务平台，通过网络扩展可交互软件,对 ANSYS 进行异地调用,为矿山机械制造企业提供远程有限元分析服务[39]。2015 年，谢嘉成等开发了基于 Web 的采煤机虚拟拆装模块和综掘工作面场景仿真系统，实现了远程虚拟拆装与场景演示服务，为煤矿装备制造企业快速了解产品结构和实际运行状况提供了全新平台与技术支持[40]。2016 年，郝晓东等人提出了基于 Web 的采煤机扭矩轴参数化分析方法，结合 MATLAB 软件与 ASP.NET 技术开发了采煤机扭矩轴参数化分析系统，使用户在远程客户端就可以直接求解受同一扭矩的、不同尺寸下的扭矩轴卸荷槽所产生的最大剪应力[41]。2017 年，赵峰等基于 ADAMS 软件开发了采煤机动力学分析系统，实现了对采煤机关键零部件的在线动力学仿真分析[42]。

1.2.4　动力学分析系统

目前，应用于机械动力学和运动学仿真分析方面的软件主要分为两类：一类是以结构为主要分析对象的有限元分析软件，如 ANSYS、NASTRAN 和 Abaqus 等；另一类是以机构运动为主要研究对象的运动学仿真分析软件，如 ADAMS 和 DADS 等。为了实现快速建模和改型，避免研发过程中的重复工作，国内外学者结合不同的机械产品，基于软件二次开发设计了动力学分析系统。

2002 年，美国斯蒂文斯理工学院 Aziz 等人在新的集成设计和制造环境下以知识库为基础设计了一个基于网络的齿轮设计和制造系统，系统完成在线建模后会自动进行 ANSYS 有限元分析，并生成分析结果[43]。2005 年，西安交通大学朱爱斌等基于 MATLAB 和 Visual Basic（VB）提出三种集成方法，开发了齿轮啮合的转子轴承系统动力学分析系统[44]。2011 年，四川大学刘峰等提出了齿轮轴的参数化有限元分析系统的总体框架，以 VC++6.0 为开发平台，实现了对 ANSYS 中 APDL 语句的封装以及对 ANSYS 核心程序的调用，完成了系统各模块功能的开发[45]。吉林大学米良等针对数控机床主轴系统设计多个软件协同建模、智能决策与分析仿真的需要，提出并实现了 Solid Edge、ADAMS、ANSYS 以及主轴智能设计系统之间的多软件协同建模、数据交换与共享的方法，并在此基础上开发了一种由用户定制模块、传动方式配置智能决策模块、优化设计模块以及设计资源中心等组成的主轴智能设计系统[46]。2014 年，西北工业大学杨创战等结合 Visual Basic6.0 和 ANSYS 开发了减速器箱体的参数化有限元分析系统[47]。沈阳航空航天大学徐涛等为了实现对航空发动机振动分析及振动信息的自动化管理，结合 VB、Oracle 数据库、MATLAB 设计了发动机振动分析系统及其内部接口[48]。2018 年，太原理工大学谢爱争以 NX9.0 为开发平台，在 Visual Studio2012 集成编译环境下开发了采煤机动力学分析系统[49]。

综上所述，国内外学者对于采煤机动力学分析、基于 NX NASTRAN 的动力学分析、网络环境下基于 ADAMS 的动力学分析及动力学分析系统的研究为本书的编写提供了良好的基础与借鉴，但相关研究仍存在一些不足，具体分析如下。

(1)对于采煤机的动力学分析研究，大多局限于某一种工况和某一个部件的动态性能，对采煤机整机动力学分析的研究很少。此外，国内外很多学者对截割部刚柔耦合分析没有充分结合实际工况，同时，在分析传动系统时载荷工况单一且只考虑传动系统的部分零件，对于不同工况采煤机截割部动力学响应研究较少。

(2)通过 CAE 对所设计的产品进行物理及力学性能分析、参数及结构优化等大多还局限于传统方法，需要依据优化后的参数对模型进行修改，直到达到最优结构。此外，由于建模软件平台和分析软件平台的分离，用户必须花费时间进行平台切换，降低了工作效率。

(3)目前对于 ADAMS 的网络化应用，研究重点主要集中于将 ADAMS 作为辅助仿真工具来实现数据的网络传输，而将 ADAMS 作为虚拟样机技术软件应用于 B/S 模式中的研究非常少。另外，国内外对基于 ADAMS 的采煤机动力学分析、网络化研究寥寥无几，不能够满足当今采煤机设计的异地合作与资源共享需求。

(4)目前开发的动力学分析系统功能还有待完善，由于其开发难度较大且开发周期较长，大多数系统的开发仅仅停滞在理论研究上，在新产品研发设计中的应用较少。此外，模型数据未能在同一软件平台中得到统一，对于参数化 CAD/CAE 集成技术，由于起步较晚，目前还不能实现在同一个二次开发系统中既拥有参数化 CAD 建模功能又兼备参数化 CAE 分析功能。

1.3 主要研究内容

本书针对传统采煤机设计方法存在的不足，研究采煤机整机及关键部位的动力学特性，分析采煤机在工作中关键零部件可能出现的破坏形式；研究参数化动力学分析方法及网络化动力学分析方法，并开发采煤机动力学分析系统，为采煤机的数字化设计奠定了基础。主要研究内容如下。

(1)研究采煤机整机及关键部位的动力学特性。建立采煤机整机刚柔耦合动力学模型并考虑采煤机整机受力情况和各部件之间受力都有直接或间接关系的因素，利用多体动力学分析软件 ADAMS，结合实际对不同工况进行动力学仿真，对采煤机整机、截割部和牵引部等关键部位进行受力分析，关注在不同载荷工况下的关键零部件应力应变情况，分析其危险位置，并结合疲劳寿命分析，研究关注零部件的疲劳寿命情况及破坏形式。

(2)研究基于 NX 三维模型模板的参数化建模技术，设计基于 NX 的参数化建模程序执行流程并获取应用程序接口函数，实现采煤机关键零部件的参数化建模。研究基于 NX

NASTRAN 的参数化 CAE 分析关键技术，探索用 NX NASTRAN 作为解算求解器实现参数化 CAE 分析的途径和技术路线，并获取系统开发所需的接口函数，实现采煤机关键零部件参数化 CAE 分析，包括线性静力学分析、模态分析、瞬态分析、疲劳分析、频率响应分析。

(3)研究建模、分析、优化集成解决方案及关键技术。在参数化模型基础上，通过设置 CAE 分析条件进行 CAE 分析，通过接口函数获取参数化 CAE 分析的分析结果，并依据设定的优化目标、约束条件和设计变量对模型进行优化分析，优化设计结果返回去指导模型的修改。参数化 CAD 建模、参数化 CAE 分析、参数化优化设计在同一软件中实现，有效避免不同系统数据转换时严重的数据丢失问题。

(4)设计网络环境下基于 ADAMS 的采煤机动力学分析方案，研究 ADAMS 软件的仿真方式、模块功能及接口类型，解决在 B/S 模式下远程调用 ADAMS 软件的关键技术，并与动态网页技术相结合，研发网络环境下基于 ADAMS 的采煤机动态分析系统，实现对采煤机关键机构的在线参数化仿真分析、上传模型在线仿真分析、仿真记录与仿真视频等功能。

(5)开发采煤机动力学分析系统。根据上述理论和方法，在软件开发模式、体系结构、功能设计以及 CAE 软件集成开发系统方法的研究基础上，结合采煤机建模、分析及优化主要阶段，利用动态网络编程技术、二次开发技术、数据库技术等开发采煤机动力学分析系统，包括基于 NX 的采煤机参数化 CAD 建模子系统、基于 NX NASTRAN 的采煤机参数化 CAE 分析子系统、基于 NX NASTRAN 的采煤机参数化优化设计子系统、基于 ADAMS 的采煤机在线参数化仿真子系统、基于 ADAMS 的采煤机上传模型在线仿真子系统、基于 ADAMS 的采煤机仿真记录与仿真视频子系统。

第2章　采煤机动力学分析

2.1　引　言

采煤机的工作环境极其恶劣，特别是在煤矿井下的综采工作面极容易发生生产事故，事故的发生极大地影响着人身安全和采煤机的生产效率。从采煤机自身角度来看，由于工作时所受载荷多变复杂，再加上人为操作的失误，经常会引起采煤机发生故障，如摇臂壳体的断裂、行走轮断齿、中部槽疲劳断裂等，这些结构尺寸较大，无论更换还是维修都非常困难。因此，在采煤机的设计过程中，动力学分析是十分有必要的。通过对采煤机整机及关键零部件动力学进行分析，可以获取相应的受力状况、应力云图和动态响应等，以此来分析采煤机关键零部件的动力学响应情况及破坏形式，为采煤机的零部件设计提供理论依据。

目前国内外大部分研究集中于对采煤机关键部位的动力学分析，很少考虑采煤机整机及整机与关键部位零部件之间受力的相互影响因素，对此，本章利用理论力学、振动力学、虚拟样机技术和刚柔耦合动力学理论等知识，对采煤机结构进行简化分析，测定采煤机各简化部分结构、位置参数，求解载荷传递方程，并对影响载荷传递的因素进行分析，建立采煤机整机刚柔耦合动力学模型，应用多体动力学软件结合实际工况，对采煤机整机、截割部和牵引部等关键部位进行受力分析，获取采煤机各种典型工况下的动力学响应及关键部件动力学特性。

采煤机整机受力情况和各部件之间受力都有直接或间接关系，因此，建立采煤机整机刚柔耦合动力学模型，利用多体动力学分析软件ADAMS结合实际对不同工况进行动力学仿真，对采煤机整机、截割部和牵引部等关键部位进行受力分析，对解决采煤机工况故障及采煤机的设计具有重要的理论指导意义。

2.2　采煤机的结构组成与工作原理

2.2.1　采煤机的结构组成

以MG1000/2500-WD电牵引采煤机为例，采煤机主要由截割部、牵引部、泵站、破碎结构、调高油缸、电控箱、辅助部件及电气系统等部分构成，是一种多电机横向布置、采用机载式交流变频调速的新型无链电牵引采煤机。此类采煤机主要应用于缓倾斜、中硬煤层长壁式综采工作面，适用于采高3.2～6.2m的煤层，在高浓度粉尘、瓦斯及爆炸性混合气体等复杂煤矿中同样适用。电牵引采煤机、刮板输送机、液压支架等机械相互配合，从而实现采煤工作面的采煤、装煤、运煤等生产。该型号采煤机以其良好的可靠性和良好的适用性，满足了高产、高效工作的要求。MG1000/2500-WD电牵引采煤机整机外形如图2-1所示。

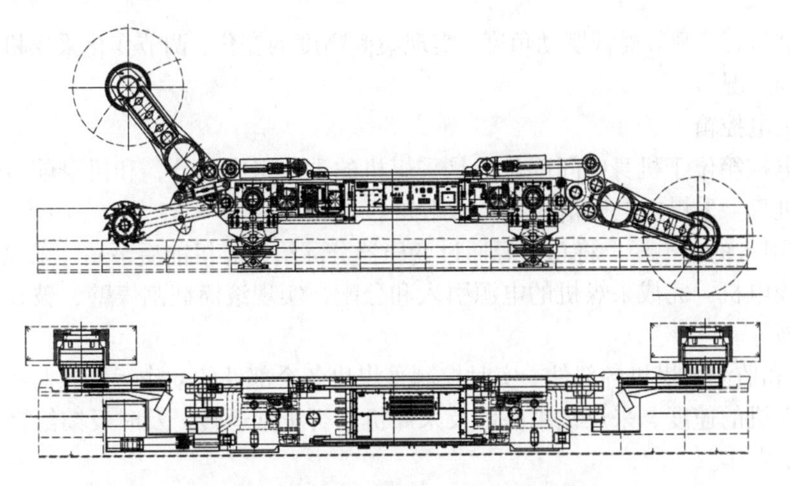

图 2-1　MG1000/2500-WD 电牵引采煤机

采煤机整机主要由以下几部分组成。

1)采煤机截割部

采煤机截割部分布在采煤机前后两端，由滚筒、摇臂、提升托架、调高油缸、截割部传动系统以及 1000kW 的电机组成。通过调高油缸行程，进而调节摇臂摆动角度实现滚筒高度的调节，适应不同采煤高度。应用电机带动摇臂以及滚筒的二级行星组最终实现滚筒转动，滚筒转动带动滚筒上截割部转动，进而截割煤壁。滚筒由螺旋叶片以及截齿组成，截齿截割煤，落下的煤块由螺旋叶片角度引导流向中部槽。

2)采煤机牵引部

采煤机牵引部位于机身前后两端，包括内牵引部和外牵引部，带动采煤机整机行走。内牵引部包括牵引壳体、牵引电机、齿轮传动系统(两级直齿和两级行星系统)以及一些阀类零部件，外牵引部包括外牵引壳体和传动系统。电机带动内牵引部传动系统，再带动外牵引部传动系统，最后由行走轮和销排齿条啮合(其中销排固定于地面，行走轮转动)实现采煤机沿着销排设定的路线行走。前后牵引部对称分布，一起牵引采煤机整机沿着工作面行走。

3)采煤机泵站

采煤机泵站位于采煤机前牵引箱壳体的右侧靠近煤壁一侧，采煤机泵站和牵引部电机沿着采煤机行走方向布置，泵站由液压泵、控制阀以及管路组成(液压缸调节具有力大、平稳、体积功率比小等优点)，其中液压泵将机械能储存到液压油中，将低压油转变为高压油，经过液压管路到达调高油缸以及牵引部制动器，实现对滚筒高度的平稳调节和采煤机行走速度的控制。

4)采煤机破碎装置

采煤机破碎装置有两种装配方式：右装配和左装配。破碎装置的组成和截割部类似，其作用为破碎片帮和较大煤块。破碎装置安装于采煤机机身内牵引部的一端，应用铰接的方式与机身壳体连接，运动方式和截割部基本相同，高度由调高油缸调节，滚筒转动由电机经过传动系统带动。

5)采煤机调高油缸

采煤机调高油缸位于牵引部壳体靠近煤壁一侧，连接牵引部壳体和机身托架，工作原理为变化液压缸行程，调节摇臂摆动角度，实现滚筒高度的变化，调节变化采煤机的采高范围，进而适应不同工况。

6）采煤机电控箱

采煤机电控箱位于机身中间部位，是采煤机的重要组成部分，和机身前后牵引部一起组成采煤机的机身。采煤机电控箱的主要作用如下。

(1)分配引入的总电源。将总电源通过变压器分配给采煤机前后泵站、采煤机前后截割电机、采煤破碎电机，完成采煤机的电源引入和分配，实现滚筒截割煤壁、破碎大块煤以及调节采煤机采高等。

(2)控制和监测采煤机各部件。实时控制采煤机各个部件的动作运转并监控采煤机的运转情况，将采煤机的速度、采煤机采高以及采煤机是否正常运转，及时反馈给操作人员，相对应做出下一步操作。

7）采煤机辅助部件

除了以上主要结构部件，采煤机机身还包括冷却喷雾降尘系统、液压辅助系统和护板保护系统等辅助部件。

2.2.2 采煤机的工作原理

采煤机安装在工作面运输机上，牵引部带动整个采煤机沿着工作面行走，前滚筒上扬、后滚筒下摆的同时滚筒旋转进行割煤(截齿安装在前后滚筒端盘及螺旋叶片上)，螺旋叶片利用惯性力的作用将截齿割下的煤抛入工作面刮板输送机的溜槽内，最后通过刮板输送机运出工作面，至此采煤机在工作面全长移行且完成切割一刀的工作任务。双滚筒采煤机沿工作面往返一次就可以实现进两刀的工作任务，这种方法称为双向采煤法。

当采煤机沿工作面割完一刀后，紧接着需要重新将滚筒切入煤壁，将采煤机工作面再推进一个截深，进行下一刀割煤。下面以端部斜切进刀法为例说明双滚筒采煤机的进刀过程。

端部斜切进刀法又称拉锯法，其操作过程如下。

(1)采煤机从工作面一端行走之后，把输送机溜槽推至离采煤机约20m范围，其余部分紧贴煤壁，如图2-2(a)所示。

(2)翻转挡煤板，将前滚筒升起，后滚筒放下，然后采煤机开始行走，在输送机的引导下，滚筒逐渐切入煤壁达到一个截深，斜切长度约20m，如图2-2(b)所示。

(3)随后将输送机推直，翻转挡煤板，并将前滚筒放下，后滚筒升起，前滚筒变为后滚筒，后滚筒变为前滚筒，反向切入煤壁，直到工作面端部，如图2-2(c)所示。

(4)再次翻转挡煤板，对调滚筒上下位置，开始一个新的采煤行程。

采煤机截割煤壁过程主要分为摇臂调高阶段、斜切阶段和直线阶段三种工况。由于采煤机摇臂调高阶段一般在采煤机行走到工作面两端部或者采煤机空载情况下才进行，前后摇臂通过调高液压缸行程而进行升降滚筒，在调节摇臂摆角过程中，采煤机滚筒不进行割煤，所以在此阶段采煤机不受外载荷作用。为了缩短仿真分析时间，去掉不重要工作环节，本书在对采煤机整机刚柔耦合进行动力学仿真分析时，开始阶段设置调高油缸行程，开始行走时就将滚筒调整到一定高度，通过计算液压缸刚度阻尼等参数，用等效弹簧代替调高油缸，然后通过等效油缸控制摇臂摆动幅度，不对调高过程进行模拟，尽可能接近采煤机真实运动状态。

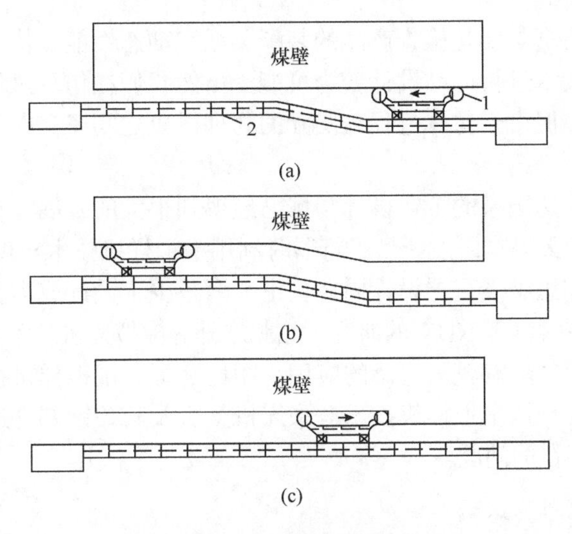

图 2-2　端部斜切进刀法

1-滚筒采煤机；2-刮板输送机

采煤机整机刚柔耦合动力学分析的基本思路为：首先应用有限元软件 ANSYS 柔性化处理采煤机构件，生成对应的模态中性文件；其次利用 ADAMS 中 ADAMS/Flex 模块将模态中性文件调入 ADAMS，生成模型中相对应构件的柔性体，此柔性体的本质是应用离散单元的节点有限自由度来表示构件的无限个自由度。ADAMS 利用模态叠加法计算构件柔性体的动力学仿真过程中的变形及相关连接节点上的受力。

综上所述，在进行电牵引采煤机整机典型工况动力学性能分析时，由于采煤机整机系统中一些体积较大的壳体部件弹性变形较大，且壳体部件振动较为明显，如果在采煤机整机系统的动力学模型中将壳体刚性体换成柔性体，就可以提高整机系统仿真的精度，而且能接近和符合实际工作情况。因此本书采用有限元软件 ANSYS 柔性化处理采煤机机身壳体，生成对应模态中性文件，然后建立采煤机整机刚柔耦合模型进行动力学分析。

2.3　虚拟样机技术及多体动力学理论

2.3.1　虚拟样机技术

虚拟样机技术是近年来伴随着计算机辅助设计而兴起的新的产品设计方法和手段。设计人员在进行产品设计过程中很难一次性定型，往往需要反复测试找到不足然后改进。在没有虚拟样机技术的时候，设计人员必须通过建立真实的物理样机来对所设计的产品进行测试，找到产品的不足，但是在实际工作中建立产品的物理模型花费的时间较长而且造价昂贵，制约着产品更新换代的周期。随着社会的飞速发展，产品的样式种类日新月异，给设计人员提出更高的挑战。为此，科研人员开发出了虚拟样机技术，克服了产品设计过程中物理样机建模时间长、花费高等缺点，大大缩短了产品开发的周期，减少了研究成本。虚拟样机技术与传统建造物理模型最大的不同就是产品的建模、装配与后期的测试都在计算机上进行，无须建立实体物理模型，这将缩短样机建造的时间，同时也减少产品研发成本。另外，由于虚拟样机在后期的测试过程中发现问题时能快速修改模型，与建造物理模型相比有诸多优势。基于虚拟样机技术进行仿真主要是检查产品的装配关系和动态性能，依靠计算机强大的分析能力使得利用虚拟样机技术进行产品设计变为可能。虽然我们在仿真过程中尽可能使建立的虚拟样机接近实际模型，但由于仿真过程与实际的物理样机之间还存在偏差，所以虚拟样机技术还需要发展和完善。

虚拟样机技术在发达国家的工业设计领域已经得到很大的发展，在航空航天方面，波音公司及美国国家航空航天局在研发新型飞行器时利用虚拟样机技术实现飞行器的设计、装配、测试及优化等，不仅缩短了飞行器设计周期，也大大减少了设计成本。虚拟样机技术在汽车领域的研究主要集中在对汽车 NHV 的研究。除此之外，虚拟样机技术还在工程装备制造、船舶制造以及国防工业等领域有较为广泛的应用。相比之下，虚拟样机技术在煤机装备领域的研究还不够全面，需要利用虚拟样机技术对采煤机整机及其关键部件进行动力学仿真，找到采煤机运行过程中所存在的问题。

2.3.2 多刚体系统动力学理论

拉格朗日方程作为研究多刚体系统动力学问题中使用最为普遍的方法，从能量的角度统一了动能、势能以及功之间的关系。ADAMS 正是采用该方法建立了系统的动力学方程：

$$\frac{\mathrm{d}}{\mathrm{d}t}\left(\frac{\partial E_k}{\partial q_i'}\right)-\left(\frac{\partial E_k}{\partial q_i}\right)+\frac{\partial E_p}{\partial q_i}=F_i \quad (i=1,2,\cdots,n) \tag{2-1}$$

式中，E_k 和 E_p 分别为系统的动能和势能；q_i 和 F_i 分别为广义坐标和广义力；n 为系统的广义坐标数。

建立起机械系统的模型后，ADAMS 根据模型中各构件的相互作用关系自动生成系统的拉格朗日方程。用拉格朗日方程(带乘子)处理每一个刚体的约束系统，导出系统的运动学方程，此时式(2-1)可以重写成

$$\frac{\mathrm{d}}{\mathrm{d}t}\left(\frac{\partial K}{\partial q_j'}\right)^{\mathrm{T}}-\left(\frac{\partial K}{\partial q_j}\right)^{\mathrm{T}}+\sum_{i=1}^{n}\frac{\partial \Phi_i}{\partial q_j}\lambda_i=F_i \quad (i=1,2,\cdots,m;\ j=1,2,\cdots,m) \tag{2-2}$$

式中，K 和 i 分别为系统的动能和约束方程；j 是拉格朗日乘子。

ADAMS 采用的 6 个笛卡儿广义坐标为

$$q=\left[x,y,z,\psi,\theta,\phi\right]^{\mathrm{T}} \tag{2-3}$$

动能 K 是平动动能 K_t 与转动动能 K_r 之和，即

$$K=K_t+K_r \tag{2-4}$$

平动动能 K_t 为

$$K_t=\frac{1}{2}[x'\ y'\ z']M\begin{bmatrix}x'\\y'\\z'\end{bmatrix}=\frac{1}{2}M\left(x'^2+y'^2+z'^2\right)=\frac{1}{2}Mr'^2 \tag{2-5}$$

转动动能 K_r 为

$$K_r=\frac{1}{2}\left[\omega_x\ \omega_y\ \omega_z\right]\begin{bmatrix}I_{xx}&0&0\\0&I_{yy}&0\\0&0&I_{zz}\end{bmatrix}\begin{bmatrix}\omega_x\\\omega_y\\\omega_z\end{bmatrix}=\frac{1}{2}\left(I_{xx}\omega_x^2+I_{yy}\omega_y^2+I_{zz}\omega_z^2\right) \tag{2-6}$$

式中，M为刚体质量；r'为刚体质心速度矢量；ω为刚体角速度；I为刚体转动惯量。

2.3.3　刚柔耦合动力学理论

考虑到在工作过程中行星齿轮行星架所受扭矩较大，其弹性变形对行星齿轮啮合传动有一定影响，因此在仿真过程中必须同时考虑行星架的大范围运动及其本身的变形。以行星齿轮刚性构件所在的$O\text{-}XYZ$为惯性坐标系，以行星齿轮架所在的$O'\text{-}X'Y'Z'$为柔性体局部坐标系，p为行星架上的一点，图2-3为行星齿轮刚柔耦合系统示意图。

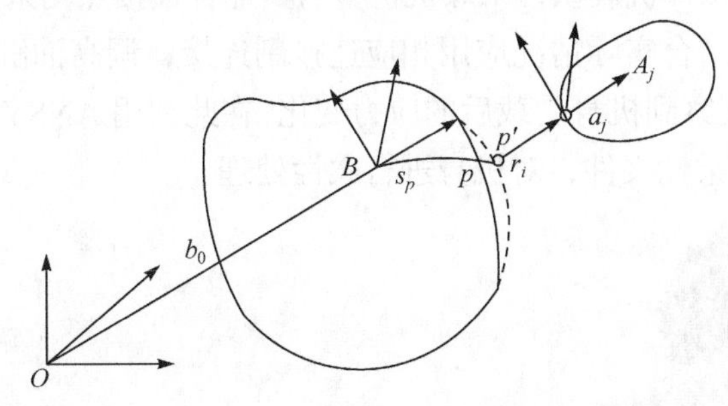

图2-3　行星齿轮机构刚柔耦合系统示意图

行星架上任意一点p点的位置向量为

$$r_p = r + A(s_p + u_p) \tag{2-7}$$

式中，r_p为p点在惯性坐标系中的位置向量；u_p为变形模态矩阵与广义坐标矩阵ξ的乘积；r为惯性坐标系原点到局部坐标系原点的位置矢量；A为欧拉变换矩阵；s_p、u_p分别为p点在柔性坐标系中变形前的位置矢量及位移变化矢量。

对式(2-7)求导可得p点的速度为

$$r_p' = r' + A'(s_p + u_p) + Au_p' \tag{2-8}$$

行星架动能与势能的广义坐标形式为

$$\begin{aligned} T &= \frac{1}{2}\xi'^{\mathrm{T}} M(\xi)\xi' \\ H &= H_g(\xi) + \frac{1}{2}\xi'^{\mathrm{T}} K(\xi)\xi' \end{aligned} \tag{2-9}$$

式中，M和K分别为广义质量矩阵和广义刚度矩阵；$H_g(\xi)$为重力势能。

将T和能量损耗函数Γ代入式(2-10)的拉格朗日方程：

$$\begin{cases} \dfrac{\mathrm{d}}{\mathrm{d}t}\left(\dfrac{\partial L}{\partial \xi}\right) - \left(\dfrac{\partial L}{\partial \xi}\right) + \dfrac{\partial \Gamma}{\partial \xi} + \left(\dfrac{\partial \psi}{\partial \xi}\right)^{\mathrm{T}} \lambda - Q = 0 \\ \psi = 0 \end{cases} \tag{2-10}$$

得到刚柔耦合多体系统的运动微分方程为

$$M\xi'' + M'\xi'' - \frac{1}{2}\left(\frac{\partial M}{\partial \xi}\xi'\right)^{\mathrm{T}} \xi' + K\xi + f_g + D\xi' + \left(\frac{\partial \psi}{\partial \xi}\right)^{\mathrm{T}} \lambda = Q \tag{2-11}$$

式中，f_g为重力；D为模态阻尼矩阵；λ为拉格朗日乘子；ψ为约束方程；Q为外部所施加的载荷。

2.4 采煤机整机动力学分析

2.4.1 虚拟样机模型建立

以MG1000/2500-WD电牵引采煤机为例,利用三维建模软件UG自底向上进行三维建模,建立如图2-4所示的虚拟样机模型,采煤机机身与其他各铰接点均采用ADAMS中的转动副进行连接,其他连接处结合实际情况应用相应连接副连接,调高油缸用弹簧阻尼系统来等效替代,同时为更清楚地观察到机身受载后的应力变化,在此利用ANSYS对机身进行网格划分,并生成ADAMS的.mnf柔性文件,对机身进行柔性处理。

图2-4 采煤机整机虚拟样机模型

1. 添加约束

一个系统通常是由不同的、同时具有相对运动的构件组成的。把在UG软件中建立的采煤机三维模型导入ADAMS软件中并添加相应的约束。常常把各个构件之间的相对约束关系称为运动副,为了真实地模拟采煤机各部件在工作过程中的运动关系,需要在采煤机各构件之间添加必要的运动副。根据采煤机各构件之间的运动特点,虚拟样机约束设定如表2-1所示。

表2-1 采煤机虚拟样机约束设定

部件	约束	部件	约束
滚筒与摇臂	旋转副	调高机构与牵引部	旋转副
摇臂与调高机构	旋转副	行走轮与牵引部	旋转副
摇臂与牵引部	旋转副	行走轮与导向滑靴	旋转副
销排与地面	固定副	导向滑靴与牵引部	旋转副
滑靴与地面	接触	行走轮与地面	接触

2. 添加接触

在 ADAMS 中构件表面之间存在接触时，其相接触的位置就会产生接触摩擦力。多体动力学分析软件 ADAMS 中接触力的计算方法有三种：冲击函数法(Impact)、补偿法(Restitution)和用户定义法(User Defind)，冲击函数法和实际情况更相符。

根据接触力的性质和作用形式，构件之间接触力可分为两种：一种为摩擦力，另一种为竖直压力。根据相关理论，竖直压力可以应用冲击函数法进行计算，摩擦力可以采用库仑法进行计算得出。

$$F=\begin{cases}\mathrm{Max}\left\{K(y_1-y)^n-\mathrm{step}(y,y_1-d,C_{\max},y_1,0)y',0\right\} & (y<y_1)\\ 0 & (y>y_1)\end{cases} \tag{2-12}$$

式中，$K\left(y_1-y\right)^n$ 为弹性分量；$\mathrm{step}\left(y,y_1-d,C_{\max},y_1,0\right)y'$ 为阻尼分量；K 为接触刚度系数；y_1 为位移开关量，用于确定单侧碰撞是否有效；y 为两接触体间的实测位移变量；d 为穿透深度；$C_{\max}$ 为最大接触阻尼；y' 为穿透速度；n 为碰撞力指数；step 为阶跃函数。

当 $y>y_1$ 时，两物体没有接触，接触力为 0；当 $y<y_1$ 时，两物体发生接触，接触力的大小与碰撞力指数、接触刚度系数、最大接触阻尼以及穿透深度有关。

ADAMS 中，接触的定义需要设置接触刚度系数 K、碰撞力指数 n、最大接触阻尼 $C_{\max}$、穿透深度 d 等参数。其中接触刚度系数 K 与物体的材料属性和接触表面的几何形状有关，齿轮接触刚度系数计算过程为

$$\frac{1}{R}=\frac{1}{R_1}+\frac{1}{R_2} \tag{2-13}$$

$$\frac{1}{E}=\frac{1-\mu_1^2}{E_1}+\frac{1-\mu_2^2}{E_2} \tag{2-14}$$

$$K=\frac{4}{3}R^{\frac{1}{2}}E \tag{2-15}$$

式中，μ_1、μ_2 为两啮合齿轮材料的泊松比；R 为等效半径；E_1、E_2 为两啮合齿轮的弹性模量；R_1、R_2 为两啮合齿轮的有效半径。

通过式(2-12)～式(2-15)和前人对相关参数的取值情况并结合实际工况条件环境，经过计算确定各个部件之间相关参数，如表 2-2 所示。

表 2-2　接触参数设定

部件	接触刚度系数 K/(N/mm)	最大切入深度/mm	碰撞恢复系数	最大接触阻尼 $C_{\max}$ /(N · s/mm)
驱动轮与销排	1.025×10^6	2.43	1.5	8354.3
底托架、滑靴、刮板	1.01×10^6	0.02	1.5	10
导向滑靴与销排	1.01×10^8	1.55	1.5	2.04×10^3

导向滑靴、支撑滑靴、行走轮与销排之间不仅有冲击压力还有碰撞接触力，ADAMS 中接触摩擦力利用库仑法(Coulomb)来计算，ADAMS 中选取的不同材料之间动摩擦与静摩擦相关系数推荐值如表 2-3 所示。由于导向滑靴、支撑滑靴、行走轮与销排之间的摩擦属于金属干摩

擦，所以选择静摩擦系数为 0.70、动摩擦系数为 0.57 作为接触相关参数设定值。

表 2-3 ADAMS 中不同材料间摩擦系数推荐值表

Material1	Material2	Mu static	Mu dynamic	Restitution Coefficient
Dry steel	Dry steel	0.70	0.57	0.80
Greasy steel	Dry steel	0.23	0.16	0.90
Greasy steel	Greasy steel	0.23	0.16	0.90
Dry aluminium	Dry steel	0.70	0.50	0.85
Dry aluminium	Greasy steel	0.23	0.16	0.85
Dry aluminium	Dry aluminium	0.70	0.50	0.85
Greasy aluminium	Dry steel	0.30	0.20	0.85

在进行滑靴、行走轮与销排之间的接触摩擦力计算时，以 $F_f=\mu\cdot F$ 进行计算，其中 F 表示两构件之间的碰撞接触力，μ 表示构件之间的摩擦系数。

3. 调高油缸刚度弹簧阻尼系统

在调高油缸液压系统中，液压油的压缩方式实际上和弹簧压缩方式大体相同，被压缩的液压油产生的复位力与活塞行程成比例，因此被压缩的液压油的作用可以看作一个线性液压弹簧，线性液压弹簧的刚度可以称为液压弹簧刚度。因此，采煤机前后调高液压缸可以完全等效于如图 2-5 所示的弹簧系统，并且每个调高油缸是一个并联的弹簧系统，弹簧系统的总刚度可以表示为

$$K_h = K_1 + K_2 \tag{2-16}$$

总液压刚度为

$$K_h = E\left(\frac{A_1^2}{V_1} + \frac{A_2^2}{V_2}\right) \tag{2-17}$$

式中，K_h 为调高油缸总刚度；K_1 为调高油缸大端液压油刚度；K_2 为调高油缸小端液压油刚度；A_1 为调高油缸大端活塞面积；A_2 为调高油缸小端活塞面积；V_1 为调高油缸大端液压油体积；V_2 为调高油缸小端液压油体积；E 为液压油的体积弹性模量，即单位体积压缩量所需的压力增量。

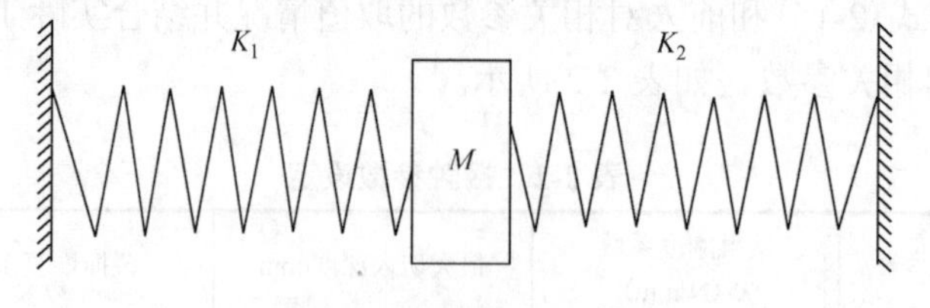

图 2-5 弹簧系统

液压油中溶解的气体量以及工作压力的影响，致使液压油弹性模量在工作过程中波动性较大，其范围为(5000～14000)×10^5N/m^2。当液压油中气体含量少、工作压力高时，E 就大，计算设计液压缸时，液压油的弹性模量一般取 E=7000×10^5N/m^2。

调高油缸的主要参数如表 2-4 所示。应用式(2-17)，求得前、后调高油缸的刚度系数为

$$K_{前} = 2.71\times10^8\,\mathrm{N/m^2},\quad K_{后} = 2.24\times10^8\,\mathrm{N/m^2}$$

表 2-4　调高油缸的主要参数　(单位：mm)

液压缸	前调高油缸	后调高油缸
缸径	380	380
杆径	180	180
行走量	324	488
总行程	960	

4. 直线行走模型建立及工况相关参数设定

采煤机工作过程主要分为摇臂调高阶段、斜切阶段和直线截割阶段。为实现直线行走工况，建立直线形状销排机构，利用运动参数进行运动驱动，具体载荷通过样条函数对滚筒进行施加，摇臂调高在一开始行走就调整到最大采高位置，摆动幅度通过调高油缸等效弹簧控制，以尽可能接近采煤机真实运动状态。

ADAMS 仿真运动参数、求解器选择及相关参数设定如下。

牵引速度(m/min)：12.6；

驱动轮转速(rad/s)：58.78；

利用 step 函数进行运动驱动：step(time,0,0d,2,−58.78d)(表示 0～2s 内，行走轮转速从 0 上升到 58.78 rad/s，2～12s 内保持不变)；

动力学模型的积分器：选择 GSTIFF，积分格式为 S12，积分差为 0.001；

仿真时间：t=12s；

步长：Step Size=0.01。

2.4.2　仿真结果分析

采煤机正常截割完成动力学仿真后对数据文件进行保存，然后通过 ADAMS 中专业后处理模块(ADAMS/PostProcessing)提取查看关键零部件受力情况。根据仿真前后导向滑靴受力情况(图 2-6(a))，可知前后导向滑靴波动情况有明显区别，且前导向滑靴明显比后导向滑靴受力波动更剧烈，前后导向滑靴轴向力方向相反，后导向滑靴轴向力比前导向滑靴轴向力大，这主要是因为采煤机前后滚筒所受截割阻力和外牵引部驱动轮驱动力不在同一条直线上，所以采煤机导向滑靴受到方向相反的轴向力，导向滑靴及采煤机整机受扭。前后支撑滑靴支撑受力情况如图 2-6(b)所示，由于前滚筒截割煤时，前滚筒在上，采煤机整机有向前且向煤壁方向倾的趋势，致使前支撑滑靴承受支撑力大于后支撑滑靴和两只导向滑靴所受支撑力。驱动力呈现周期性波动，是因为采煤机靠齿轮驱动，波动频率与齿轮重合度有关，两轮承受驱动力基本相等，为 300kN 左右(采煤机额定最大牵引力 690～1240kN)，后轮相对更大一些，整机机身三节之间在采煤机行走方向上受压。仿真结果和实际相吻合，进一步说明动力学仿真模型的建立和分析方法的正确性。各个滑靴和驱动轮强度是否满足要求，需要运用有限元软件进一步对其进行强度校核。

以驱动轮为研究对象获取驱动轮行走方向牵引力如图 2-7 所示，可以看出驱动轮在行走方向所受牵引阻力变化具有周期性波动趋势，这是因为其沿着销排通过齿轮齿条传动方式带动采煤机整机向前行走，销排由一节一节中部槽组成，每节中部槽之间靠哑铃销连接，为保证销排能够弯曲向煤壁推进一个截深，每节中部槽连接处留有一定间隙，当驱动轮经过中部槽之间间隙时，由于接触不良而产生冲击，每经过一个间隙，驱动轮都会受到一次冲击力，所以驱动轮牵引阻力就会形成周期性波动，长此以往会对驱动轮造成疲劳损坏。前后驱动轮速度一样，所受阻力也一样。根据实际情况对采煤机故障进行总结分析可知，驱动轮损坏也是常见故障之一，所以设计时一定要引起重视。

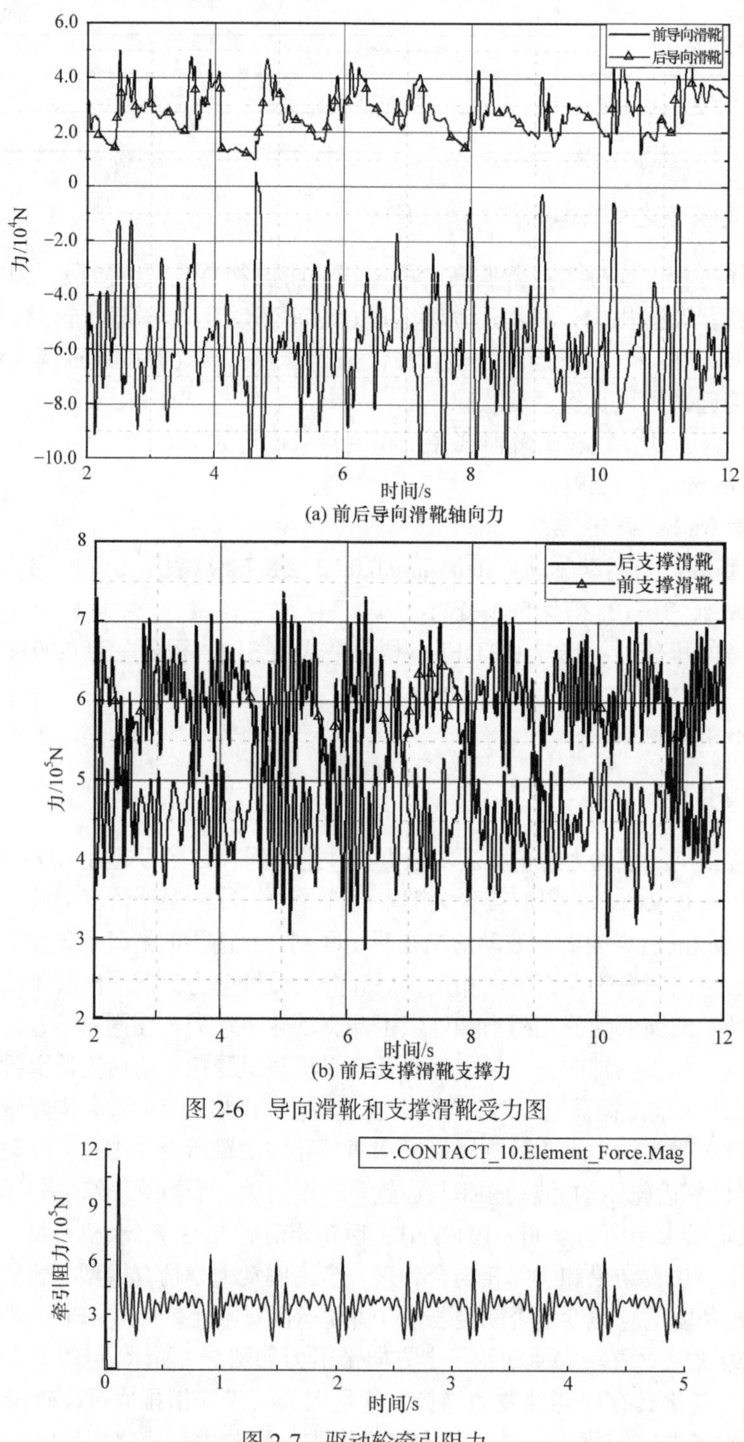

(a) 前后导向滑靴轴向力

(b) 前后支撑滑靴支撑力

图 2-6 导向滑靴和支撑滑靴受力图

图 2-7 驱动轮牵引阻力

经过多体动力学软件仿真运算，为分析方便，截取 0～1.5s 时间段内仿真结果进行分析，得到机身各个铰接部位的接触受力情况，如图 2-8 所示，可知采煤机在正常直线行走工作状态时，机身牵引部和支撑滑靴安装部位(NODE20126、NODE20127)所受力明显大于其他铰接部位，接触力平均值为 3×10^7N，是其他铰接部位的 8 倍左右，该部位容易发生断裂。这是因为采煤机整机几乎所有重力都由两支撑滑靴承担，重力偏向支撑滑靴一侧。由此可知，机身牵引部壳体的薄弱环节位于机身牵引部与支撑滑靴安装部位。

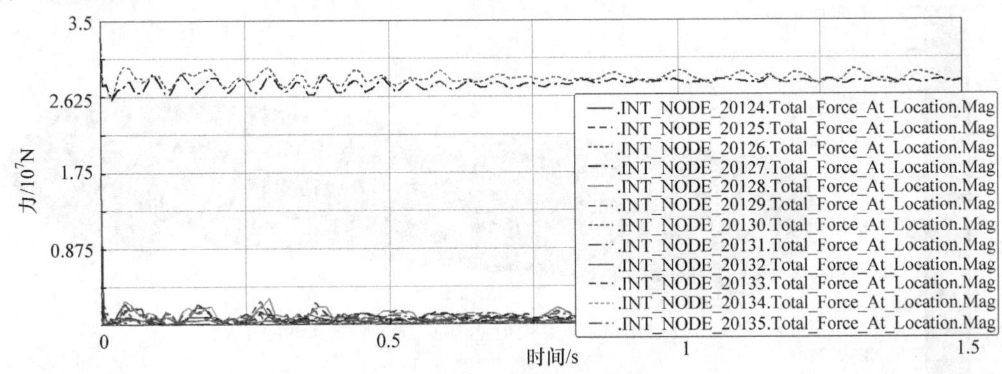

图 2-8　各铰接点受力情况

对机身牵引部与支撑滑靴承担两铰接点部位合力分解如图 2-9 和图 2-10 所示。可以看出在行走 *X* 方向机身受扭(从上向下看顺时针受扭)，这是因为采煤机截割阻力和驱动轮驱动力不在同一平面内；垂直于煤壁 *Y* 方向受力相反，是因为截割部有受扭向煤壁一侧弯的趋势，必然引起整个机身受掰，中间电控箱部分向采空区侧凸起，机身薄弱环节的强度是否满足要求需要进行冲击载荷试验。

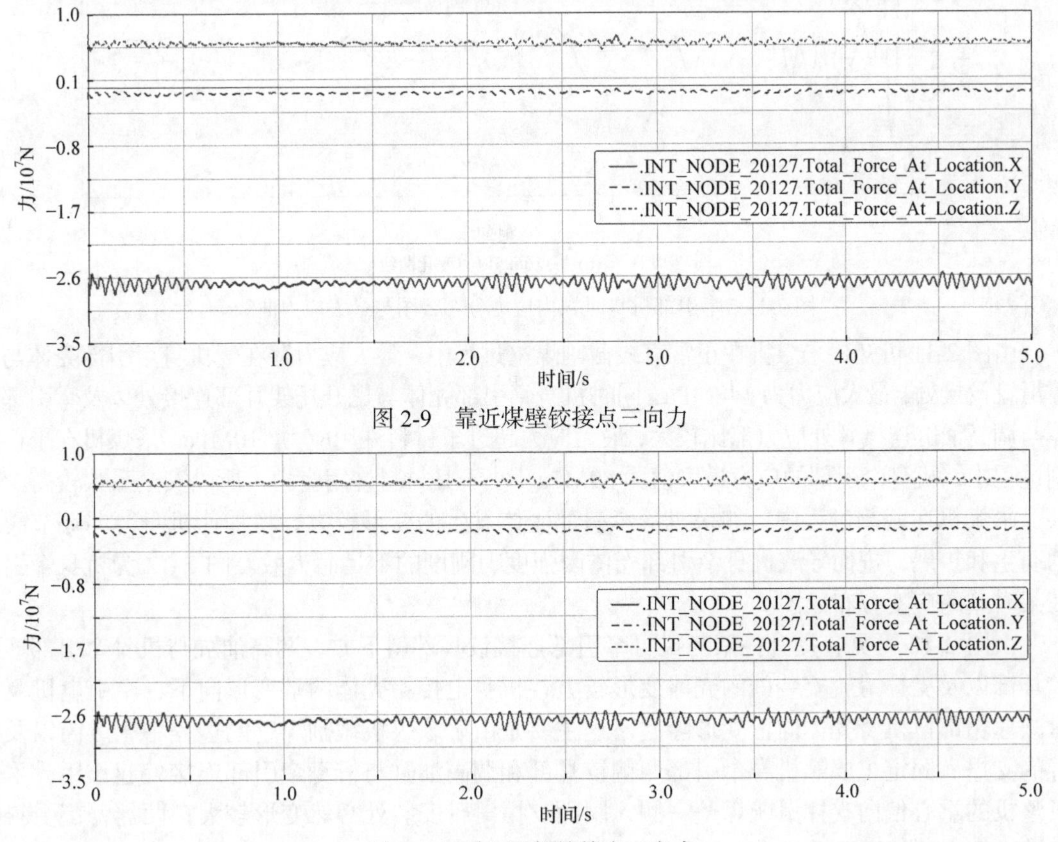

图 2-9　靠近煤壁铰接点三向力

图 2-10　采空区侧铰接点三向力

为进一步直观清楚地查看机身牵引部的应力、应变分布以及变形，为机身设计提供有效指导，首先应将所分析的柔性体构件显示出来，再将 ADAMS 中耐久性分析模块通过插件管理器进行加载。以下是牵引部机身时域内的应力分布云图与最大应力曲线，如图 2-11 所示。

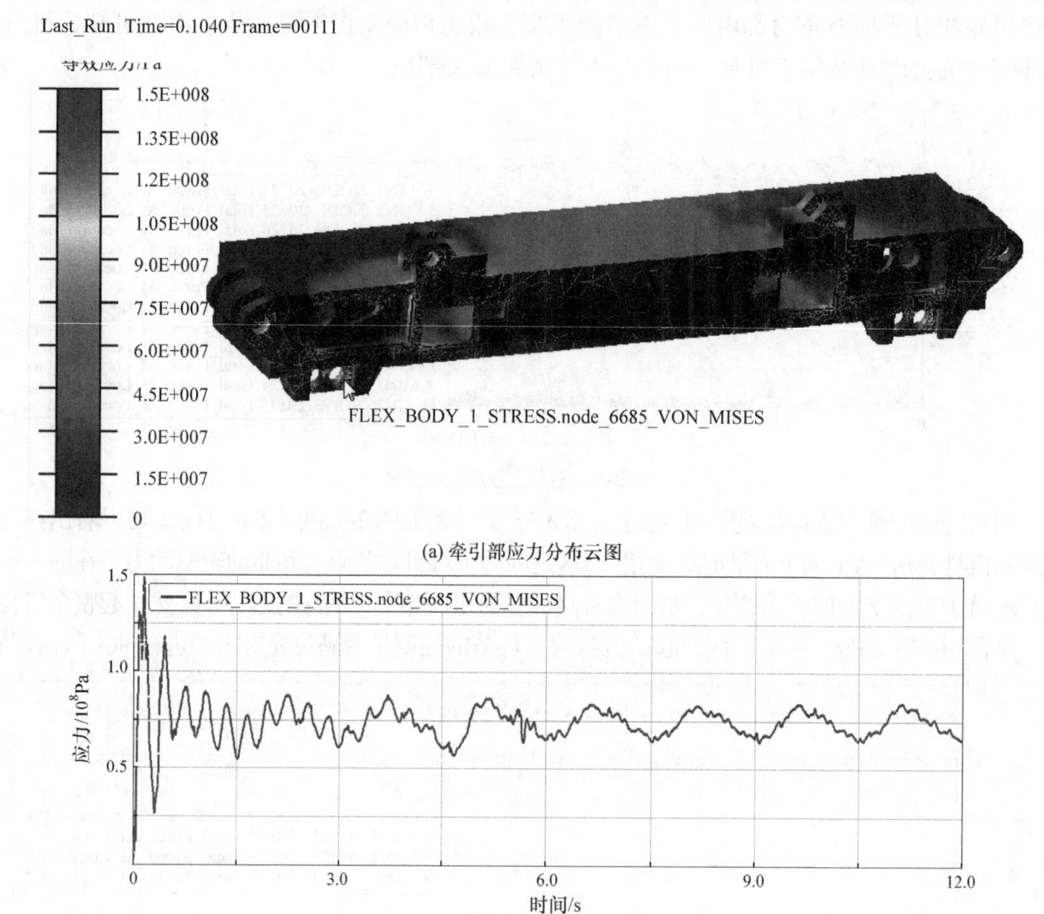

(a) 牵引部应力分布云图

(b) 节点6685应力变化曲线

图 2-11　牵引部机身时域内应力分布云图与最大应力曲线

由图 2-11 可知，采煤机在正常直线截割煤壁过程中，最大应力存在于机身牵引部壳体与支撑滑靴铰接处，最大应力为 148MPa，同时机身牵引部壳体与提升托架耳部连接处以及牵引部壳体与调高油缸连接耳处应力都比较大，最大应力超过了材料许用应力 110MPa。采煤机在平稳截割过程中，机身牵引部的应力最大值为 89MPa，小于其材料许用应力，所以安全系数较高。

采煤机在截割过程中，如果机身牵引部壳体发生的变形较大，将加速机身薄弱环节裂纹的萌生和扩展，进而导致机身牵引部壳体因强度、刚度的不足而失效。图 2-12 为机身牵引部在某时刻的应变分布云图。

由图 2-12 可见，提升托架与机身牵引部连接铰耳部斜下方、调高油缸与机身牵引部连接铰耳部以及支撑滑靴安装处的壳体变形较大，机身电控箱壳体两端变形向下，牵引电机及行星减速箱部位机身壳体向上变形隆起。这主要是由于采煤机截割煤壁的过程中，滚筒以及摇臂的支撑和固定主要靠机身牵引部两侧铰耳部和调高油缸与机身牵引部连接处起作用；采煤机整机的重心偏向支撑滑靴煤壁一侧，因而支撑滑靴安装处必然变形较大；两摇臂都受斜向下的作用力，从而导致机身电控箱壳体部相对隆起。

以上所述与实际直线截割工况时壳体变形相符，这些变形将增大传动系统中动态同轴度误差，导致采煤机牵引部壳体中所安装的传动系统组件产生额外变形，甚至有可能引起传动

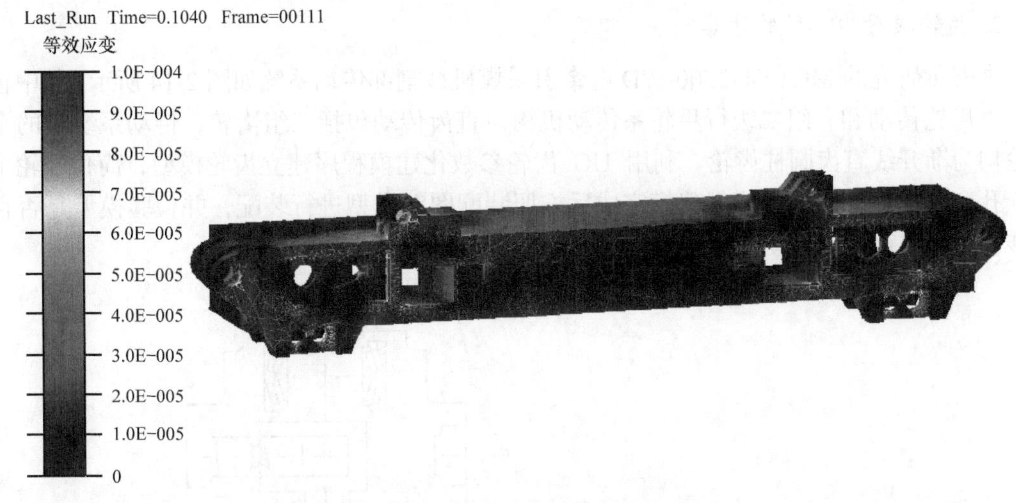

图 2-12　机身牵引部应变分布云图

系统不能正常啮合，发生咬齿、断齿等现象。由于机身牵引部壳体采用整体铸造方式铸造而成，整体体积较大，在采煤机截割煤壁时经常会受弯矩而造成机身牵引部壳体变形，所以建议对机身牵引部电控部位增加加强筋来提高其刚度，进而减小其变形量。

2.5　采煤机截割部动力学分析

2.5.1　截割部虚拟样机模型建立

1. 柔性体模型的建立

在 ANSYS 中建立柔性体模型，通过 export to ADAMS 命令来生成各部件的柔性体文件，即.mnf 文件。将截割部 UG 模型保存为.x-t 文件并导入 ADAMS 中，将摇臂、提升托架刚体模型分别用柔性体模型替换，替换过程中要保证部件柔性体模型的位置与原来刚性体模型的位置完全一致。柔性体模型如图 2-13 所示。

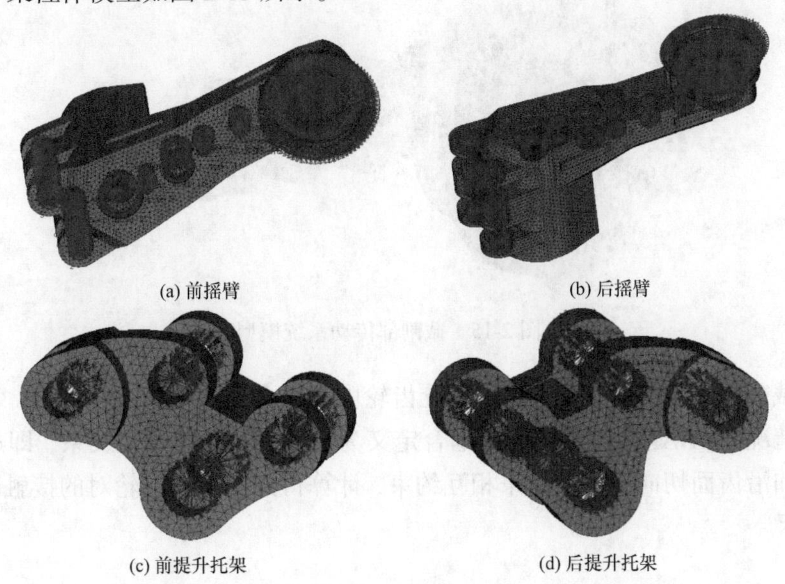

(a) 前摇臂　(b) 后摇臂

(c) 前提升托架　(d) 后提升托架

图 2-13　柔性体模型

2. 齿轮接触力参数的计算

本书所研究的 MG1000/2500-WD 电牵引采煤机截割部传动系统如图 2-14 所示，其中包括六对直齿轮传动和一组二级行星轮系传动机构，直齿传动包括三组惰轮，传动系统中的全部齿轮均为渐开线直齿圆柱齿轮。利用 UG 齿轮参数化建模程序建立齿轮模型，简化齿轮上的螺栓孔和倒角等结构。各零件建模完成后按照装配图对模型进行装配，并检验模型是否存在干涉。采煤机截割部传动系统三维装配模型如图 2-15 所示。

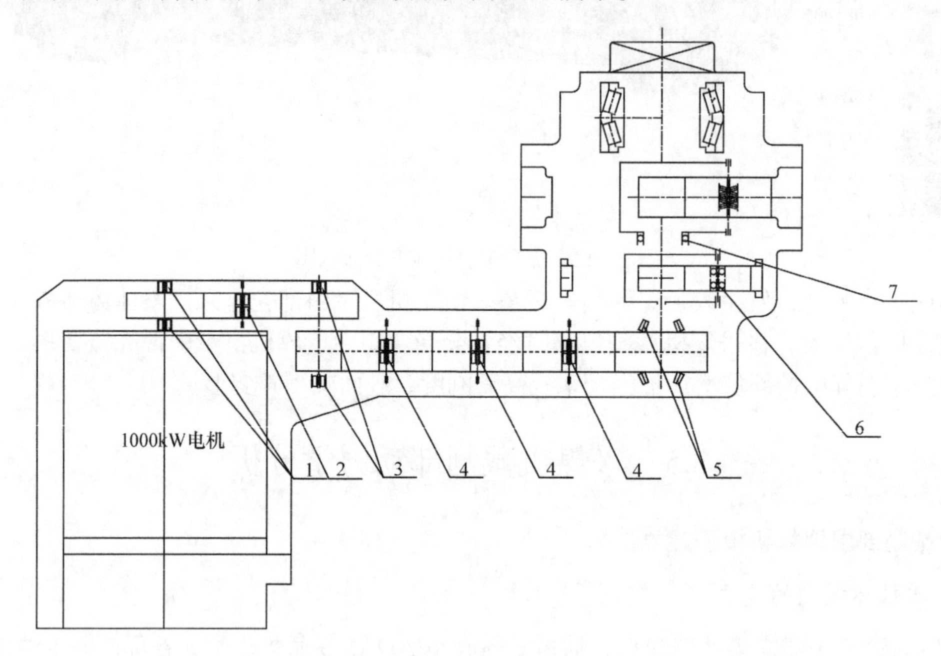

图 2-14　截割部传动系统图

1-截一轴齿轮；2-截二轴齿轮；3-截三轴齿轮；4-惰轮 1、2、3；5-截五轴齿轮；6-一级行星轮系；7-二级行星轮系

图 2-15　截割部传动系统模型

采煤机截割部在工作过程中，传动系统齿轮由于啮合而产生相互作用力，为了使仿真过程接近真实情况，ADAMS 软件将齿轮啮合定义为接触碰撞力的约束关系，即通过沿齿面法向的碰撞力和沿齿面切向的摩擦力来相互约束，计算得到各啮合齿轮对的接触刚度，刚度值如表 2-5 所示。

表 2-5　接触刚度值

接触	接触体 1	接触体 2	接触刚度系数 $K/10^{10}$ (N/mm)	碰撞力指数 n
接触 1	截一轴齿轮	截二轴齿轮	2.5204	1.5
接触 2	截二轴齿轮	截三轴齿轮 1	2.6958	1.5
接触 3	截三轴齿轮 2	惰轮 1	2.8390	1.5
接触 4	惰轮 1	惰轮 2	2.9356	1.5
接触 5	惰轮 2	惰轮 3	2.9356	1.5
接触 6	惰轮 3	截五轴齿轮	2.9740	1.5
接触 7	一级太阳轮	一级行星齿轮 1	2.2091	1.5
接触 8	一级太阳轮	一级行星齿轮 2	2.2091	1.5
接触 9	一级太阳轮	一级行星齿轮 3	2.2091	1.5
接触 10	一级行星齿轮 1	一级内齿圈	2.7617	1.5
接触 11	一级行星齿轮 2	一级内齿圈	2.7617	1.5
接触 12	一级行星齿轮 3	一级内齿圈	2.7617	1.5
接触 13	二级太阳轮	二级行星齿轮 1	2.3536	1.5
接触 14	二级太阳轮	二级行星齿轮 2	2.3536	1.5
接触 15	二级太阳轮	二级行星齿轮 3	2.3536	1.5
接触 16	二级行星齿轮 1	二级内齿圈	3.1621	1.5
接触 17	二级行星齿轮 2	二级内齿圈	3.1621	1.5
接触 18	二级行星齿轮 3	二级内齿圈	3.1621	1.5

3. 刚柔耦合模型建立

将 UG 模型和.mnf 文件导入 ADAMS 后建立的截割部刚柔耦合动力学模型如图 2-16 所示，需通过添加约束才能使模型成为一个相互关联的整体，在保证约束正确的前提下添加驱动才可以进行仿真。

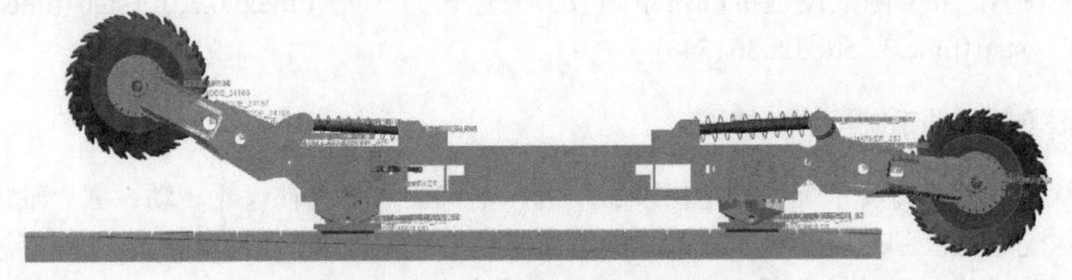

图 2-16　直线截割刚柔耦合动力学模型

根据截割部各零部件的实际运动形式，对仿真模型各零部件模型添加的约束如下：摇臂与提升托架之间通过两根轴铰接，每根轴相对摇臂和提升托架可以转动，需要添加转动副。提升托架实际情况下与机身和调高油缸铰接，调高油缸的伸缩带动提升托架绕机身转动，所以调高油缸活塞相对于提升托架转动，提升托架相对于机身转动，这两处分别添加转动副。截一轴齿轮、截二轴齿轮、截三轴齿轮、截四轴齿轮、截五轴齿轮分别添加相对于摇臂的转动副。一级行星齿轮和一级内齿圈添加相对于一级行星架的转动副。二级行星齿轮和二级内齿圈添加相对于二级行星架的转动副。在牵引部驱动轮添加转动副。

在实际工况下，两级行星轮系的内齿轮相对于摇臂是固定不动的，所以在模型中需给一级内齿轮和二级内齿轮分别添加相对于摇臂的固定副。

碰撞力指数 n：碰撞力指数是用来描述所用材料的非线性程度，一般选 1.5。

阻尼系数 C：阻尼系数是用来描述两物体碰撞时能量损耗的程度，经过经验总结，一般为刚度系数的 0.1%～1%，通常取 50N · s/mm。

最大穿透深度 D：最大穿透深度由相互接触的零件结构尺寸和仿真时预期的穿透深度设定，一般选取 0.1mm。

4. 负载的类型

在采煤机实际工作中，载荷是发生变化的，采煤机启动后会空载运行一段时间，当各零部件运行平稳后，开始前进截割煤岩，滚筒截齿刚与煤岩接触时，煤壁会对滚筒产生阻力，因而会产生短暂的冲击作用；在正常截割时，煤质的硬度发生变化，如遇到煤矸石等情况也会发生冲击作用；在截割纯煤时，滚筒所受的力是随机波动的。总之，滚筒截割煤岩时所受的载荷是复杂多变的。根据采煤机截割部实际工况的载荷特性，将仿真的工况分为四类，分别是空载、恒定载荷、冲击载荷、随机载荷。

截割部电机启动后，滚筒未截割煤时，整个截割部只受重力和机身对它的支撑力。工作人员可以通过观察空载情况下传动系统的运行情况检验传动系统运行是否正常。对模型进行空载仿真可以分析空载情况下传动系统的动力学响应。

恒定载荷工况，主要是分析传动系统在额定载荷作用下的动力学响应。恒定载荷数值利用电机额定功率计算：

$$T = 9550\frac{P}{n}i = 361.584\text{kN}\cdot\text{m} \tag{2-18}$$

将载荷利用力的等效原理简化到滚筒质心处，在传动系统转速达到稳定后开始施加扭矩，利用 step 函数设置负载扭矩函数，表达式为 step(time,0,0,0.2,0)+step(time,0.2,0,0.3,−361548)。

冲击载荷主要研究系统在空载的情况下，突然受到短暂冲击载荷时系统的响应。冲击载荷的最大值选取额定功率下对应的数值。滚筒输出端所受冲击扭矩最大值与恒定功率的扭矩值相同。利用 step 函数设置负载扭矩函数，表达式为 step(time,0,0,3,0)+step(time,3,0,3.25,−361548)+step(time,3.25,0,3.5,361548)。

2.5.2　截割部传动系统运动学仿真

采煤机截割部传动系统是靠电机来驱动的，电机驱动截一轴齿轮转动，截一轴齿轮带动截二轴齿轮，依次到二级行星架转动。所以仿真模型中需在截一轴齿轮的转动副上添加一个驱动以代表电机对系统的驱动。查阅采煤机说明书，截割部电机额定转速为 1480r/min，即 8880°/s。对仿真模型截一轴齿轮添加驱动，定义驱动函数为 motion=step(time,0,0d,0.1,8880d)，转速曲线如图 2-17 所示。

通过空载的仿真分析来检验仿真模型的正确性。结合传动比计算，可以求出各级齿轮工作时角速度的理论计算值，理论计算值如下：截一轴齿轮转速为 8880°/s，截二轴齿轮转速为 7400°/s，截三轴齿轮转速为 6830.8°/s，截四轴齿轮转速为 3507.7°/s，截五轴齿轮转速为 3327.8°/s，一级行星架转速为 792.3°/s，二级行星架转速为 158.5°/s。通过仿真得到各级齿轮转速如图 2-18 和图 2-19 所示。

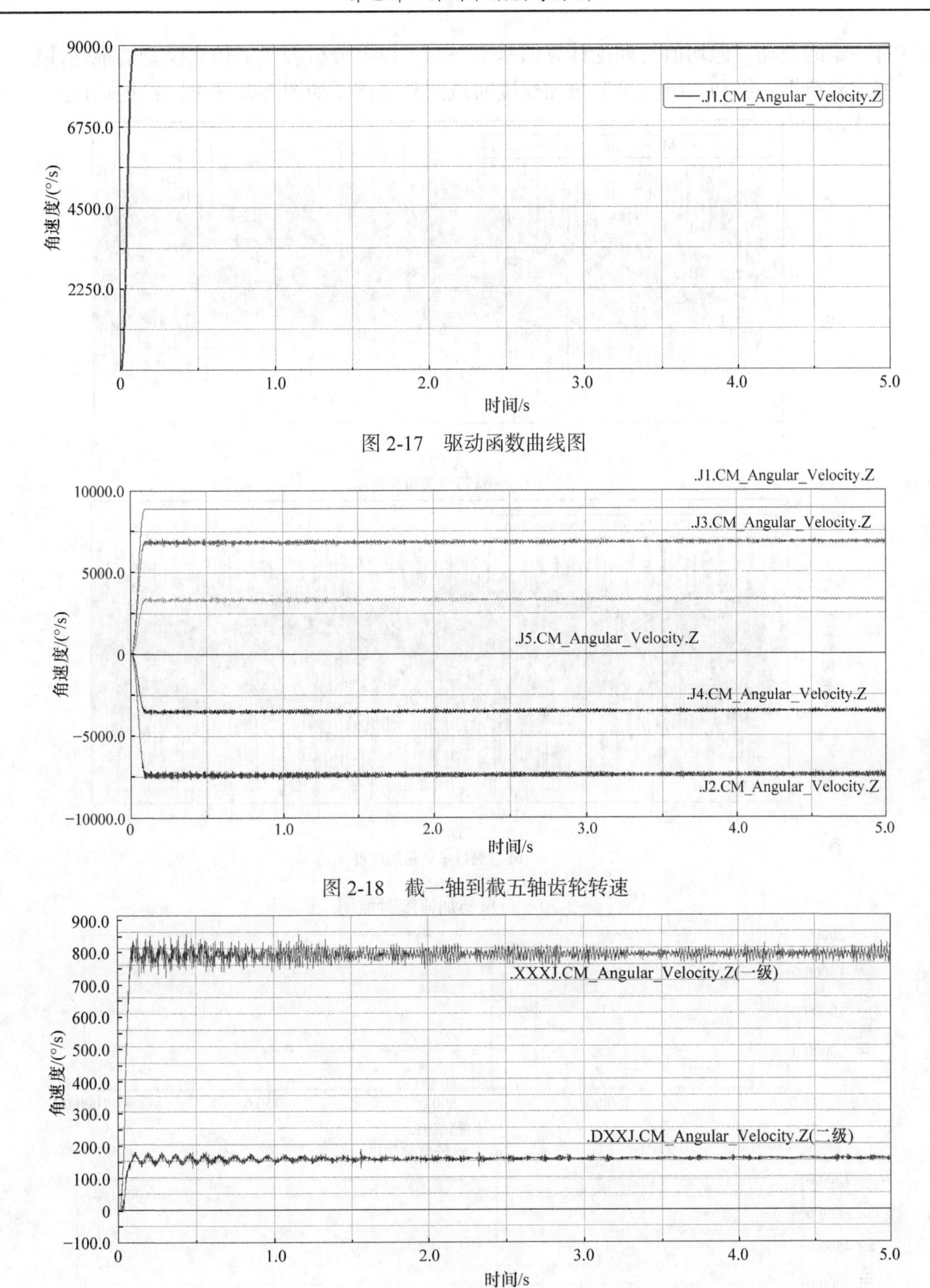

图 2-17　驱动函数曲线图

图 2-18　截一轴到截五轴齿轮转速

图 2-19　一级和二级行星架转速

从图 2-18 和图 2-19 中可知，各级齿轮和各级行星架转速在 0～0.1s 内逐渐上升，并带有一定的振荡，在 0.1s 时达到最大值，0.1～1s 一级和二级行星架转速波动较大，在 1s 之后逐渐趋于平稳。分析这种现象的原因主要是齿轮在建模的过程中齿面轮廓存在一定的误差，且齿轮装配好之后相互啮合的齿面存在间隙，在齿轮啮合时会产生冲击。通过对比，各级仿真转速具有一定的波动，但均值与理论计算值基本一致，以上分析表明了仿真模型的准确性。

恒定载荷下一级和二级行星架角加速度时域图和频谱图如图 2-20 和图 2-21 所示。

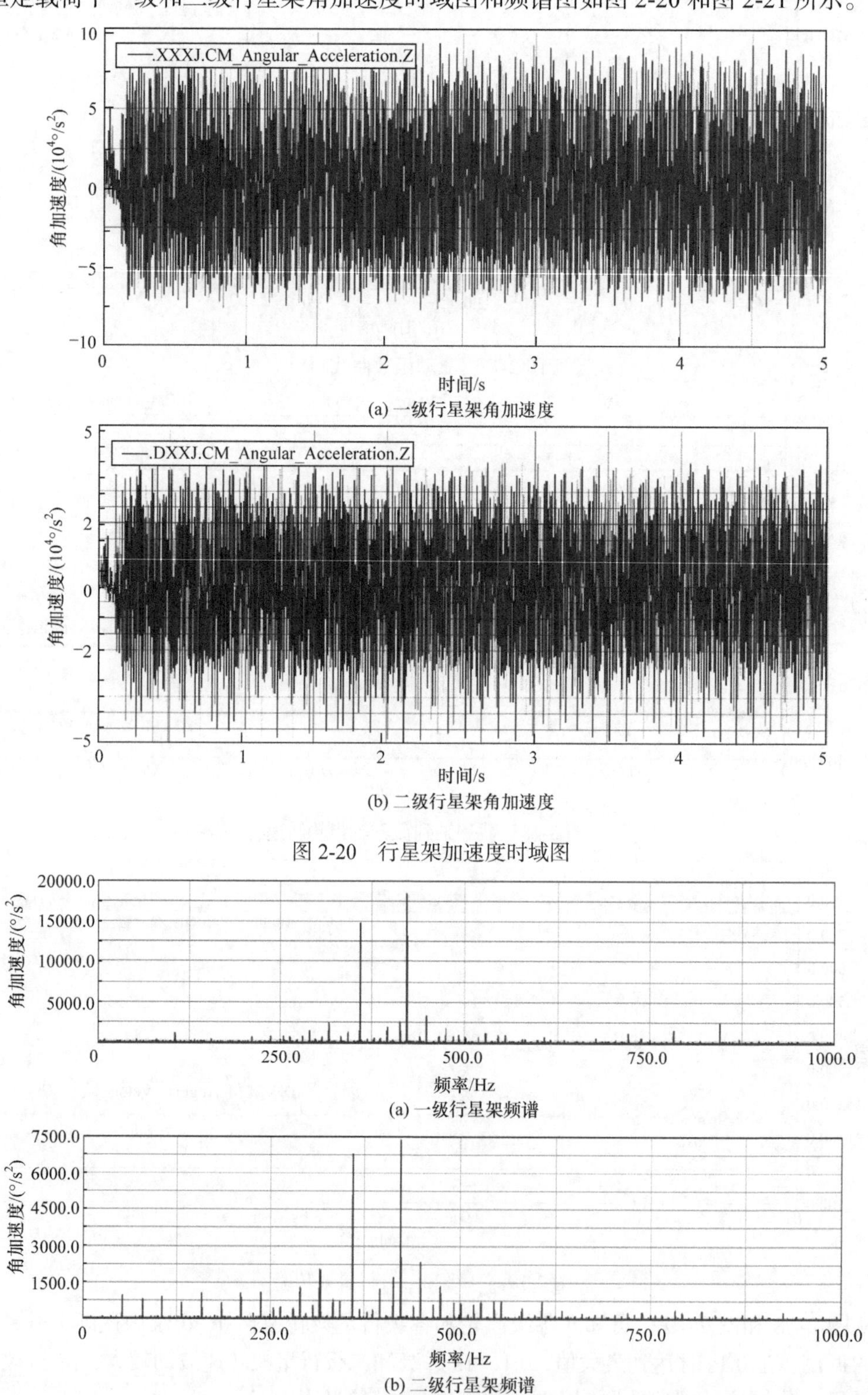

图 2-20　行星架加速度时域图

图 2-21　行星架频谱图

对比恒定载荷与随机载荷情况下各级行星架角加速度可知，各载荷下一级行星架角加速度绝对值在7500°/s^{2}左右，二级行星架角加速度绝对值在5000°/s^{2}左右，根据齿轮啮合频率计算公式可以得出定轴传动轮系啮合频率为360Hz和739Hz，两级行星传动轮系啮合频率为158Hz和845Hz。从各载荷下一级行星架频谱图可知，频率值包括105Hz、211Hz、237Hz、264Hz、316Hz、360Hz、413Hz、466Hz、484Hz、528Hz、633Hz、720Hz、739Hz、845Hz，其中316Hz、633Hz是一级行星机构啮合频率的倍频，360Hz和739Hz为定轴齿轮系统啮合频率。从各载荷下二级行星架频谱图可知，频率值包括52Hz、105Hz、211Hz、237Hz、254Hz、264Hz、316Hz、360Hz、413Hz、422Hz、449Hz、484Hz、501Hz、518Hz、554Hz、607Hz、633Hz、720Hz、739Hz、845Hz、871Hz、924Hz，其中316Hz、633Hz是二级行星机构啮合频率的倍频，845Hz为二级行星轮系的啮合频率。通过分析可得，虽然系统所受载荷不同，但不同载荷情况下都包含定轴齿轮啮合频率和行星机构啮合频率，除此之外还有各啮合频率的倍频。

2.5.3　截割部传动系统动力学仿真

分别对截割部齿轮传动系统在恒定载荷、冲击载荷和随机载荷的不同载荷工况下进行动力学仿真，分析各级齿轮之间的啮合力变化特性。

1. 恒定载荷

恒定载荷作用下一级、二级行星齿轮啮合力如图2-22所示。

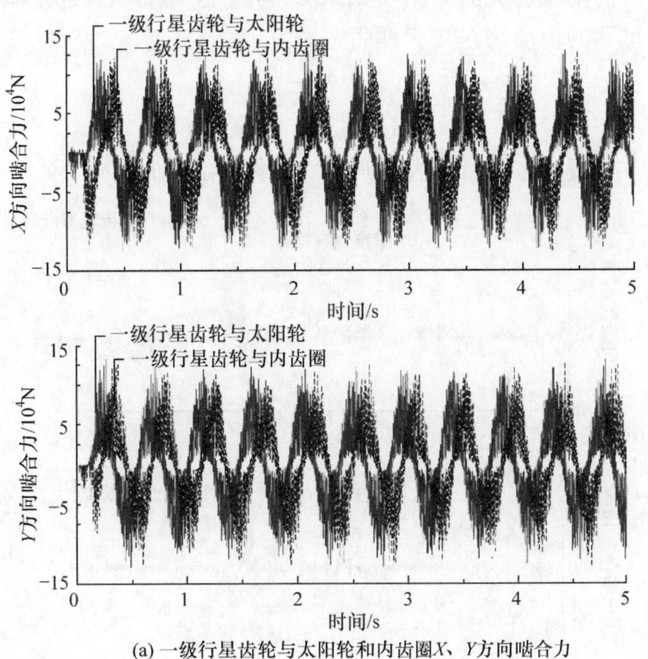

(a) 一级行星齿轮与太阳轮和内齿圈X、Y方向啮合力

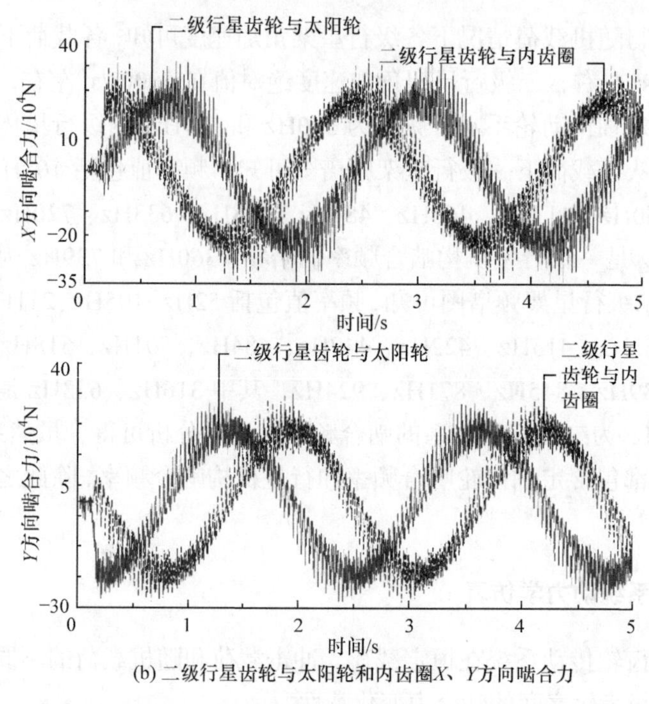

(b) 二级行星齿轮与太阳轮和内齿圈X、Y方向啮合力

图 2-22　恒定载荷下行星齿轮啮合力

在恒定扭矩作用下，行星齿轮与太阳轮和内齿圈的啮合力在 X 方向和 Y 方向呈周期波动，两者存在 90°相位差，两个方向啮合力峰值相同。二级行星齿轮啮合力波动周期大于一级行星齿轮的周期，这是由传动比造成的。图 2-22(b) 中一个波动周期大约是图 2-22(a) 中波动周期的 5 倍，而二级行星架的传动比 $i=5$，两者一致。

2. 冲击载荷

冲击载荷作用下一级、二级行星齿轮啮合力如图 2-23 所示。

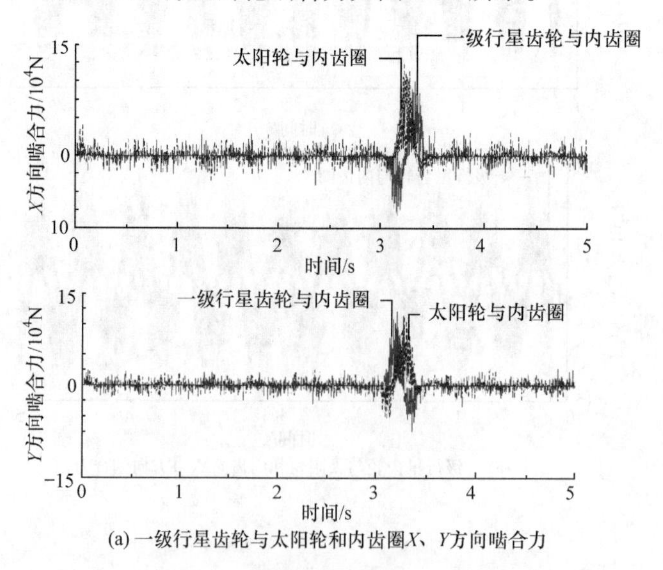

(a) 一级行星齿轮与太阳轮和内齿圈X、Y方向啮合力

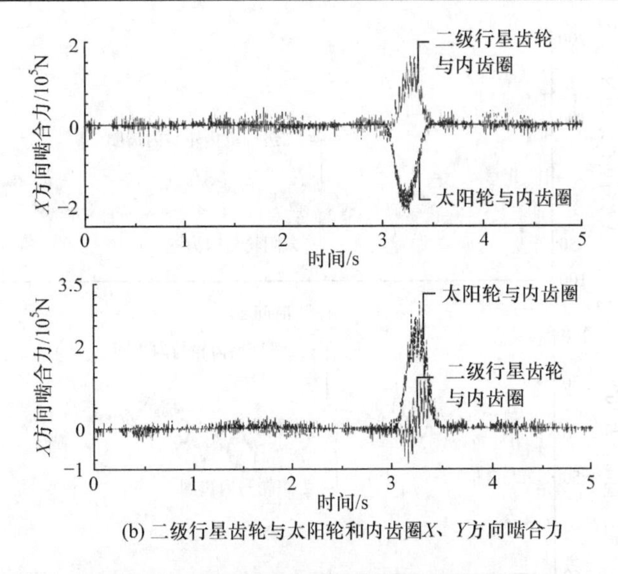

(b) 二级行星齿轮与太阳轮和内齿圈X、Y方向啮合力

图 2-23　冲击载荷下行星齿轮啮合力

传动系统在空载传动 3～3.5s 内施加冲击载荷，从 3s 开始齿轮啮合增大，由于冲击载荷最大值与恒定载荷值相等，所以行星齿轮与太阳轮和内齿圈的啮合力的峰值与恒定载荷作用时峰值相同。由图可知啮合力波动不足一个周期。在无载荷作用的时间段，齿轮啮合力较小且无明显的波动规律。

3. 随机载荷

随机载荷作用下一级、二级行星齿轮啮合力如图 2-24 所示。

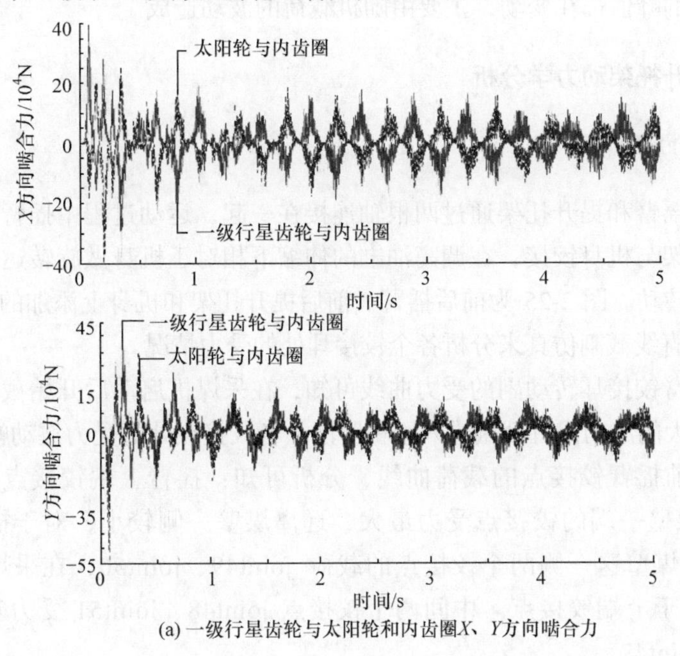

(a) 一级行星齿轮与太阳轮和内齿圈X、Y方向啮合力

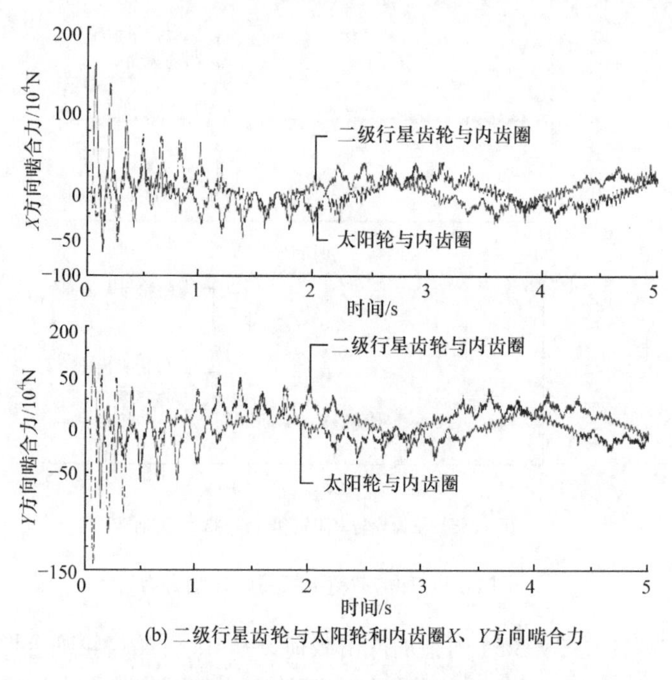

(b) 二级行星齿轮与太阳轮和内齿圈X、Y方向啮合力

图 2-24　随机载荷下行星齿轮啮合力

在随机载荷作用下，各级齿轮啮合力峰值出现了波动，而 X 方向和 Y 方向相位差仍为 90°。

对比恒定载荷和随机载荷下行星齿轮啮合力发现，两种外载荷作用下行星齿轮啮合力在稳定阶段呈周期波动，但恒定载荷作用下啮合力在每个周期的峰值是一样的，而在随机载荷作用下每个周期的峰值都在变动，主要由随机载荷的波动造成。

2.5.4　摇臂和提升托架动力学分析

1. 铰接点受力分析

实际工况下摇臂和提升托架通过两根轴连接在一起，运动过程中摇臂和提升托架没有相对运动，提升托架与机身铰接，在调高油缸的伸缩下相对于机身做旋转运动，同时提升托架相对于调高油缸转动。图 2-25 为前后摇臂、前后提升托架和机身上添加的转动副位置。通过在 ADAMS 中做直线截割仿真来分析各个铰接耳处的受力情况。

提取前后摇臂铰接耳转动副的受力曲线可知，在采煤机启动后开始截割煤阶段，各铰接点受力出现了较大的波动，待截割进入平稳阶段，各铰接点处的受力波动幅值减小。

图 2-26 为前摇臂铰接点的载荷曲线，分析可知：摇臂上端铰接点 joint47、joint48、joint49 在靠近煤壁一端的铰接点受力最大，远离煤壁一侧较小，对于摇臂下端的铰接点相同。对比靠近煤壁这一侧两个铰接点的载荷 joint49、joint50，在采煤机运行平稳后下端铰接点受力大于上端铰接点。中间两个铰接点 joint48、joint51 受力基本一致。joint52 平均受力大于 joint47。

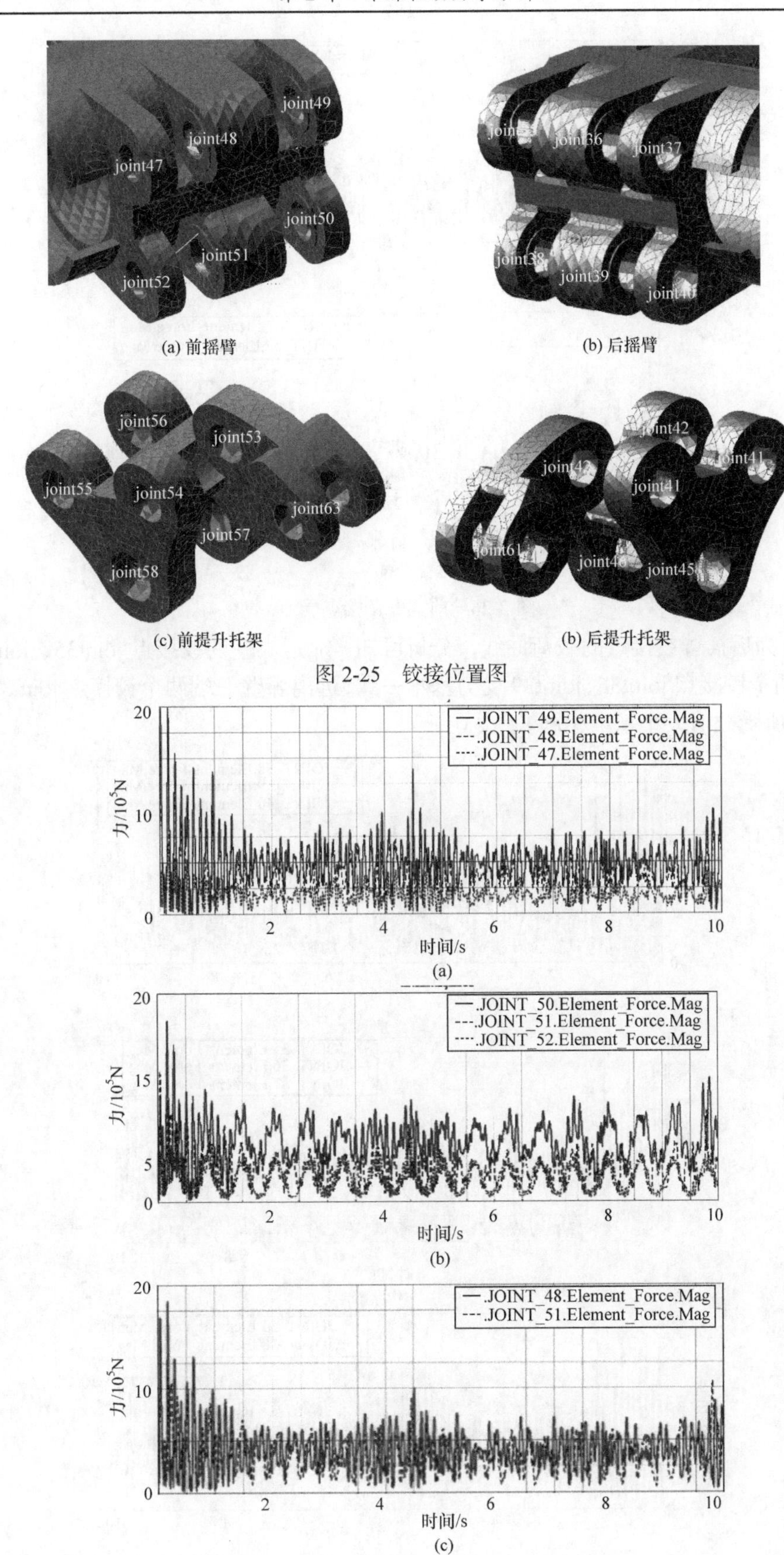

(a) 前摇臂　　(b) 后摇臂

(c) 前提升托架　　(b) 后提升托架

图 2-25　铰接位置图

(a)

(b)

(c)

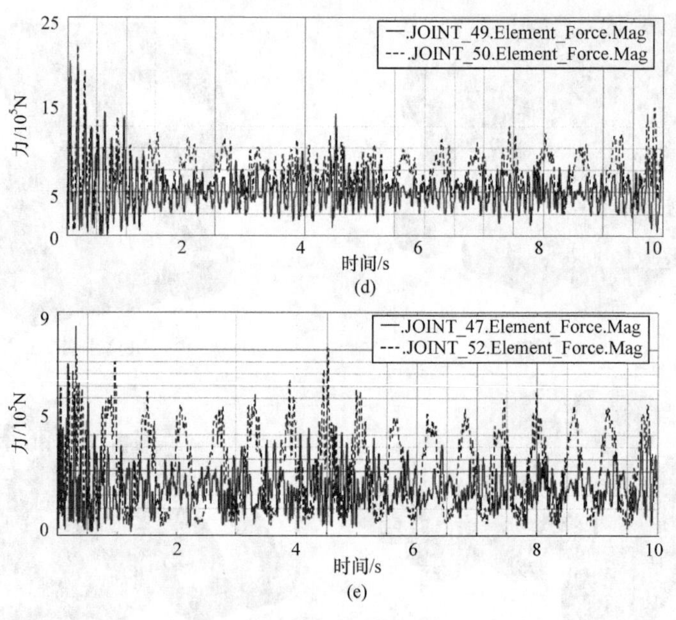

(d)

(e)

图 2-26　前摇臂铰接点受力

图 2-27 为后摇臂铰接点的载荷曲线，分析可知：靠近煤壁的铰接点 joint35、joint38 受力较大，中间两个铰接点 joint36、joint39 受力基本一致，远离煤壁一端两个铰接点 joint37、joint40 受力较小且所受载荷大小基本相同。

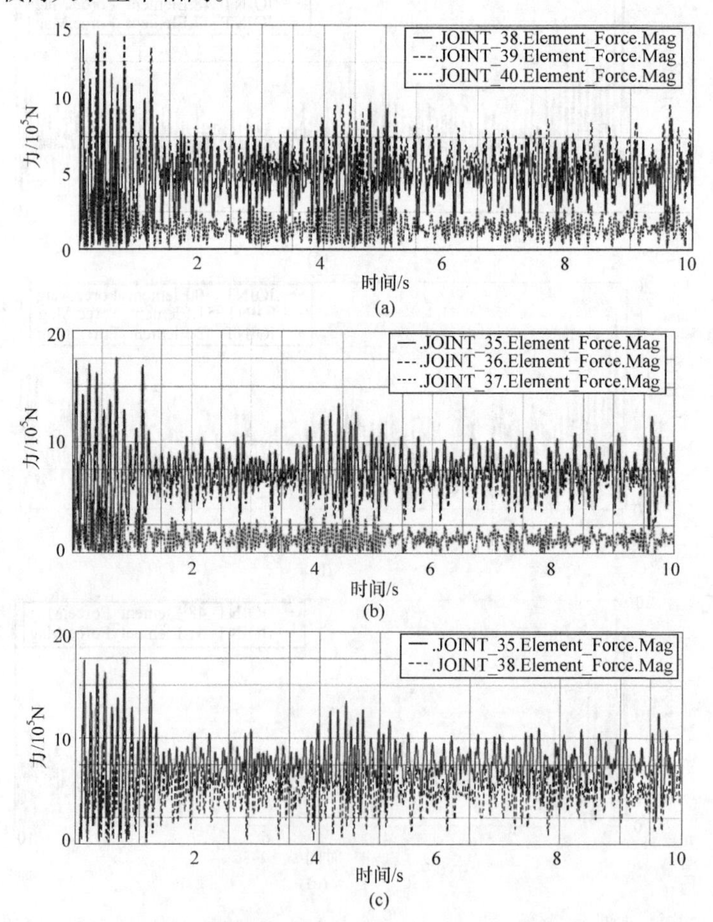

(a)

(b)

(c)

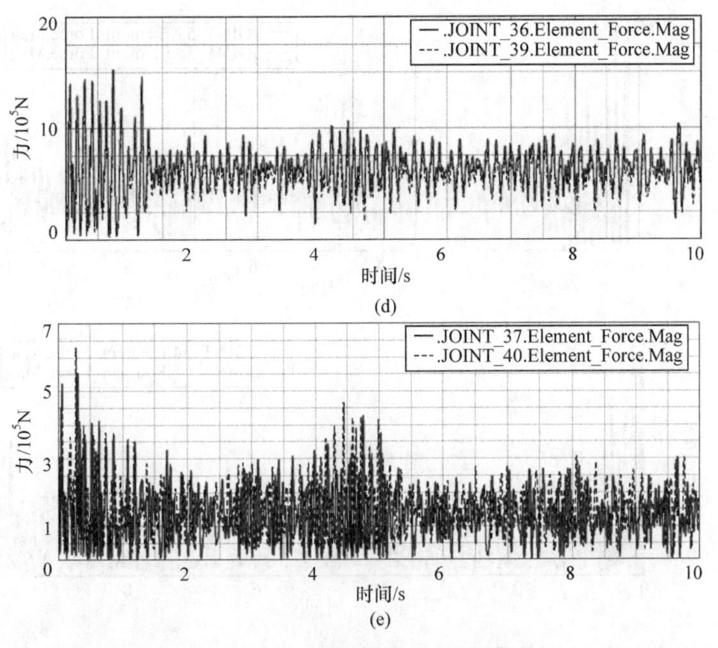

图 2-27　后摇臂铰接点受力

提取前后提升托架各铰接点载荷曲线，提升托架根据铰接点的位置可分为三类：与调高油缸铰接、与摇臂铰接、与机身铰接。

图2-28(a)为前提升托架与机身的铰接点载荷曲线，靠近煤壁的joint57受力约为joint58的2倍；图 2-28(b)～(e)为提升托架与摇臂的铰接点 joint53、joint54、joint55、joint56 载荷曲线，其中靠近煤壁的铰接点受力较大；对比 joint53 和 joint56，两个铰接点受力基本一样；铰接点 joint53 所受载荷约为joint54的2倍；铰接点joint56所受载荷约为joint55的3倍；铰接点joint54所受载荷约为joint55的 2 倍；图 2-28(f)为提升托架与油缸铰接点的载荷曲线。综合分析，提升托架上铰接点载荷最大位置在靠近煤壁一侧的机身铰接耳处，其次为提升托架上靠近煤壁一侧的摇臂铰接耳，且这两个铰接耳载荷基本一样，载荷最小的铰接点为提升托架上远离煤壁的摇臂下端铰接耳。

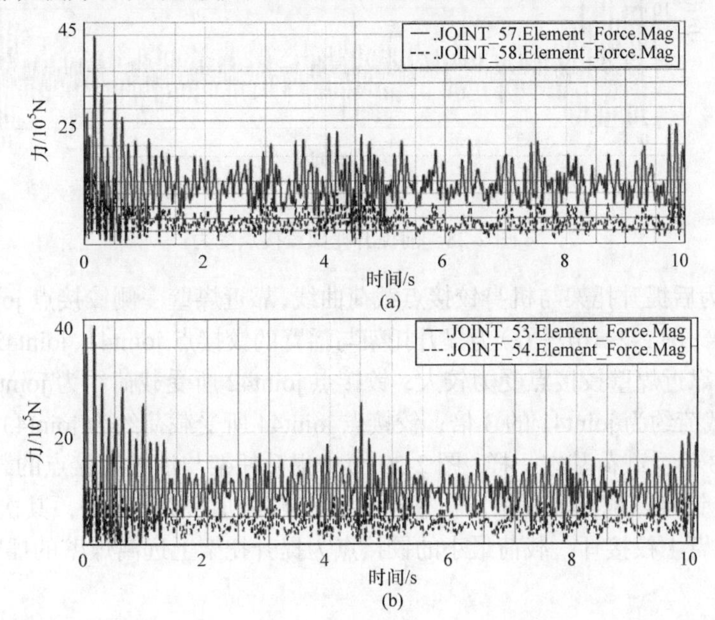

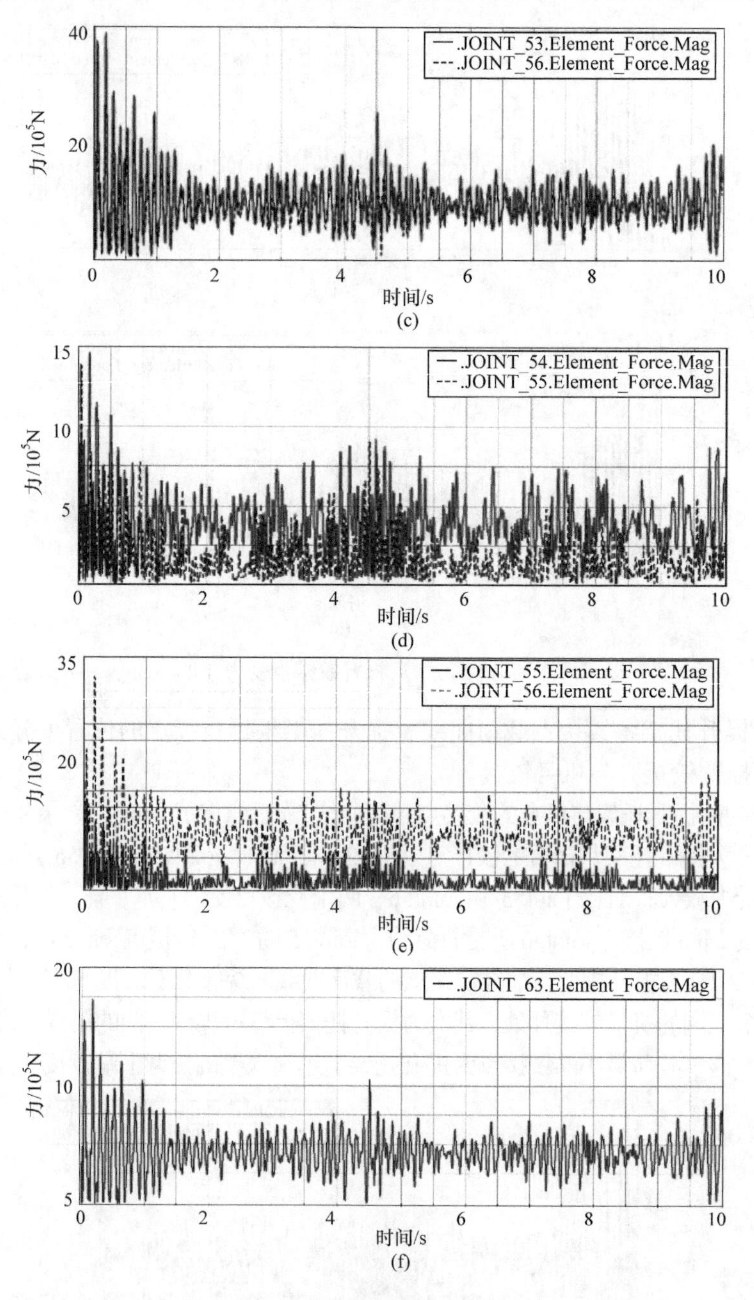

图 2-28　前提升托架铰接点受力

图 2-29(a)为后提升托架与机身铰接点载荷曲线，靠近煤壁一侧铰接点 joint46 所受载荷约为 joint45 的 3 倍；图 2-29(b)～(e)为提升托架与摇臂的铰接点 joint41、joint42、joint43、joint44 载荷曲线，其中靠近煤壁铰接点受力较大；铰接点 joint42 所受载荷约为 joint44 的 2 倍；铰接点 joint42 所受载荷约为 joint41 的 3 倍；铰接点 joint44 所受载荷约为 joint43 的 2 倍；铰接点 joint41 和 joint43 所受载荷基本一样；图 2-29(f)为提升托架与油缸铰接点的载荷曲线。综合分析，提升托架上铰接点载荷最大位置在靠近煤壁一侧的机身铰接耳处，其次为提升托架上靠近煤壁一侧的摇臂上铰接耳，载荷最小的铰接点为提升托架上远离煤壁的摇臂上端铰接耳。

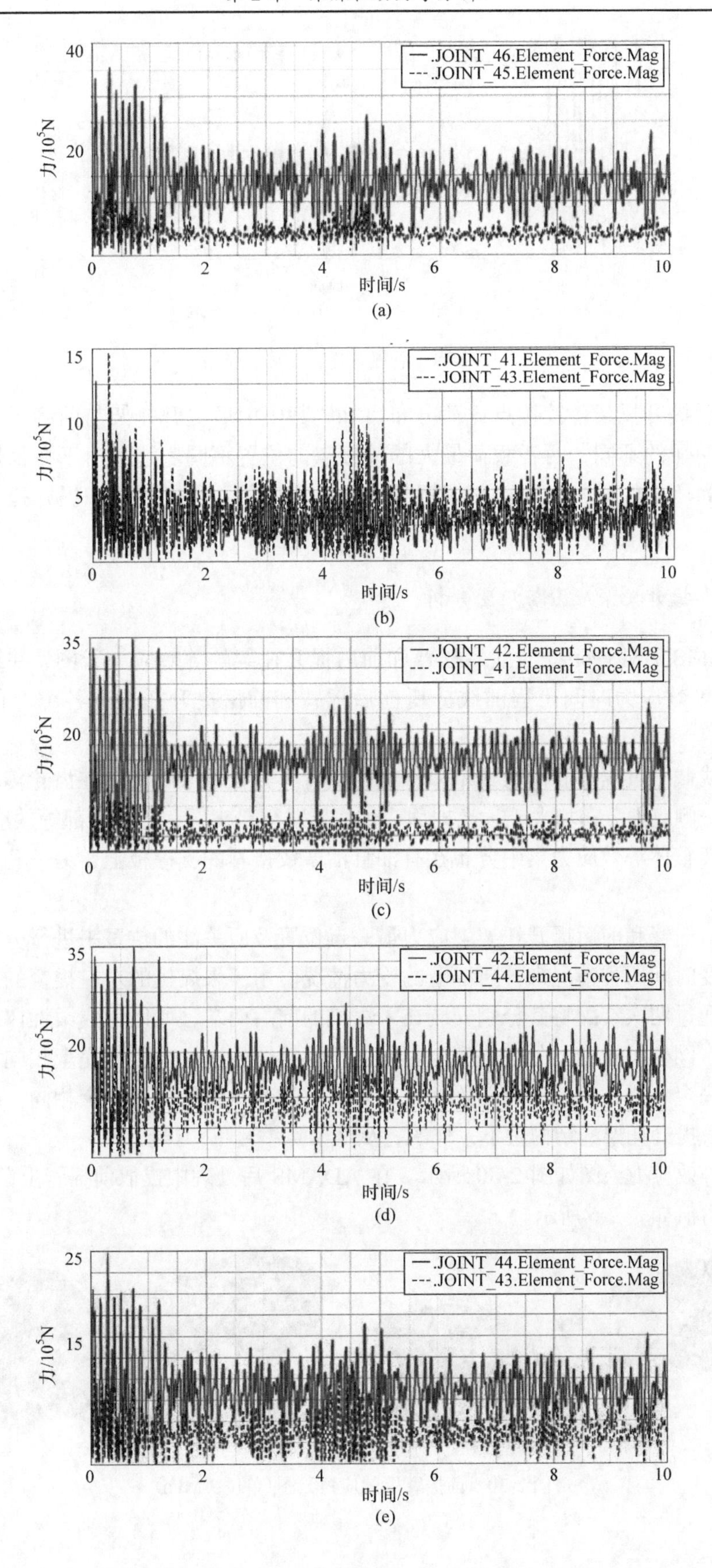

40
20
力/10^5N
0 2 4 6 8 10
时间/s
—.JOINT_46.Element_Force.Mag
---.JOINT_45.Element_Force.Mag

(a)

15
10
5
力/10^5N
0 2 4 6 8 10
时间/s
—.JOINT_41.Element_Force.Mag
---.JOINT_43.Element_Force.Mag

(b)

35
20
力/10^5N
0 2 4 6 8 10
时间/s
—.JOINT_42.Element_Force.Mag
---.JOINT_41.Element_Force.Mag

(c)

35
20
力/10^5N
0 2 4 6 8 10
时间/s
—.JOINT_42.Element_Force.Mag
---.JOINT_44.Element_Force.Mag

(d)

25
15
力/10^5N
0 2 4 6 8 10
时间/s
—.JOINT_44.Element_Force.Mag
---.JOINT_43.Element_Force.Mag

(e)

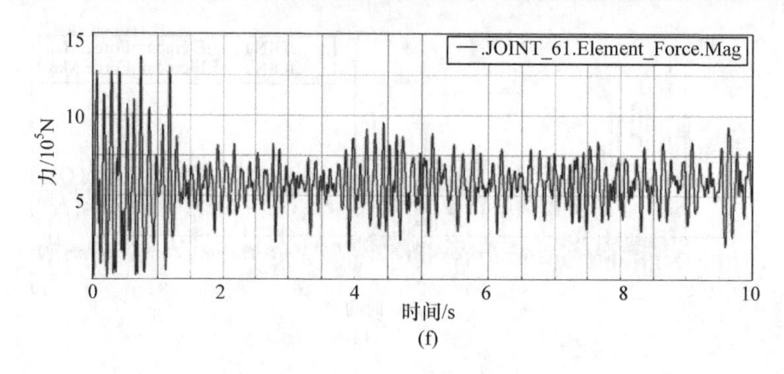

(f)

图 2-29　后提升托架铰接点受力

对比前后提升托架各铰接点载荷分布可知，其中前后提升托架与前后摇臂的铰接耳的载荷分布有明显的不同，两者载荷最大的铰接点的位置不同。这是由于在采煤机截割煤岩时，前后滚筒所受的截割力和截割扭矩的方向是相反的，所以摇臂和提升托架所受载荷趋势不同。

2. 摇臂和提升托架应力与应变分析

在 ADAMS 后处理中提取前后摇臂和前后提升托架的等效应力云图，并结合所关注部位的节点的等效应力时间历程曲线分析前后摇臂和前后提升托架上各个部位的应力应变情况。

分析直线截割过程的载荷仿真结果，前后摇臂应力较大区域集中在齿轮传动箱处，且前后摇臂靠地一侧应力分布均大于远离地面一侧。摇臂行星头部和电机仓部等效应力分布较小。前后提升托架整体等效应力集中分布在有油缸活塞铰接耳的支撑板上，另一侧支撑板应力分布较小。

选取前后摇臂和前后提升托架上应力最大点位置及所关注的位置来进行分析，通过分析节点应力应变时间历程情况来分析摇臂的受力情况。由于采煤机的左右摇臂的三维模型完全相同，只是通过两次装配将其分别安装在采煤机的前后两端，所以生成柔性体时，由于选择的网格类型、网格尺寸和划分方式完全相同，前后摇臂生成的节点数完全相同，其相同节点号的位置也完全一样，所关注的位置相同，则对应的节点编号也会完全相同。但对于提升托架而言，前后提升托架的结构是不一样的，从而节点编号不一样。

前摇臂等效应力云图如图 2-30 所示。在 ADAMS 后处理中提取前摇臂上前 20 个应力较大的点的应力值如表 2-6 所示。

(a)　　(b)

图 2-30　前摇臂等效应力云图(单位：MPa)

表 2-6　前摇臂前 20 个应力较大点

序号	节点编号	应力值/MPa	序号	节点编号	应力值/MPa
1	node13985	70.9899	11	node13928	52.4491
2	node14013	60.6592	12	node13182	51.0587
3	node13992	56.9971	13	node5082	49.1593
4	node14021	56.7008	14	node5941	48.0169
5	node5076	56.5708	15	node2494	47.4392
6	node16406	55.7057	16	node14018	47.2837
7	node5018	54.4005	17	node5016	47.7119
8	node13978	54.1802	18	node5135	46.4062
9	node13977	53.2536	19	node7056	45.7515
10	node13993	52.4917	20	node14006	45.6549

由表 2-6 可知，前摇臂壳体等效应力最大值点为 node13985，应力值为 70.989MPa，该节点位于摇臂壳体行星头部与定轴齿轮传动箱相交处，如图 2-30(b)中 f 处所示，node13985 应力曲线如图 2-31 所示，其中节点 node14013、node13992、node14021、node5076、node16406、node5018、node13978、node13977、node13993、node13928、node14018 也位于该区域。node13182、node7056 位于前摇臂靠近煤壁侧上铰接耳下端，如图 2-30(b)中 g 处所示，根据等效应力较大节点的位置分布可知，在行星头部与定轴齿轮传动箱相交处和靠近煤壁侧上铰接耳下端应力分布较大。

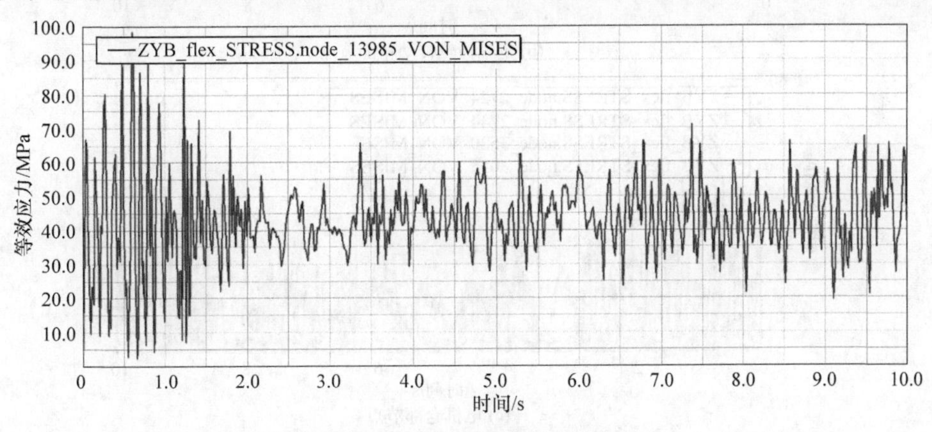

图 2-31　node13985 应力曲线

在前摇臂上选取节点进行分析：行星头部选取节点 node1366、node8771、node3231；定轴齿轮传动箱部选取节点 node5494、node5909；在电机仓部选取节点 node12091、node12273、node12184、node11872、node11967、node11895、node6125；在定轴齿轮传动箱与电机仓结构过渡区域(图 2-30(a)中 a、b、c、d 处)选取节点 node3056、node3520、node2744、node2724。

分析各区域节点应力分布情况，行星头部节点等效应力时间历程曲线如图 2-32(a)所示，可知在该位置处各节点应力应变较小，应力波动幅值较小。定轴齿轮传动箱节点等效应力时间历程曲线如图 2-32(b)所示，节点 node5494 位于前摇臂齿轮箱上壁面中间区域，其应力值约为下壁面节点 node5909 应力值的 2 倍，表明前摇臂齿轮箱上壁面应力分布比下壁面大。电机仓上所选节点等效应力时间历程曲线如图 2-32(c)所示，节点 node12091 应力最大，该点位于摇臂靠近煤壁一侧的上铰接耳处；节点 node12184 和 node12273 应力最小，位于离煤壁最远的铰接耳上。摇臂壳体过渡处所选节点等效应力时间历程曲线如图 2-32(d)所示，节点 node2724 等效应力值明显大于其他过渡区域节点应力值，该点位于定轴齿轮传动箱上侧加强筋与电机仓相交处，位于下侧加强筋与电机仓相交处的节点应力较小。

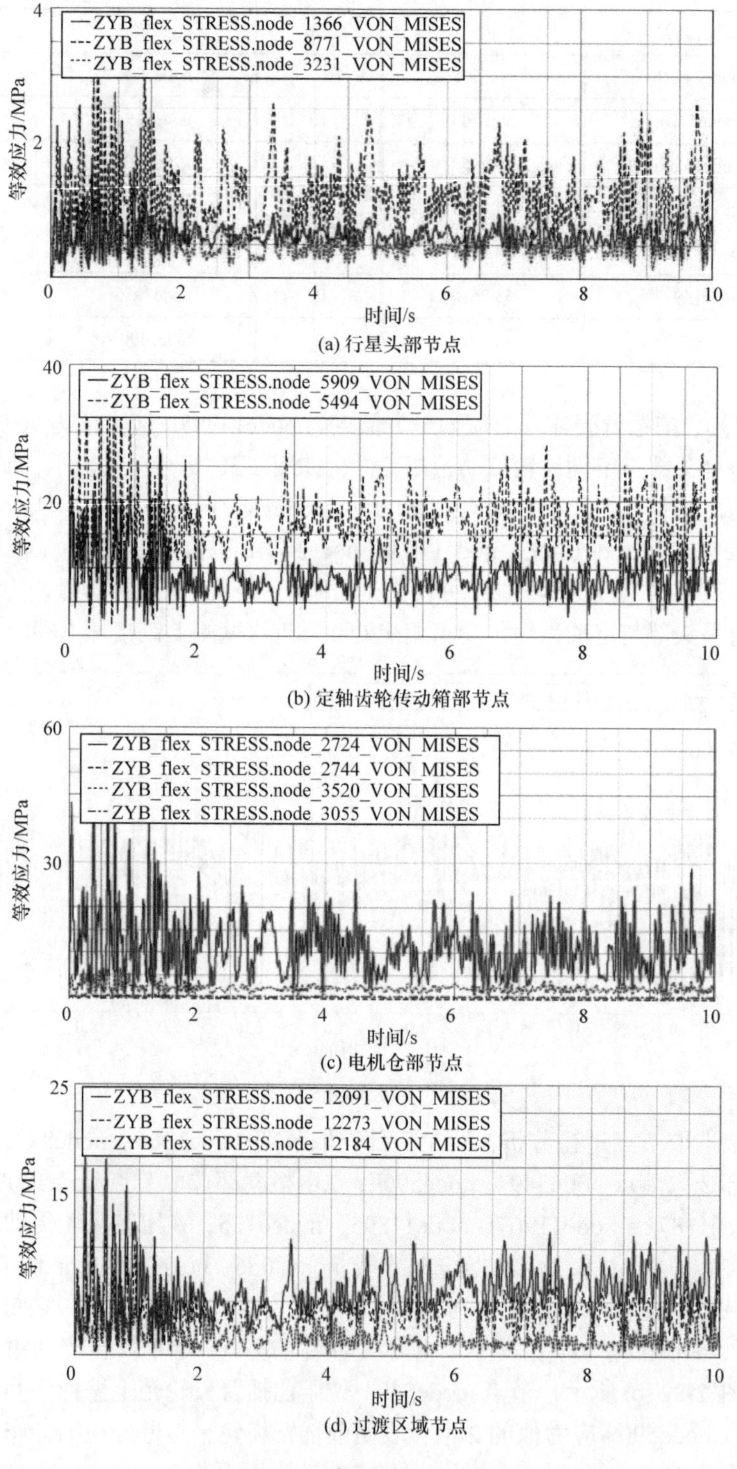

图 2-32　各区域节点应力

后摇臂等效应力图如图 2-33 所示。在 ADAMS 后处理中提取后摇臂上前 20 个应力较大的点的应力值如表 2-7 所示。

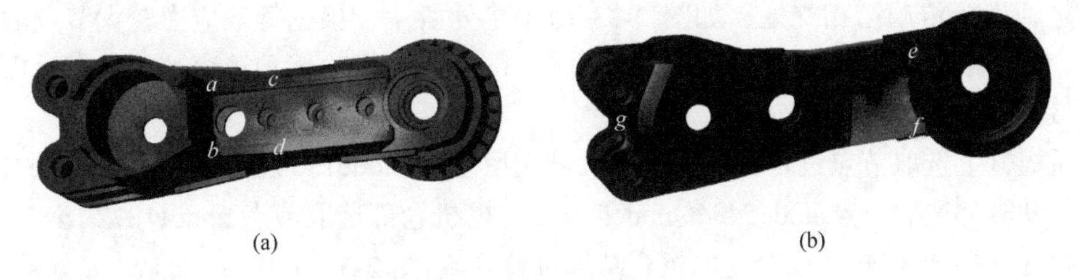

图 2-33 后摇臂等效应力图(单位：MPa)

表 2-7 后摇臂前 20 个应力较大点

序号	节点编号	应力值/MPa	序号	节点编号	应力值/MPa
1	node13986	51.4967	11	node16408	41.2146
2	node7051	51.4369	12	node5942	40.7389
3	node14014	47.7269	13	node14689	40.36
4	node13312	47.3817	14	node5077	40.2594
5	node7049	46.2437	15	node13979	39.9657
6	node7044	44.5177	16	node13994	39.5421
7	node13873	43.2955	17	node13864	39.2153
8	node14022	42.7083	18	node13966	39.1221
9	node13958	42.6262	19	node5019	39.0773
10	node13993	42.3644	20	node11599	38.5672

从表 2-7 可知，后摇臂应力值整体比前摇臂应力值小。最大应力值点为 node13986，应力值为 51.4967MPa，该点位于摇臂壳体行星头部与定轴齿轮传动箱相交处，如图 2-33(b)中 e 处所示，node13986 应力曲线如图 2-34 所示，其中 node14014、node14022、node13993、node16408、node5077、node13979、node13994、node5019 也位于该区域。node7051、node7049、

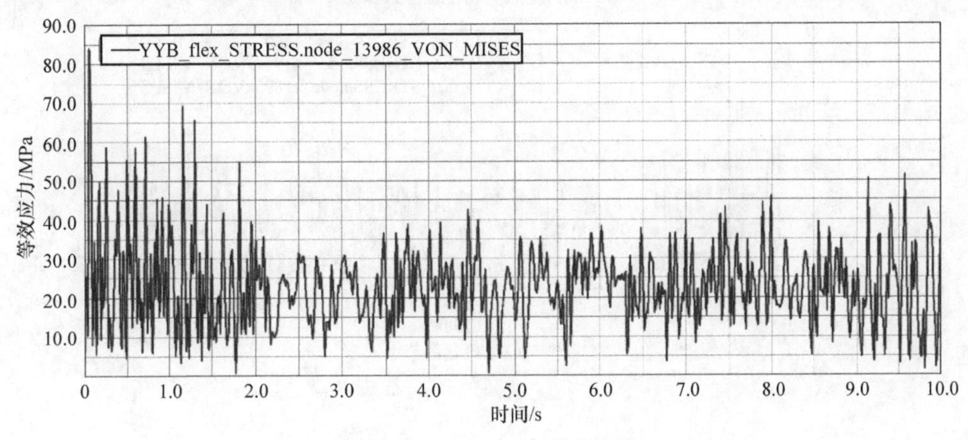

图 2-34 node13986 应力曲线

node13312、node7044位于摇臂靠近煤壁一侧铰接耳下端，如图2-33(b)中g处所示，node13873、node13958、node5942、node14689、node13864、node13966、node11599 位于摇臂壳体行星头部与定轴齿轮传动箱相交处，如图 2-33(b)中 f 处所示，根据等效应力较大节点的位置分布可知，后摇臂应力较大区域集中在摇臂行星头部与定轴齿轮传动箱交叉处和靠近煤壁一侧的上铰接耳下端。

在后摇臂上选取节点进行分析：行星头部选取节点 node1366、node8771、node3231；定轴齿轮传动箱部选取节点 node5494、node5909；在电机仓部选取节点 node11872、node11967、node11895；在定轴齿轮传动箱与电机仓结构过渡区域(图 2-33(a)中 *a*、*b*、*c*、*d* 处)选取节点 node3056、node3520、node2744、node2724。

由各区域节点应力(图 2-35)可知：行星头部和电机仓部节点应力较小，定轴齿轮传动箱和过渡区域节点应力大部分集中在 0～35MPa。

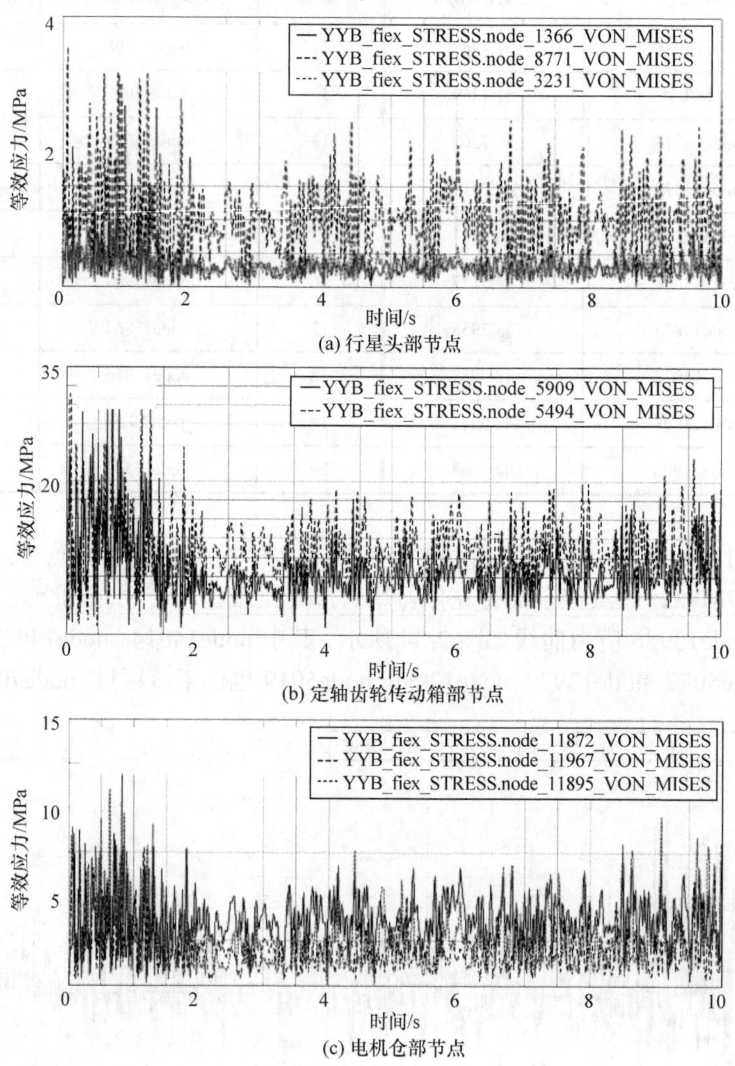

(a) 行星头部节点

(b) 定轴齿轮传动箱部节点

(c) 电机仓部节点

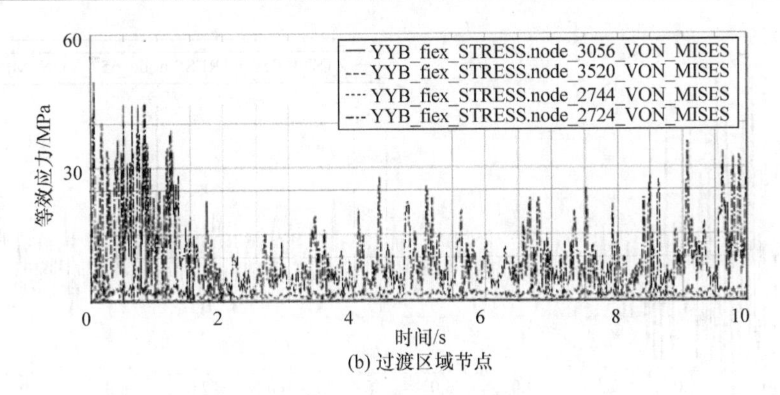

(b) 过渡区域节点

图 2-35　各区域节点应力

前提升托架等效应力图如图 2-36 所示。在 ADAMS 后处理中提取前提升托架上前 20 个应力较大的点的应力值如表 2-8 所示。

图 2-36　前提升托架等效应力图(单位：MPa)

表 2-8　前提升托架前 20 个应力较大点

序号	节点编号	应力值/MPa	序号	节点编号	应力值/MPa
1	node657	84.447	11	node443	53.1057
2	node711	72.1344	12	node522	53.0948
3	node1458	64.0258	13	node504	52.9241
4	node785	60.4963	14	node529	52.5299
5	node455	55.3378	15	node444	52.3048
6	node445	53.6779	16	node530	52.1343
7	node502	53.6604	17	node442	52.0227
8	node503	53.5733	18	node450	51.9967
9	node499	53.4011	19	node452	51.893
10	node494	53.1492	20	node495	51.4688

从表 2-8 可知：前提升托架等效应力最大值点为 node657，等效应力值为 84.477MPa，该点位于调高油缸铰接耳一侧与中间连接板相交处上侧，如图 2-36 中 a 处所示，node657 应力曲线如图 2-37 所示，node711、node1458、node785 也位于该区域；其余节点均位于调高油缸铰接耳下端的弯曲段处，如图 2-36 中 b 处所示，此处应力集中在 50～60MPa。表明在直线截割时前提升托架等效应力较大区域集中在这两个位置。

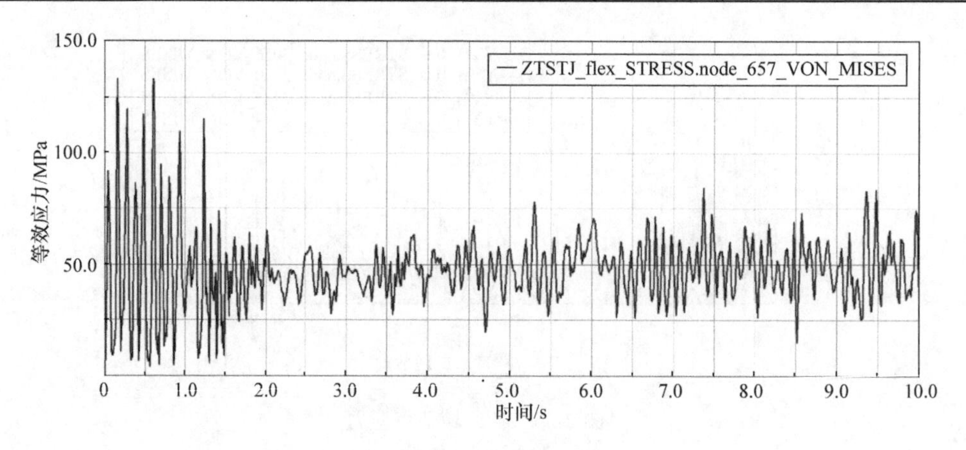

图 2-37　node657 应力曲线

后提升托架等效应力图如图 2-38 所示，在 ADAMS 后处理中提取后提升托架上前 20 个应力较大的点的应力值如表 2-9 所示。

图 2-38　后提升托架等效应力图(单位：MPa)

表 2-9　后提升托架前 20 个应力较大点

序号	节点编号	应力值/MPa	序号	节点编号	应力值/MPa
1	node849	152.303	11	node919	117.415
2	node910	149.207	12	node920	116.788
3	node850	144.835	13	node915	116.569
4	node911	137.837	14	node1728	112.195
5	node901	135.49	15	node914	112.05
6	node917	130.139	16	node912	111.188
7	node908	129.223	17	node902	110.203
8	node909	126.298	18	node921	108.418
9	node916	121.022	19	node907	107.699
10	node918	120.146	20	node913	107.661

从表 2-9 可知：后提升托架等效应力最大值约为前提升托架的 2 倍，后提升托架等效应力最大节点为 node849，应力值为 152.303MPa，该点位于后提升托架上调高油缸铰接耳下端弯曲段，如图 2-38 中 a 处所示，node849 应力曲线如图 2-39 所示。其余节点均位于该区域，表明后提升托架上该区域应力分布较大。

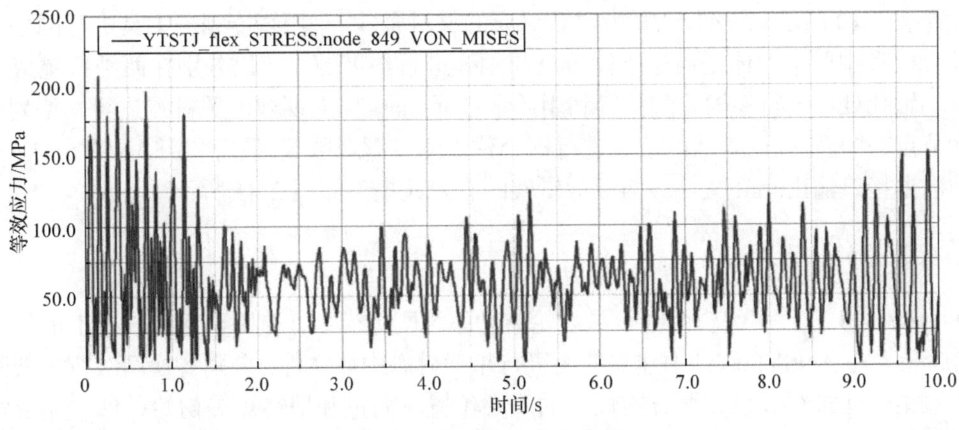

图 2-39　node849 应力曲线

通过对前后摇臂和前后提升托架在直线截割煤岩工况下的刚柔耦合动力学特性进行分析可知，前摇臂应力较大区域分布在行星头部与齿轮传动箱相交处下侧，后摇臂应力较大区域分布在行星头部和齿轮传动箱相交处上下两侧和靠近煤壁的上铰接孔下端，前后提升托架应力较大区域分布在调高油缸铰接耳下端弯曲段。前摇臂应力最大值大于后摇臂，后提升托架应力最大值大于前提升托架。

2.6　采煤机牵引部动力学分析

由于采煤机牵引部的行走机构的动力学特性在 2.4 节中进行了分析，所以本节对采煤机牵引部的动力学分析主要研究牵引部传动系统的两级行星齿轮机构的动力学特性。

2.6.1　牵引部行星齿轮机构模型的建立

1. 刚体模型建立

采煤机牵引部两级行星齿轮传动系统主要由一级太阳轮、一级行星齿轮、一级外齿圈、二级太阳轮、二级行星齿轮、二级行星架以及二级外齿圈组成。利用 UG 软件对上述模型进行建模及装配，并将对仿真结果影响不大的零件进行简化处理，将 UG 所建立的两级行星齿轮模型保存为 parasolid 格式文件并导入 ADAMS 动力学仿真软件中，导入 ADAMS 软件中的三维模型如图 2-40 所示。在 ADAMS 软件环境中检查模型是否干涉，检查完成后修改各构件的质量和材料属性。

图 2-40　两级行星齿轮传动系统模型

2. 柔性体模型建立

两级行星架在行星齿轮传动系统中受力较大，为了研究两级行星架的受力特性以及行星架的弹性变形对系统动态性能的影响，本书选用两级行星架作为柔性体模型。利用有限元软件 ANSYS 来建立两级行星架的柔性体模型，通过把之前简化的两级行星架三维模型分别以.x-t 的格式导入 ANSYS 有限元软件中，对行星架的网格划分选用 10 节点的 solid45 单元，外连接点选择质量单元 mass21 进行网格划分。两级行星架的材料属性如表 2-10 所示，在 ANSYS 中建立对应的材料属性。采用智能划分工具进行网格划分，刚柔耦合模型中的柔性体是通过刚性节点与刚体进行约束的，所以分别在两级行星架的行星架输出端轴孔处以及行星轴装配位置利用质量单元 mass21 对所建的关键点进行网格划分、建立刚性节点，并与轴孔内表面的节点进行耦合建立刚性耦合区域。最后利用 ANSYS 与 ADAMS 软件的数据接口输出.mnf 文件。两级行星架的有限元模型如图 2-41 所示。

3. 柔性体的替换

在 ADAMS 软件中编辑两级行星齿轮传动系统刚体模型，删除两级行星架上的约束及载荷，然后导入在 ANSYS 软件中建立的两级行星架模态中性文件，分别替换两级行星架刚体模型，并对柔性体进行校核，检查柔性体的质心位置、质量和惯性矩等初始条件，完成刚柔耦合模型的替换。最终完成两级行星齿轮传动系统的刚柔耦合动力学模型，如图 2-42 所示。

表 2-10　行星架的材料属性

材料名称	弹性模量 E/MPa	泊松比 μ	密度 ρ /(kg/m³)	屈服强度 σ_s/MPa	抗拉强度 σ_b/MPa
ZG30CrMnMo	2.07×10^5	0.254	7870	785	930

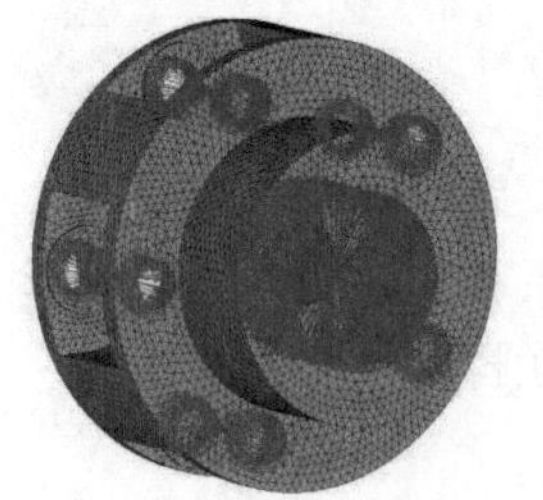

图 2-41　两级行星架有限元模型图

图 2-42　两级行星齿轮刚柔耦合动力学模型

2.6.2　添加约束与接触创建

两级行星齿轮各部件之间是通过各种约束限制物体运动的，根据牵引部两级行星齿轮工作特点对两级行星齿轮模型添加必要的约束，各部件之间的约束如表 2-11 所示。

表 2-11　模型约束关系

部件	约束	部件	约束
一级外齿圈与大地	固定副	一级太阳轮与一级外齿圈	旋转副
一级行星齿轮与一级行星架	旋转副	二级行星架与大地	固定副
二级太阳轮与二级行星架	旋转副	二级行星齿轮与二级行星架	旋转副
二级行星架与二级内齿圈	旋转副		

行星齿轮传动部分各齿轮间是通过接触传递力和运动的，因此分别在各齿轮之间添加接触。接触参数的选择影响动力学仿真分析的结果是否收敛，在 ADAMS 软件中选择冲击函数

法计算接触力，利用库仑摩擦方法计算摩擦力。两级行星齿轮减速器各齿之间的接触刚度系数与阻尼系数如表 2-12 所示。

表 2-12　行星齿轮机构各齿啮合刚度

齿轮对	模数 m/mm	齿数 z	压力角 α/(°)	接触刚度系数 K/(N/mm$^{1.5}$)	阻尼系数 C/(N · s/mm)
一级太阳轮	9	17	20	5.6×10^5	(0.1%～1%) K
一级行星齿轮	9	19	20		
一级行星齿轮	9	17	20	10.07×10^5	
一级外齿圈	9	55	20		
二级太阳轮	9	28	20	6.29×10^5	
二级行星齿轮	9	19	20		
二级行星齿轮	9	19	20	9.62×10^5	
二级外齿圈	9	67	20		

2.6.3　添加驱动与负载

采煤机牵引部牵引电机的额定功率为 150kW，电机在其额定功率下工作时，太阳轮的平均转速为 1060°/s、二级行星架输出的转矩为 T_1=116505N · m，为了保证施加转速与转矩时传动系统能够平稳运行，利用 step 阶跃函数定义作用在虚拟样机上的驱动和负载扭矩，驱动添加在一级太阳轮上，其表达式为：step (time,0,0，0.02,–1060d)，负载添加在行星齿轮的二级行星架上，其表达式为：step (time,0,0,0.02,116505)。

2.6.4　运动学分析

1. 运动参数计算

两级行星齿轮各级齿轮的旋转频率可以由各部件之间的传动比计算得到。根据周转轮系传动比的计算法则，通过给整个轮系施加一个与行星架相反的旋转频率$-f_c$，将周转轮系转化为假想的定轴轮系，则有

$$f_c=\frac{Z_s}{Z_s+Z_r}\times f_s$$
$$f_p=(f_s-f_c)\frac{Z_s}{Z_p}-f_c \tag{2-19}$$

式中，f_s为太阳轮旋转频率；f_p为行星轮旋转频率；f_c为行星架旋转频率；Z_r、Z_s、Z_p分别为齿圈、太阳轮、行星轮齿数。

一对齿轮在啮合传动过程中，齿轮的每个齿都会在一个旋转周期内参与啮合一次，齿轮的啮合频率等于该齿轮的相对旋转频率与齿数的乘积。相互啮合的一对齿轮的啮合频率相等。齿轮啮合频率f_m的计算公式如下：

$$f_m=f_c\times Z_r=Z_s\times(f_s-f_c) \tag{2-20}$$

最后计算得到两级行星齿轮传动机构各部件旋转频率及啮合频率如表 2-13 所示。

表 2-13 两级行星齿轮与太阳轮振动频率统计 (单位：Hz)

频率成分	一级太阳轮	二级太阳轮	一级行星架	二级行星架
旋转频率	2.95	0.7	0.7	0.2
啮合频率	38.24	13.73	—	—

2. 仿真分析

在 ADAMS 软件求解器设置仿真参数：求解时间为 4s，步长为 0.001s。求解完成后，在后处理中输出太阳轮及两级行星架的角速度曲线、角加速度曲线以及角加速度曲线的频谱图。

从图 2-43 可以看出，由于施加在太阳轮上的驱动是阶跃函数定义的，所以在 0 ~ 0.2s 各级齿轮角速度逐步增大，在 0.2s 时达到最大值并保持稳定。稳定后的曲线有明显的周期性波动，是由齿侧间隙和齿轮啮合刚度引起的。

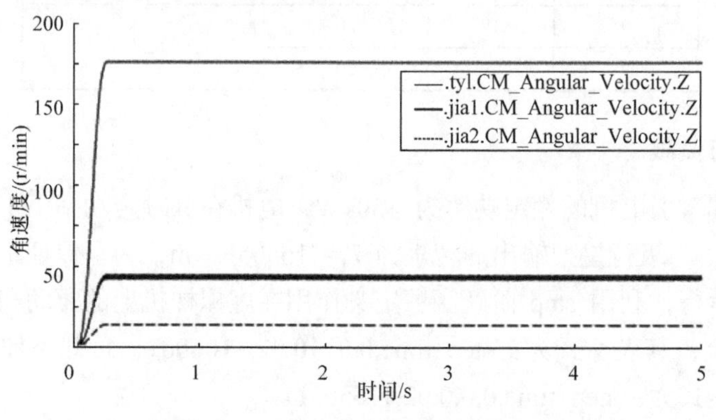

图 2-43 两级行星齿轮的角速度曲线

图 2-44 和图 2-45 分别为一级、二级行星架的角加速度图及其频谱图，由前面的理论计算得到一级、二级行星齿轮与太阳轮的啮合频率分别为 38.24Hz 和 13.73Hz。从一级、二级行星架的角加速度图可以看出，各级行星架的角加速度曲线呈现周期性波动，从一级、二级行星架的角加速度频谱图可以看出，行星架的频谱成分主要为各级齿轮的啮合频率及其倍频。

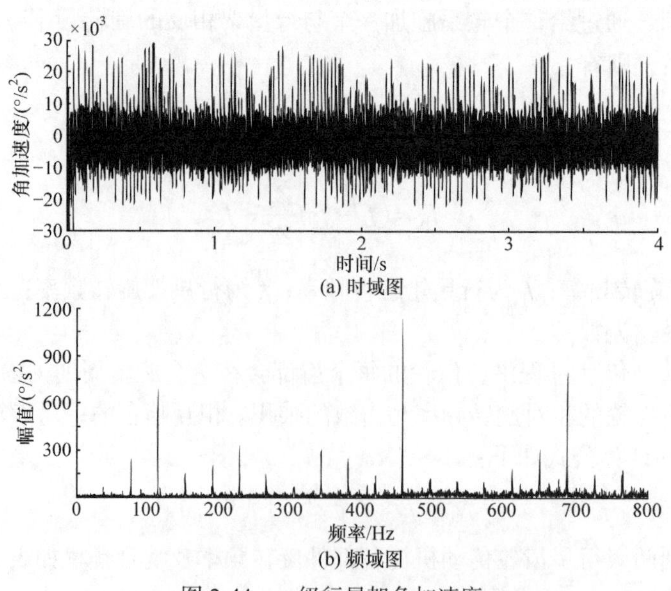

图 2-44 一级行星架角加速度

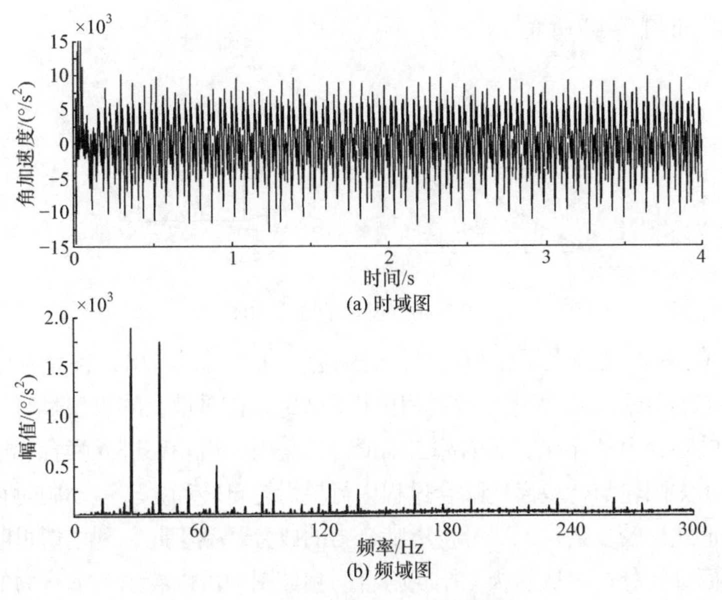

图 2-45　二级行星架角加速度

2.6.5　动力学分析

1. 各级齿轮啮合力分析

根据齿轮的啮合知识可知，在齿轮啮合过程中，直齿轮的法向载荷 F_n 沿啮合线作用在齿面上，且方向垂直于齿面。法向载荷可以分解为径向力 F_r 和垂直于径向的圆周力 F_t。根据受力分析，太阳轮作用于行星轮的切向力和内齿圈作用于行星轮的切向力是相等的。行星轮的受力表达式为

$$\begin{cases} T = 9549\dfrac{P}{n} \\ F_t = \dfrac{2000T}{n_p \cdot d_s} \\ F_r = F_t \tan\alpha \\ F_n = \dfrac{F_t}{\cos\alpha} \end{cases} \tag{2-21}$$

式中，P 为牵引电机功率，kW；n 为输入件转速；d_s 为太阳轮的分度圆直径；T 为太阳轮传递的转矩；n_p 为行星轮个数；α 为齿轮压力角。

由式(2-21)和平均载荷计算出一级行星齿轮的受力为 F_{s1r1}=8108.8N，二级行星齿轮的受力为 F_{s2r2}=54514.7N。根据力的分解，可以将啮合副上的切向力分解为 X 向力和 Y 向力，如图 2-46 所示，则有

$$\begin{cases} F_{r1s1x} = F_{r1s1}\sin(\omega t + \alpha) \\ F_{r1s1y} = F_{r1s1}\cos(\omega t + \alpha) \end{cases} \tag{2-22}$$

式中，ω 为系杆的角速度；α 为相位角。

由于行星齿轮与太阳轮的接触力和行星齿轮与内齿圈的啮合力大小相等，所以在 ADAMS 后处理中输出各级行星齿轮与太阳轮在 X 方向和 Y 方向的啮合力在时域与频域上

的曲线如图 2-47 和图 2-48 所示。

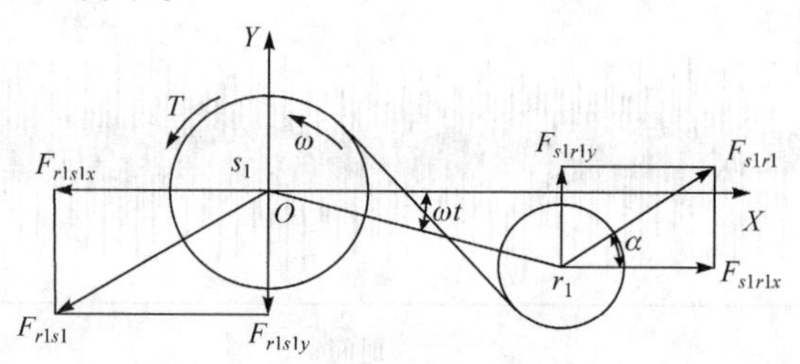

图 2-46　齿轮啮合受力图

从图 2-47 和图 2-48 两级太阳轮与行星齿轮啮合力曲线可以看出，各级齿轮啮合力在 X 方向和 Y 方向的分力按照正弦曲线变化，两者相位相差 90°，在时域上的表现具有周期性，且两级太阳轮与行星齿轮的啮合力都存在明显的冲击幅值，这是因为齿轮在进入啮合和退出啮合过程中产生啮合冲击。由于太阳轮与行星齿轮啮合过程中行星齿轮自转和公转运动同时存在，所以啮合力在时域上的表现形式比较复杂，无法分辨出啮合力的成分。鉴于此，利用傅里叶变换将齿轮啮合力转换到频域里面进行分析。从两级太阳轮啮合力频域图中可以看出，啮合力的响应频率成分有齿轮旋转频率、齿轮啮合基频及其啮合倍频，两侧有以其旋转频率为间隔的对称调制频率带，所以行星齿轮的啮合频率为齿轮传动的载波频率，行星架的旋转频率为齿轮传动的调制频率。正是这些频率成分及其谐波之间的相互调制效应，导致行星轮系振动响应频谱结构非常复杂。

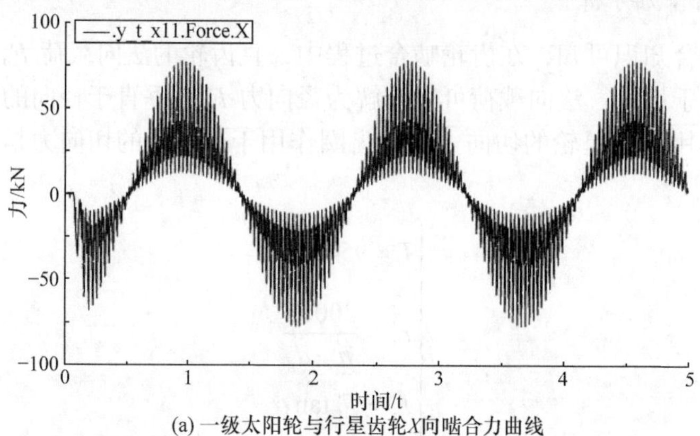

(a) 一级太阳轮与行星齿轮X向啮合力曲线

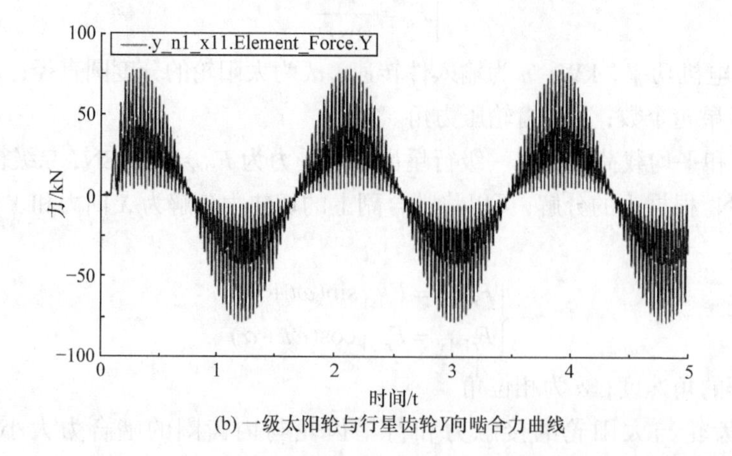

(b) 一级太阳轮与行星齿轮Y向啮合力曲线

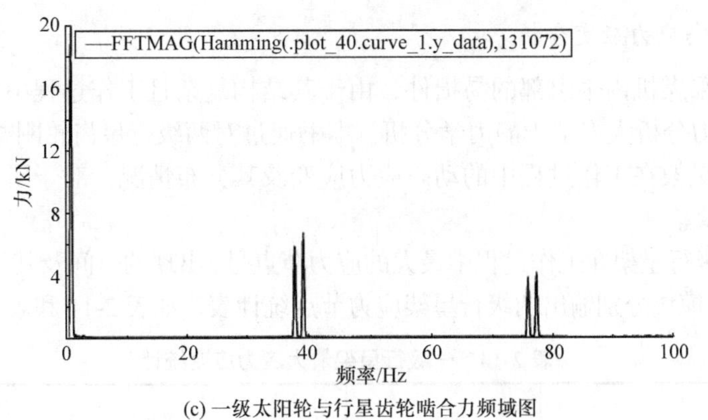

(c) 一级太阳轮与行星齿轮啮合力频域图

图 2-47　一级太阳轮与行星齿轮啮合力曲线

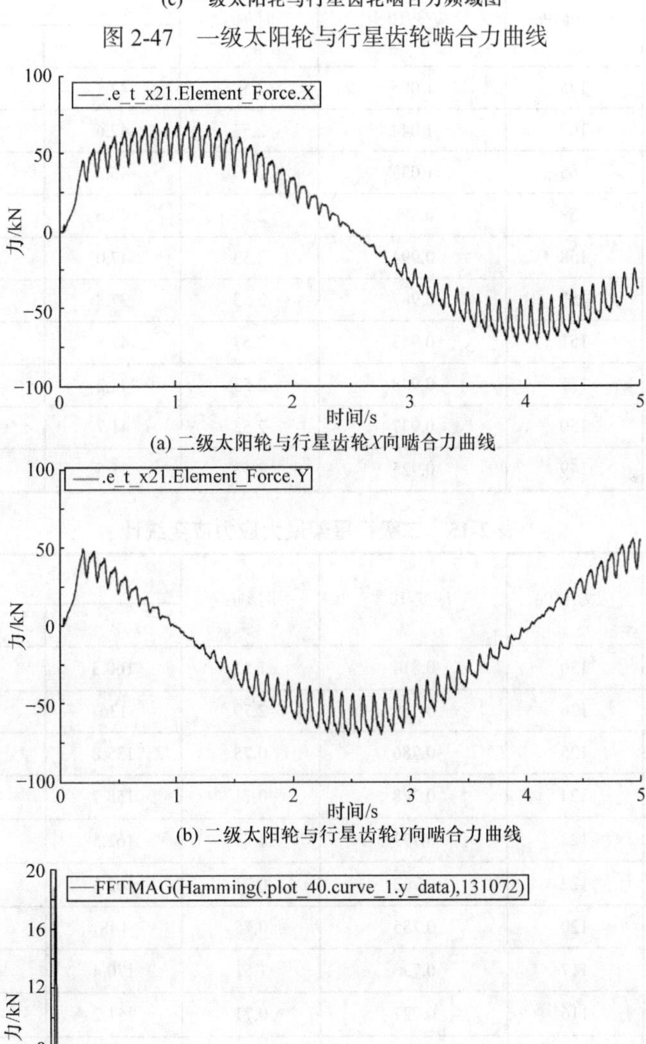

(a) 二级太阳轮与行星齿轮X向啮合力曲线

(b) 二级太阳轮与行星齿轮Y向啮合力曲线

(c) 二级太阳轮与行星齿轮啮合力频域图

图 2-48　二级太阳轮与行星齿轮啮合力曲线

2. 行星架动态应力应变分析

行星架作为采煤机内牵引部的易损件，由于其结构复杂且工作过程中承受较大的扭矩，对于行星架的受力分析大多基于静力学分析。本书通过对两级行星齿轮刚柔耦合动力学分析，最后得到两级行星架在工作过程中的动态应力应变及其分布情况，对于研究两级行星齿轮的动态性能很有意义。

为了了解两级行星架在工作过程中最大的应力节点号、出现的时间及其位置，通过 ADAMS 后处理 Durability 模块分别输出两级行星架应力节点统计表，如表 2-14 和表 2-15 所示。

表 2-14　一级行星架最大应力应变统计

序号	节点编号	应力/MPa	应变/10^{-3}	时刻/s	位置		
					X	Y	Z
1	node1422	175	1.095	2.53	47.1	135.5	26
2	node1662	167	1.044	2.53	42.6	79.8	26
3	node1661	165	1.033	2.53	35.3	83.3	26
4	node1421	159	0.998	2.53	48.6	128.7	26
5	node1423	158	0.994	2.53	47.0	143.4	26
6	node1660	157	0.987	2.53	27.8	86.1	26
7	node4833	151	0.948	2.53	47.8	131.6	17.24
8	node10030	151	0.948	2.53	42.2	130.8	26
9	node9967	150	0.937	2.53	41.7	87.4	26
10	node27	149	0.925	2.53	51.5	122.3	26

表 2-15　二级行星架最大应力应变统计

序号	节点编号	应力/MPa	应变/10^{-3}	时刻/s	位置		
					X	Y	Z
1	node12783	130	0.814	1.51	160.3	−81.2	400.5
2	node2907	126	0.789	2.79	136	126.5	434.5
3	node2949	125	0.786	0.75	135.8	126.7	400.5
4	node3006	124	0.778	0.71	158.7	−101.2	400.5
5	node3005	123	0.773	1.51	162.5	−90	400.5
6	node2963	122	0.763	0.71	162.3	−90.3	434.5
7	node12736	120	0.755	0.75	148	111.2	400.5
8	node3004	117	0.736	1.51	170.4	−81.1	400.5
9	node12782	116	0.727	0.71	151.2	−96.3	400.5
10	node12781	116	0.726	0.71	151.5	−106.4	400.5

通过对两级行星架的应力统计表可以看出，一级、二级行星架的最大应力节点分别为 node1422 和 node12783，在 ADAMS 后处理分别输出 node1422 及 node12783 的应力应变时间历程曲线，如图 2-49 和图 2-50 所示。

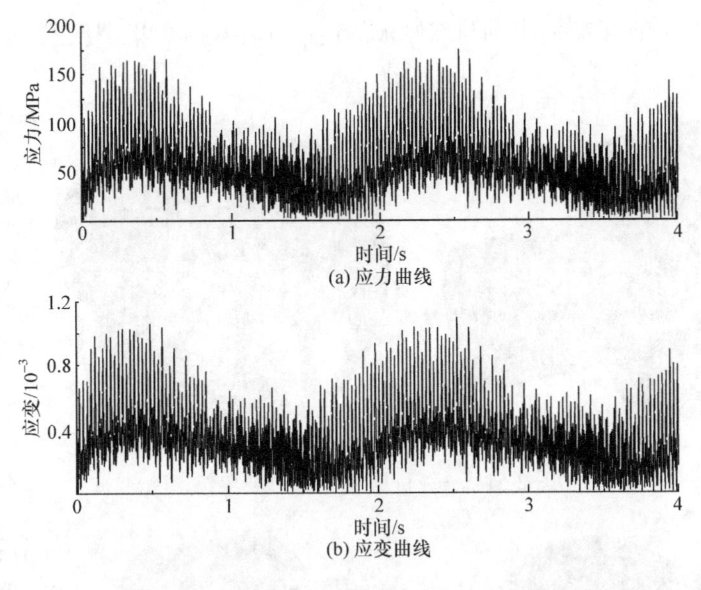

图 2-49　一级行星架 node1422 应力应变变化曲线

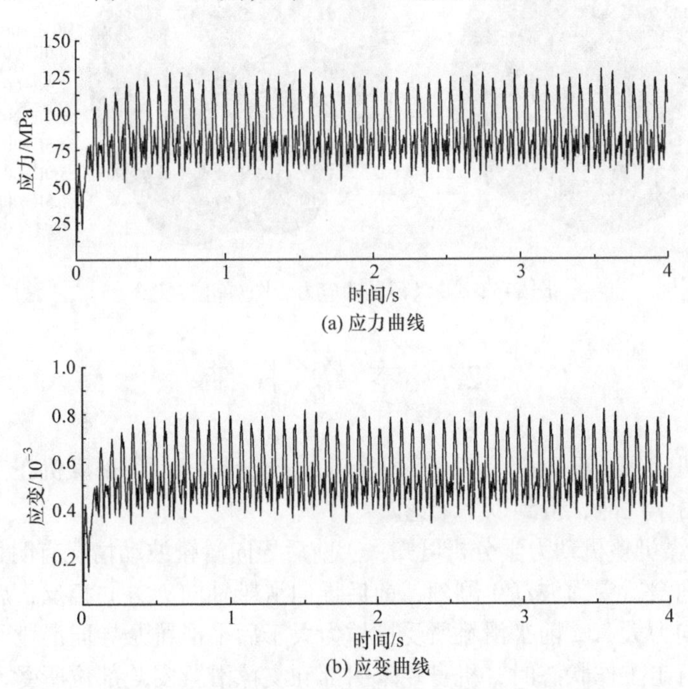

图 2-50　二级行星架 node12783 应力应变变化曲线

从两级行星架的最大应力应变时间历程曲线(图 2-49 和图 2-50)可以看出，两级行星架的应力及应变呈现为周期性波动，且一级行星架的应力比二级行星架的应力的振幅大，周期短，在长期的工作过程中容易发生疲劳失效。

在 ADAMS 后处理分别输出两级行星架的动态应力云图，如图 2-51 和图 2-52 所示。

从两级行星架的应力云图(图 2-51 和图 2-52)可以看出，两级行星架的最大应力都集中在行星架输出轴与前侧板的连接处以及行星架轴孔处，这主要与行星架的结构及其受力方式有关。一级行星架的最大应力达到 175MPa，二级行星架的最大应力为 130MPa，两级行星架都在行星轮轴孔处以及行星架输出轴与前侧板的连接处存在应力集中现象，此处为行星架的薄弱环节。

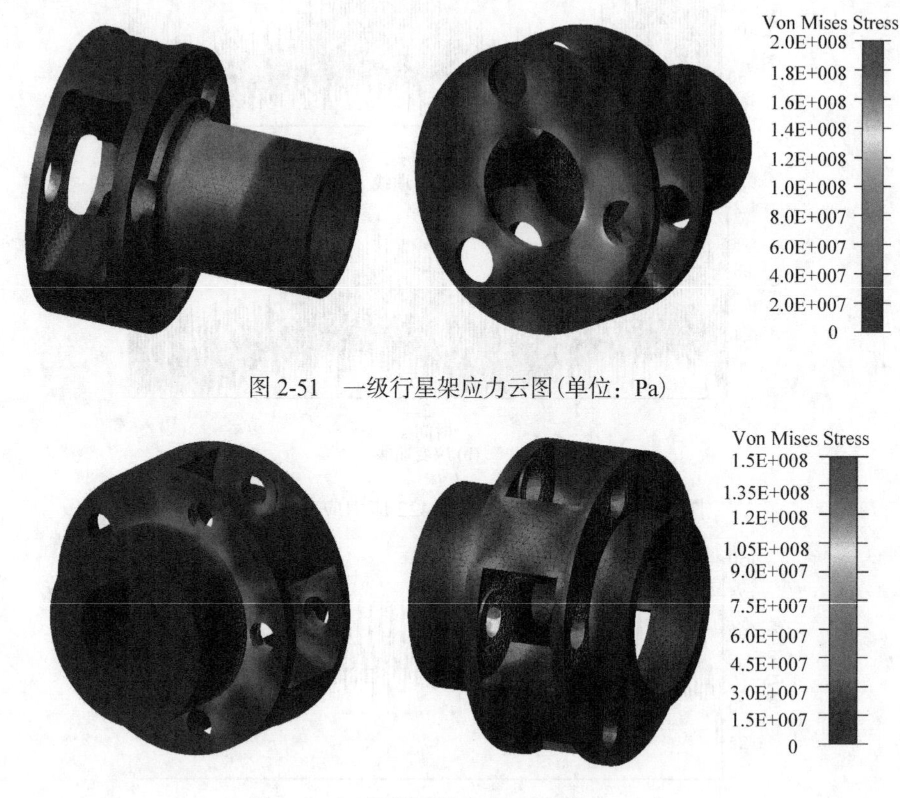

图 2-51　一级行星架应力云图(单位：Pa)

图 2-52　二级行星架应力云图(单位：Pa)

2.7　本章小结

通过对采煤机整机、截割部及牵引部进行动力学分析，得到采煤机在工作过程中整机及关键零部件的动力学性能，得到以下结论。

(1)通过对采煤机整机动力学分析可知：①前后导向滑靴波动情况有明显区别，且前导向滑靴明显比后导向滑靴受力波动更剧烈，前后导向滑靴轴向力方向相反，后导向滑靴轴向力比前导向滑靴轴向力大。②前平滑靴所受支撑力大于后平滑靴及导向滑靴所受支撑力。③采煤机在正常直线行走工作状态时，机身左牵引部和支撑滑靴安装部位所受力明显大于其他铰接部位，该部位为机身牵引部壳体薄弱环节。④采煤机在正常直线截割煤壁工作过程中，最大应力节点大部分位于支撑滑靴安装处的牵引部壳体，同时机身牵引部壳体与提升托架耳部连接处以及机身牵引部壳体与调高油缸连接耳处节点应力都比较大。⑤提升托架与牵引部连接铰耳部斜下方、调高油缸与牵引部连接铰耳部以及支撑滑靴安装处的壳体变形较大，牵引部中电控箱两端变形向下，牵引电机及行星减速箱部分壳体向上隆起，建议对牵引部电控箱增加加强筋来提高刚度，减小其变形量。

(2)通过对采煤机截割部在恒定载荷、冲击载荷和随机载荷三种工况载荷下进行仿真得到：①定轴传动轮系啮合频率为 360Hz 和 739Hz，行星传动轮系啮合频率为 158Hz 和 845Hz。

②对行星齿轮啮合力进行分析，可知行星齿轮啮合力在稳定阶段呈周期性波动，但恒定载荷作用下啮合力在每个周期的峰值是一样的，而在随机载荷作用下每个周期的峰值都在变动。③前摇臂应力较大区域分布在行星头部与定轴齿轮传动箱相交处下侧，后摇臂应力较大区域分布在行星头部和定轴齿轮传动箱相交处上下两侧和靠近煤壁的上铰接孔下端，前后提升托架应力较大区域分布在调高油缸铰接耳下端弯曲段。

⑶通过对采煤机牵引部两级行星齿轮机构进行刚柔耦合动力学分析得到：①在各级齿轮啮合过程中，其啮合频率及其倍频处的齿轮传动系统有较大的冲击，这主要是由齿轮啮合过程中的啮入、啮出引起的。②各级齿轮之间的啮合力呈周期性波动，一级行星齿轮啮合力幅值变化较大，啮合频率较高，所以在实际工作过程中容易产生疲劳损坏。③通过对两级行星架的应力、应变分布及变化规律进行分析，得到两级行星架的最大应力都集中在行星架输出轴与前侧板的连接处以及行星轮轴孔处，最大应力节点都位于行星架轴孔处。

本章彩色插图

第3章　采煤机动力学分析系统总体设计与关键技术

3.1　引　　言

采煤机现代设计过程包括建模、搭建虚拟样机、动力学仿真和有限元仿真等阶段。采煤机工作环境恶劣且结构复杂，为满足性能要求，设计中研发人员需要用到不同的专业软件进行设计与分析，且需要具备过硬的专业技能。从企业角度来考虑，尽管企业已经开始应用 CAD、CAE 软件等现代设计手段，但是仅仅停留在 CAD 建模、CAE 分析等软件的初级应用阶段，未能将建模、分析、优化等设计过程集成，严重制约着采煤机设计效率和质量。为了解决上述问题，本书提出采煤机智能化、集成化和网络化设计方案，将参数化技术、网络化技术与专业软件二次开发技术相结合，开发用于辅助采煤机研发设计的采煤机动力学分析系统。此系统将大大降低对研发人员专业技能的要求，有利于提高采煤机设计效率和质量。

采煤机动力学分析系统是集设计、分析和优化于一体的集成系统，在系统设计开发前，明确系统设计目标和功能，并在此基础上构建系统结构框架，确定系统开发模式，研究三维模型模板参数化 CAD 建模、参数化 CAE 分析、参数化优化设计、参数化 CAD/CAE 集成技术以及基于 ADAMS 在线参数化仿真等关键技术，最终确定系统的总体设计方案。

3.2　系统设计目标

为解决目前已有采煤机数字化系统功能单一、集成度低等问题，本章面向采煤机设计流程，以参数化 CAD 技术和参数化 CAE 技术为依托，提出参数化建模、分析和优化的集成方案，通过对采煤机关键零部件的几何特征进行分析，基于三维模型模板实现参数化CAD建模，采用 NX NASTRAN 解算器实现参数化 CAE 分析，并将采煤机动力学仿真分析结果进一步转化为优化设计数学模型，求出的最优优化结果返回来直接驱动模型的完善。为进一步提高采煤机设计效率，将动态分析技术与网络技术结合，设计网络环境下基于 ADAMS 的采煤机动力学分析系统方案，拓展系统使用范围，实现采煤机网络在线仿真分析。系统设计目标主要体现在以下几个方面。

(1) 具有 NX 风格的友好人机交互界面。系统布局合理，人机交互界面友好，可操作性高。在不同的功能模块下，用户只需要在 UI 中设置或选择少量参数便可实现相应的功能，降低对使用人员专业知识和软件操作水平的要求。

(2) 保证数据的统一性。对零件的整个设计、分析与优化过程是在同一个软件平台中进行的，避免模型在不同软件间导入、导出等操作导致的数据丢失。

(3) 实现设计、分析与优化的闭环控制。首先利用参数化建模模块建立零件的三维模型，然后通过程序自动调用 NX NASTRAN 解算器对模型进行分析和优化，分析优化的结果又可以返回来修改更新原模型。

(4)实现网络环境下的在线仿真。利用动态网络编程技术和二次开发技术实现 ADAMS 软件的远程调用，结合采煤机运动机构的实际情况实现在线仿真功能，能够反馈正确的仿真结果。

(5)具有良好的人性化服务。在仿真功能的基础上，利用数据库技术，实现为用户提供保存及下载仿真结果的功能。为方便用户深刻理解仿真结果，设计仿真结果可视化功能，实现仿真视频的在线观看。

(6)具有良好的稳定性和数据安全性。系统对用户的请求能够做出快速响应，对于用户的误操作具有一定的自主判断及处理功能。对用户权限进行合理划分，保证企业用户资料的安全。

3.3　系统框架设计与功能设计

3.3.1　框架设计

由于系统集成化程度较高，为了提高系统设计的逻辑性和条理性，避免由结构不合理导致程序运行时崩溃，在系统开发之前必须构建出一个脉络清晰的结构体系。整个系统分为四个结构层次，如图 3-1 所示。位于最底层的是数据访问层，包括三维模型库、CAE 分析数据库、优化模型库和仿真视频库；位于第二层的是设计工具层，包括开发系统所依据的软件平台和开发工具；位于第三层的是集成平台层，集成了参数化 CAD 建模、参数化 CAE 分析、参数化优化设计、在线参数化仿真上传模型、在线仿真等系统所能实现的功能模块；位于顶层的是用户界面层，用户分为系统管理人员、设计分析人员、知识领域专家和工程领域专家。用户界面层应用界面设计技术构建一些界面，使系统能够与各类用户进行交互，引导各类用户完成各自的任务和职责。系统管理人员主要负责维护整个系统的正常运行；设计分析人员

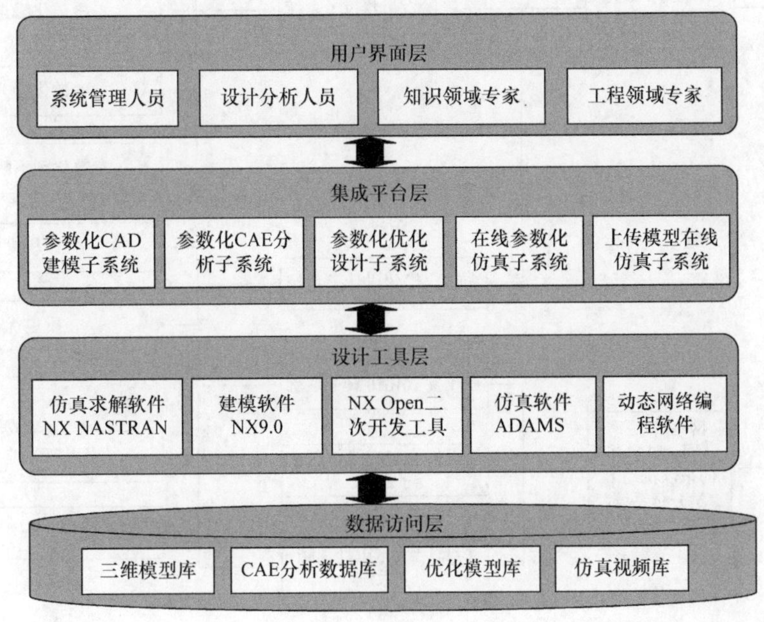

图 3-1　系统体系结构

即用户通过交互界面使用系统，辅助整个设计过程的完成；知识领域专家主要负责将教科书、机械手册中的知识、专家经验知识等设计过程中涉及的知识进行知识表示，并建立可不断扩充的知识库；工程领域专家可以不断地将设计成功实例和 CAE 分析结果数据通过界面添加到系统的知识库中。

在建立合理的体系结构的基础上设计系统结构，如图 3-2 所示。系统由参数化 CAD 建模子系统、参数化 CAE 分析子系统、参数化优化设计子系统、在线参数化仿真子系统、上传模型在线仿真子系统、仿真记录与仿真视频子系统组成。参数化 CAD 建模子系统用于根据设计图纸的需求实时、快速和高效地建立新的三维模型；参数化 CAE 分析子系统用于对新生成的三维模型进行有限元分析，以此来预测零件是否满足强度、刚度和稳定性等要求；参数化优化设计子系统通过获取用户提供的优化目标、设计变量和约束变量，对参数化 CAE 分析子系统的分析结果进行优化；在线参数化仿真子系统用于实现网络环境下采煤机关键零部件的在线动力学仿真分析计算；上传模型在线仿真子系统用于满足企业客户个性化定制需求，对上传模型进行动力学分析后将仿真分析结果返回给用户；仿真记录与仿真视频子系统用于科学地管理系统运行产生的大量仿真文件、仿真视频，方便用户查询仿真结果，进一步调整仿真过程。

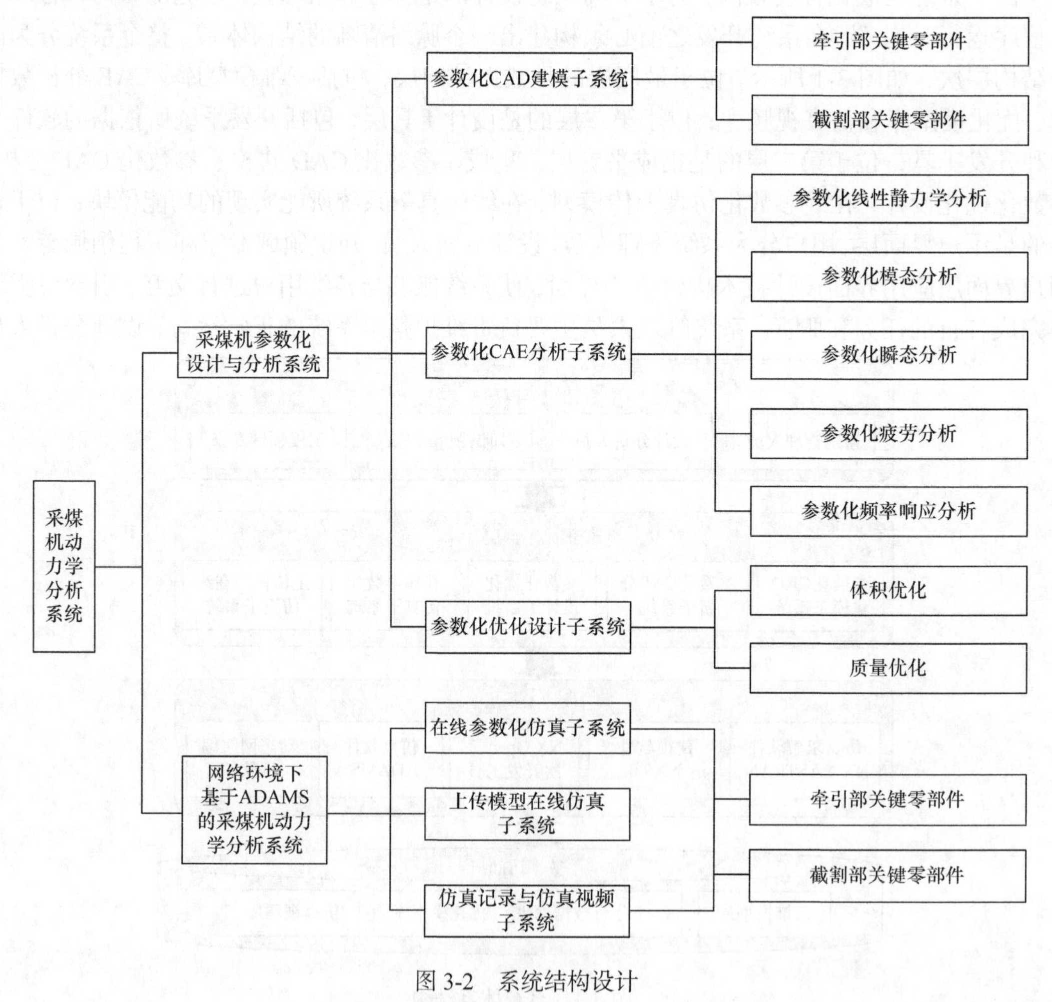

图 3-2　系统结构设计

3.3.2　功能设计

在保证数据统一的基础上，为实现采煤机关键零部件设计、分析和优化的闭环控制，基于 NX9.0 软件平台开发采煤机参数化设计与分析系统，集成参数化 CAD 建模子系统、参数化 CAE 分析子系统和参数化优化设计子系统。系统功能流程图如图 3-3 所示，用户首先通过参数化 CAD 建模子系统建立符合设计图纸要求的零件三维模型，然后依据在对话框中添加的枚举块选择不同的有限元分析类型，并借助参数化 CAE 分析子系统完成模型的动力学分析。通过 NX NASTRAN 强大的可视化后处理功能，可以清楚地判断零件的强度、刚度或疲劳寿命等是否符合设计要求。若不符合，则可以通过参数化优化设计子系统对分析结果进行优化设计，并将优化后的结果反馈到原三维模型，再进行分析和优化处理，如此循环直至满足设计要求。

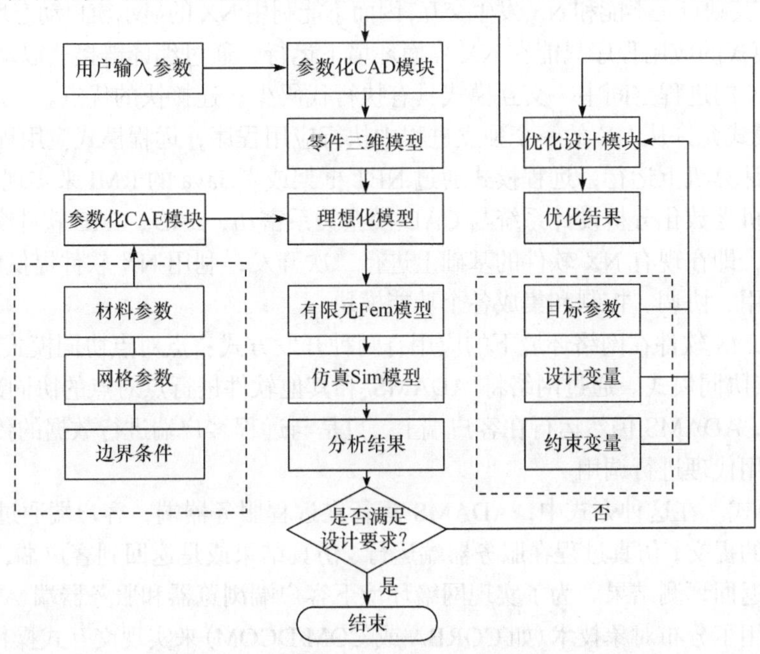

图 3-3　采煤机参数化设计与分析功能流程图

为了扩展系统使用用户，满足网络环境下用户的需求，将多体动力学仿真分析软件 ADAMS 与动态网络编程技术相结合，开发网络环境下基于 ADAMS 的采煤机动态分析系统，为研发人员提供在线异地远程服务。根据企业需求及系统设计目标，分为 3 个子系统。

(1) 在线参数化仿真子系统：利用 ADAMS 软件自身的建模功能，结合采煤机运动机构模型，用户提交每个构件模型的参数系统就可以在线自动建模并利用建立的模型进行相应的动力学仿真，仿真的最终结果会通过浏览器反馈给用户。

(2) 上传模型在线仿真子系统：用户上传采煤机相关运动机构的模型文件，系统自动将模型导入 ADAMS，添加约束与负载，进行动力学仿真，仿真的最终结果会通过浏览器反馈给用户。

(3) 仿真记录与仿真视频子系统：仿真记录子系统为用户提供保存仿真记录的功能，用户既可以保存仿真记录和结果数据，又可以进行记录查询、删除、后期查看等，还可以下载仿真结果文件；仿真视频子系统为用户提供采煤机整机及内部主要运动机构的仿真视频，每一个视频采用三个不同视角进行展示，便于用户准确把握机构的运动情况，为采煤机的设计分析提供便利。

3.4 系统开发环境

3.4.1 系统开发模式的选取

NX 二次开发应用程序有批处理、交互和远程三种运行模式，不同的运行模式依赖不同的开发语言和应用程序接口库。

(1)批处理模式的应用程序是可执行程序，可以在操作系统上运行，不必在 NX 交互环境中作为 NX 的子程序运行，运行时需要有 NX 执行许可权限的支持。其优点是不必启动 NX 系统，节约运行时间;其缺点是不能和 NX 发生交互,因而不能利用 NX 的显示窗口动态反馈操作结果。

(2)交互模式的应用程序只能在 NX 界面环境下运行，通过编译链接，以动态链接库的方式被加载到 NX 的进程空间中。交互模式具有执行代码少、连接快的优点。

(3)远程模式允许从 NX 的一个独立进程中执行应用程序，远程模式应用程序可以在本机或者远程网络计算机上运行，远程模式通过.NET 框架或者 Java 的 RMI 来实现。

由于采煤机参数化分析设计系统与 CAD 模型关系密切，CAD、CAE 软件交互频繁，因此采用交互模式，即在现有 NX 软件的基础上进行二次开发，利用 NX 软件提供的 UG/Open 二次开发工具调用、协调、控制和集成各个功能模块。

目前 ADAMS 软件在网络环境下的应用有两种开发方式：点对点协同模式和 B/S 模式。

(1)点对点协同模式。通过网络将 ADAMS 和其他软件进行点对点的协同建模仿真分析，在这种方式中，ADAMS 仍然运行在客户端上，只是与远程客户端进行数据的传输和交换，或是被远程软件用代理进行调用。

(2)B/S 模式。在这种方式中，ADAMS 运行在远程服务器端，客户端通过浏览器进行参数及仿真命令的提交，仿真过程在服务器端运行，仿真结果或是返回到客户端，或是经过专业人员处理后再返回评测结果。为了实现网络环境下客户端浏览器和服务器端 ADAMS 软件的数据交换，采用了分布对象技术(如 CORBA 或 COM/DCOM)来实现交互式操作。

由于网络环境下基于 ADAMS 的采煤机动态分析系统需要交互操作,因此采用 B/S 模式，即服务器调用 ADAMS/Solver 读入仿真命令脚本文件和模型语言文件进行机构动力学仿真，通过将 Process 对象实例化实现对 ADAMS 软件的远程进程进行创建和调用。

3.4.2 开发平台工具的选取

1)NX9.0 建模与分析软件

NX 作为工程领域中出色的数字化产品设计软件，其功能涵盖了产品从概念设计到仿真分析，再到加工制造的整个生命周期。秉承开放性的设计理念，为了使用户能够捕捉并重用设计过程中的知识，NX 提供了一套完整的二次开发工具集[50]。应用 NX Open API 函数，几乎可以实现手工操作所能达到的全部功能；应用 MenuScript 脚本语言，可以定制用户个性化菜单；应用 UI Styler/Block UI Styler，可以创建具有 NX 风格的人机交互界面，而且所设计的菜单、对话框和利用 Visual Studio 2012 编译链接所生成的动态链接库文件之间,可以实现无缝集成。NX NASTRAN 在结构动力学分析中有非常多的技术特点，具有其他软件所无法比拟的强大分析功能。NX NASTRAN 动力学分析功能包括正则模态及复特征值分析、频率及瞬态响应分析、

(噪)声学分析、随机响应分析、响应及冲击谱分析、动力灵敏度分析等。

2) ADAMS 动力学仿真分析软件

ADAMS 动力学仿真分析软件是由美国 MSC.Software 公司开发的，是一款集建模、仿真、求解和优化为一体的机械系统动力学仿真软件，界面友好、功能强大、性能稳定。ADAMS 主要包括 View、Solver、Newton-Raphson、PostProcessor 四个模块。View 是建立动力学模型的前处理模块，包括模型的建立和编辑；其包含丰富的约束类型及载荷库，可以满足仿真的需要。Solver 作为仿真的求解模块，具有强大的运算求解功能，负责模型仿真的静力学、运动学及动力学求解。ADAMS 采用 Newton-Raphson 迭代算法、高斯消元法来求解运动微分方程。PostProcessor 作为 ADAMS 软件的后处理模块，主要在仿真求解完成后以图表或曲线的形式输出模型各类测量的结果，输出的各类曲线还可以进行数学处理，如求导、积分和傅里叶变换等；还能进行仿真过程的动态回放，使用户可以方便快捷地对仿真结果进行分析。

3) Visual Studio 2012 编程软件

Visual Studio 2012 是由美国微软公司(简称微软)推出的用于开发 Windows 平台下各种应用程序的开发工具集。应用 Visual Studio 2012 可以方便快捷地实现与 NX9.0 之间的对接，从而建立系统开发所需的 Win32 项目文件和 NX9.0 项目开发向导。在 Visual Studio 2012 所提供的集成编译环境下，软件本身的编译器具有强大的纠错功能，使用户在程序编写过程中能够实时准确地定位到错误所在位置，并及时予以更正。

4) ASP.NET 框架

ASP.NET 是基于.NET 框架构建 Web 程序和服务的开源 Web 平台。它使用 HTML5、CSS (cascading style sheets，级联样式表)、JavaScript 和服务器脚本创建动态网页和网站，易于掌握，开发迅速。.NET 是美国微软公司推出的新一代技术平台，为开发人员提供了一个多语言开发和执行环境。从 ASP.NET1.0 发布至今已有 10 多年历史，2018 年微软发布了新一代 ASP.NET 5.0 框架，新的版本具有更精简、更模块化、跨平台、云优化、兼容性强、可维护性高、开发速度快和执行速度快等优点。

3.4.3 系统开发语言的选取

基于 NX 的采煤机参数化设计与分析系统采用 NX Open for C++程序设计语言。NX Open 最初的二次开发编程语言以 NX Open for Grip 和 NX Open for C 为主，特别是最初的 NX Open for Grip 语言，简单易用，基本能够实现 NX 交互操作模式下的所有功能，但由于其在面对较为复杂的零件及大型开发系统时较为吃力，已逐渐被 NX 所淘汰。为了适应精通不同主流编程语言的程序员加入 NX 二次开发的过程中，NX 相继推出了 NX Open for Java、NX Open for C++、NX Open for VB 以及 NX Open for C#四种编程语言。鉴于 C++作为典型的面向对象的编程语言及其应用的广泛性，本系统的开发采用 NX Open for C++程序设计语言。

网络环境下基于 ADAMS 的采煤机动力学分析系统的开发要涉及界面的设计、后台逻辑代码的编写、数据库操作和 ADAMS 软件中采煤机的模型设计，对于不同的功能设计，采用不同的语言进行编写。

(1) 界面设计。主要采用 HTML 进行页面内容编写，采用 CSS 进行页面布局，采用 JavaScript 语言添加网页交互行为，使界面更加人性化。

(2)后台逻辑代码编写。采用微软最新的编程语言 C#，它从 C 和 C++语言演化而来，是微软专门为使用.NET 平台而创建的，吸收了其他语言的许多优点，弥补了其中的不足。首先，使用 C#开发应用程序比 C++简单，C++能完成的任务几乎都可以使用 C#完成。其次，与 C++相比，C#是一种类型安全的语言，因为它具有更严格的规则。最后，C#是用于.NET 开发的一种语言，在跨系统使用时具有良好的兼容性，而其他语言并没有此特点。

(3)数据库操作。数据访问层通过 SQL 语言实现对仿真模型参数的保存、读取、仿真记录和结果数据的查询、下载。SQL 是用于访问和处理数据库的标准的计算机语言。

(4)ADAMS 软件中采煤机的模型设计。系统设计了两种不同的子系统对 ADAMS 进行调用，因此采用了两种不同的语言实现了采煤机关键机构的建模，分别是 ADAMS 模型语言与 ADAMS 宏命令语言。

3.5 系统开发关键技术

3.5.1 基于 NX 的二次开发技术

基于 NX 的二次开发技术主要包括 NX 二次开发流程、开发项目创建及文件配置方法、应用程序框架与项目目录结构和用户界面设计技术。

1. NX 二次开发流程

程序的开发通常需要经历对代码不断地测试、修改、测试的循环过程，一个完整的 NX 二次开发应用程序的发布同样要经历代码的不断修改、链接、编译和调试过程。如图 3-4 所示，在选定的编译环境内，首先要通过 NX 二次开发工具定制用户界面，并利用生成的代码模板文件建立系统开发项目，通过添加接口函数和编程逻辑来实现程序设计的预设功能，然后对代码文件进行编译并通过 NX 进行调试，若结果符合要求，则将最终生成的 DLL 文件与 NX 集成，反之则需要重复对代码的修改、链接、编译和调试过程。

2. 开发项目创建

利用 Visual Studio 2012 建立 NX 二次开发项目常用的方式有两种：一种是手工搭建 Win32 项目文件，另一种是 NX9 Open Wizard。

1)手工搭建 Win32 项目文件

应用 Win32 控制台应用程序可进行 NX 二次开发项目的创建，具体过程包括项目创建和项目属性设置两部分。

启动 Visual Studio 2012，单击“新建项目”选项，在弹出的“新建项目”对话框中依次选择“模板”下的“Visual C++”→“Win32 控制台应用程序”，并设置项目名称和项目保存位置，如图 3-5 所示。单击“确定”按钮弹出欢迎界面，单击“下一步”按钮弹出“应用程序设置”界面，分别在“应用程序类型”中选择“DLL”，在“附加选项”中选择“空项目”。

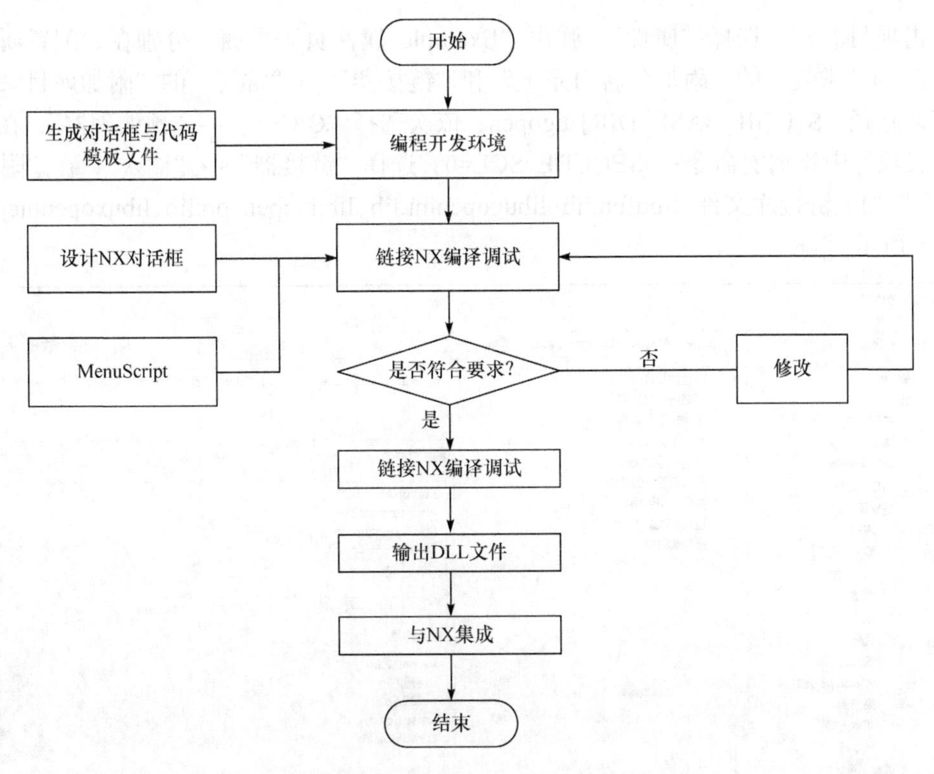

图 3-4　NX 二次开发流程

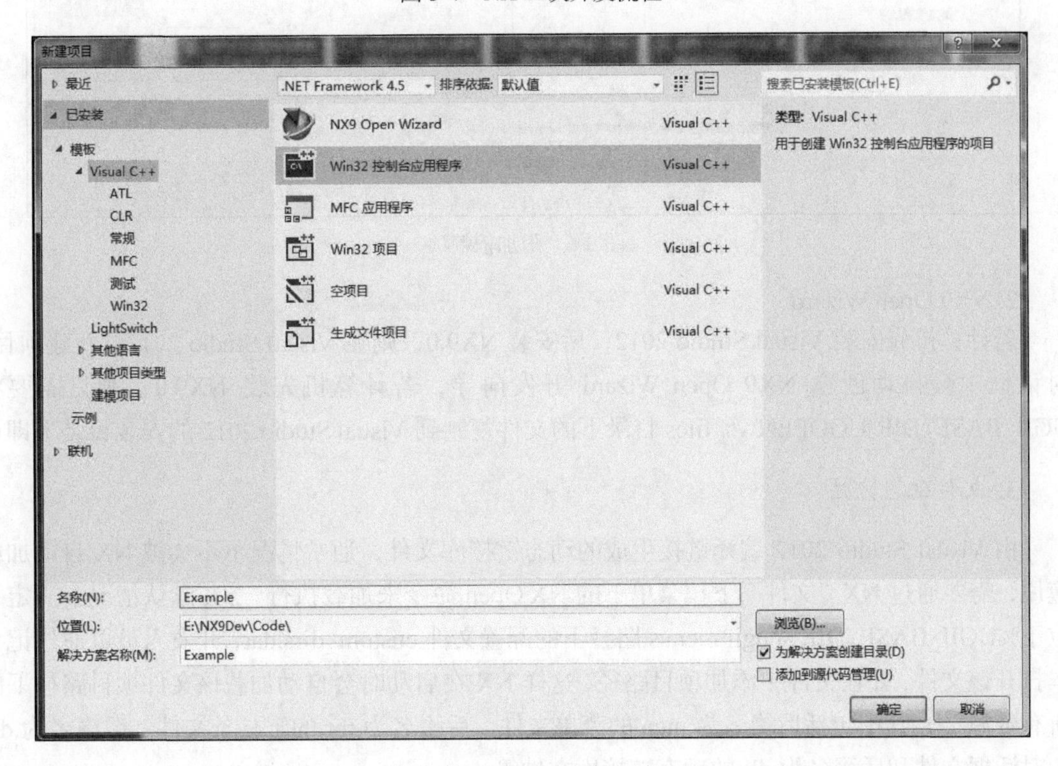

图 3-5　新建项目

右击项目名称，选择“属性”，弹出“Example 属性页”界面。分别在“配置属性”→“C/C++”→“常规”的“附加包含目录项”和“链接器”→“常规”的“附加库目录项”添加链接器路径：${UGII_BASE_DIR}\ugopen；依次选择“C/C++”→“预处理器”，在“预处理器定义项”中添加宏命令：_SECURE_SCL=0；选择“链接器”→“输入”，在“附加依赖项”中添加如下链接库文件：libufun.lib、libugopenint.lib、libnxopencpp.lib、libnxopenuicpp.lib，如图 3-6 所示。

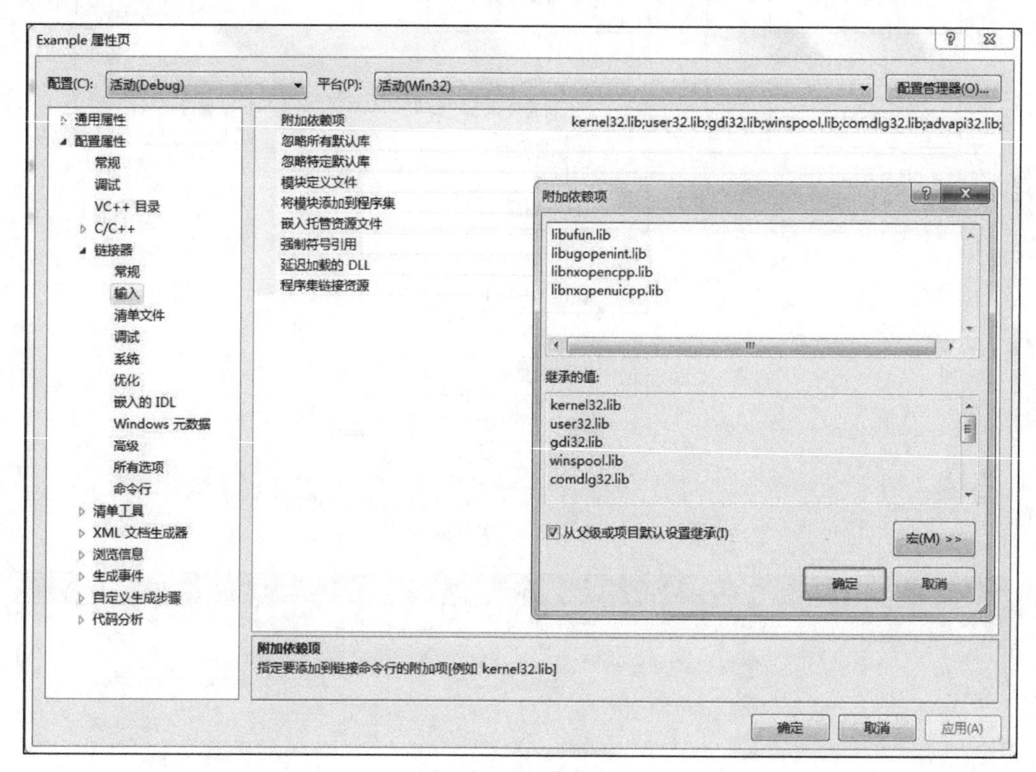

图 3-6　附加依赖项

2）NX9 Open Wizard

若计算机先安装 Visual Studio 2012，后安装 NX9.0，则在 Visual Studio 2012“新建项目”对话框中会自动创建 NX9 Open Wizard 开发向导，若计算机先装 NX9.0，则只需要将 UGII_BASE_DIR\UGOPEN\vs_files 目录下的文件复制到 Visual Studio 2012 的安装目录下即可。

3. 文件配置方法

由 Visual Studio 2012 编译链接生成的动态链接库文件，通常情况下不会被 NX 自动加载应用，需要通过 NX“文件”下拉菜单下的 NX Open 命令来加载执行。NX 默认情况下规定了位于%UGII_BASE_DIR%\ugii\menus 路径下的配置文件 custom_dirs.dat，开发人员可通过记事本打开该文件，并在文件中添加项目路径，这样 NX 在启动时会自动加载该文件项目路径下的所有资源[51]，其中包括后缀名为.men 的菜单文件、后缀名为.tbr 的工具条文件、后缀名为.dlg 的对话框文件和后缀名为.dll 的动态链接库文件等。

另一种文件配置的方法可通过修改系统环境变量来实现。NX 的环境配置文件中提供了三个用于注册项目路径的环境变量，其变量名和优先级如表 3-1 所示。

表 3-1　环境变量

环境变量名	项目路径	优先级
UGII_VENDOR_DIR	存放指定开发商产品的项目路径	最高
UGII_SITE_DIR	存放其余开发商产品的项目路径	其次
UGII_USER_DIR	存放用户自己开发产品的项目路径	最低

本系统的开发采用修改系统环境变量的文件配置方法，新建环境变量名为 UGII_USER_DIR，变量值为 E\NX9Dev。

4. 应用程序框架与项目目录结构

完整的 NX Open 应用程序通常包括 5 部分：利用 MenuScript 工具定制的后缀名为.men 的菜单文件和.tbr 的工具条文件；利用 UI Styler/Block UI Styler 设计交互界面时生成的后缀名为.dlg 或.dlx 的对话框文件，以及创建项目时所使用的后缀名为.cpp 或.c 的源代码文件和后缀名为.h 或.hpp 的头文件；用于实现程序预设功能的 API 函数；利用 Visual Studio 2012 编译、链接生成的动态链接库文件；项目目录文件。NX Open 应用程序框架如图 3-7 所示。

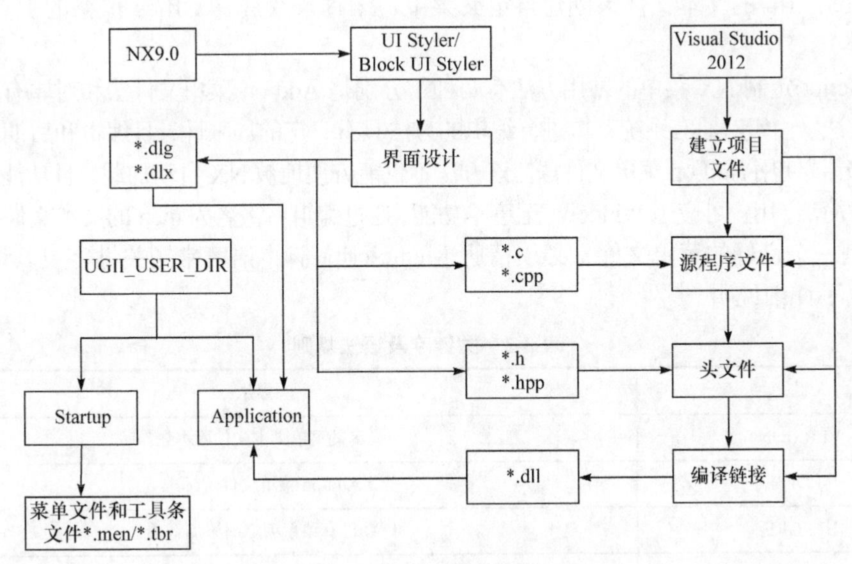

图 3-7　NX Open 应用程序框架

项目目录文件是一个文件夹，由于 NX 在启动时只会在项目路径所指向的特定文件夹中搜寻并加载应用程序文件，所以项目目录中一般需要包含具有特定名称的文件夹，包括 Startup、Application、Code、Prt、Document 等。其中，Startup 和 Application 文件夹是必需的，用于存放菜单、工具条、对话框、位图及动态链接库文件，其余文件夹是可选的。项目目录结构如图 3-8 所示。

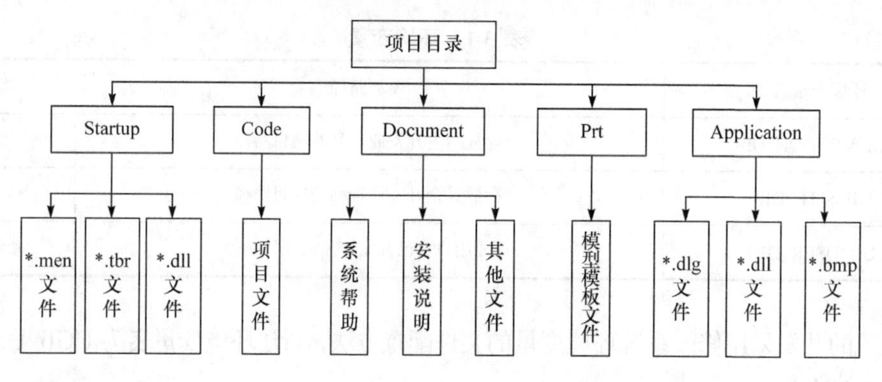

图 3-8　项目目录结构

5. 用户界面设计技术

一个良好的 NX Open 应用程序离不开友好的交互界面支持。程序不仅需要获取用户在交互界面中设置或选择的参数作为输入，而且程序的运行结果需要通过用户界面得以体现。NX 为用户提供了良好的界面设计工具，分别是菜单制作工具 MenuScript、对话框制作工具 UI Styler/Block UI Styler。

MenuScript 是 NX 自定义的具有一定语法规则的脚本语言。利用 MenuScript 脚本语言，用户不但可以对 NX 原有系统菜单进行编辑，还可以通过其提供的关键字分别编辑后缀名为.men、.tbr、.rtb 的文本文件，创建自定义菜单、工具条及具有 Office 风格的工具栏(NX9.0 及以上版本)。

MenuScript 定制 NX 菜单的常用方法有两种，分别是 Add-on 菜单文件法和对原有系统菜单进行编辑的方法。由于对原有系统菜单进行编辑的方法具有一定的局限性，且编辑和后期维护也较为复杂，NX 建议使用 Add-on 菜单文件法。该方法不仅能方便地被 NX 自动加载，且功能强大，使用起来也非常简洁，用户可应用 Windows 记事本功能，通过编辑后缀名为.men 的文本文件得以实现。

要定制一个良好的菜单文件，必须精通 MenuScript 脚本语言常用关键字及其语法规则，表 3-2 予以了详细说明[52]。

表 3-2　关键字及语法规则

关键字	说明
VERSION	定义菜单脚本文件版本号
EDIT	Add-on 菜单文件法标志
BEFORE	在已有菜单项之前添加新项
END_OF_BEFORE	与 BEFORE 配对使用，其间内容都位于指定菜单项前
CASCADE_BUTTON	层叠菜单项
BUTTON	在主菜单中添加一个菜单项
LABEL	菜单项名称
MENU	非顶层菜单项定义开始
END_OF_MENU	与 MENU 配合使用，结束指定菜单项的定义
ACTIONS	菜单项响应
SEPARATOR	可见分隔线

Block UI Styler 是 NX 为用户提供的创建 NX 风格对话框的二次开发工具，提供了许多常用基本体素和布局控件，用户可以通过该工具快捷地定制符合要求的对话框并实现和菜单及参数化应用程序的无缝集成。对话框编辑完毕，以 C++语言形式保存可以生成后缀名为.dlx 的对话框文件、.hpp 的头文件、.cpp 的模板文件，极大地减少了编程工作量。

Block UI Styler 为定制用户界面提供了可视化操作环境，其开发界面主要由块目录(Block Catalog)、对话框窗口(Dialog)和界面生成器组成，如图 3-9 所示。开发人员依据设计需求在块目录的某一类型中选择合适的块，并将其添加到可视化界面设计器，通过在对话框窗口中选中该块对其进行属性设置。对话框窗口分为两部分，分别为对话框页面和代码生成页面。在对话框页面中最重要的是基于不同块的 BlockID，该标识在同一对话框中具有唯一性且是设置和获取块中用户输入参数所必需的。在代码生成页面中，首先是设置开发语言，有 C++、VB.NET、Java、C#和 VB.NET for SNAP 五种语言可供选择；其次要设置对话框的调用方式，有用户出口、菜单和回调函数三种方式；最后要选择对话框中所要使用的回调函数，一般默认即可。设置完毕，通过保存 NX 可自动生成用于二次开发的源代码文件、头文件及对话框文件，如图 3-10 所示。

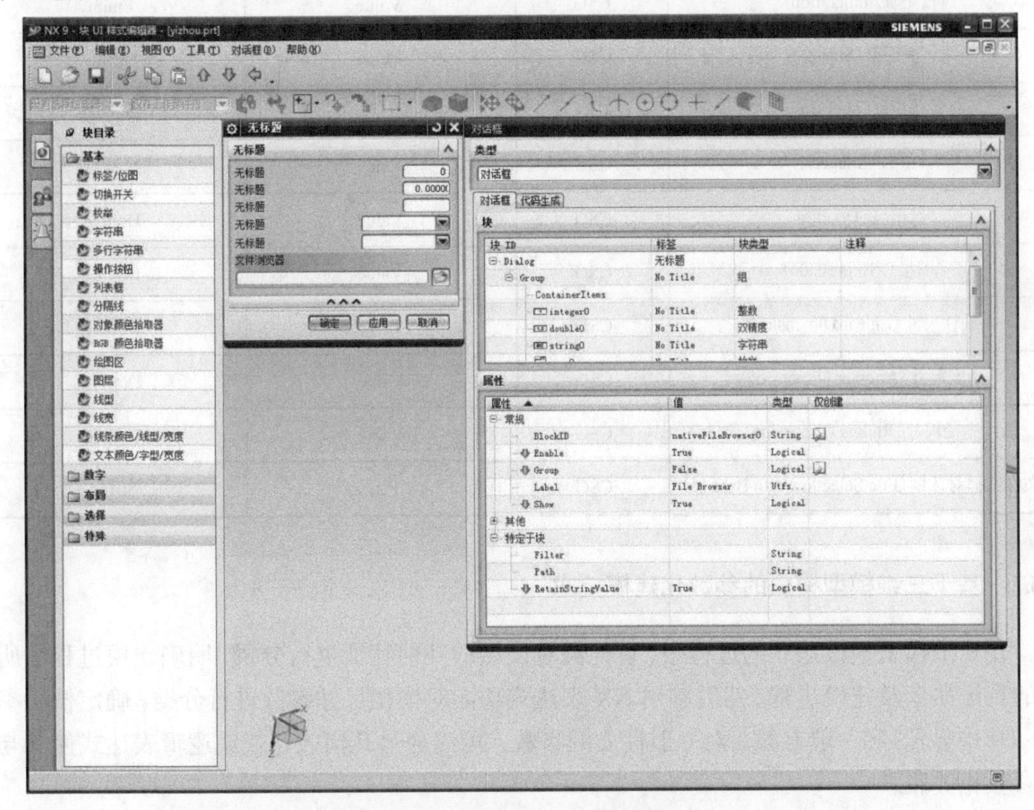

图 3-9　Block UI Styler 用户界面

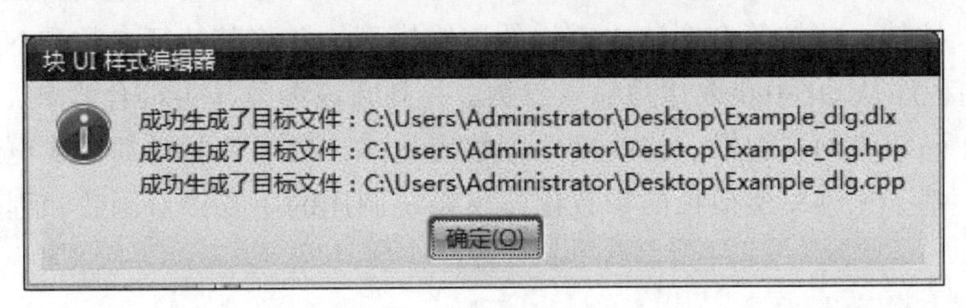

图 3-10　对话框生成文件

为了使所设计的用户界面有一个清晰合理的布局，开发人员可利用对话框页面中的“其他”→“附着”选项来实现。针对特定的块，可通过设置其上下左右的依附条件来调整块在对话框中的位置。此外，Block UI Styler 还提供了布局控件组，组相当于块的容器，可将同一类型的块放置到一个组中，以使对话框的布局更具条理性。

NX 的帮助文档提供了所有块的使用细则，主要包括块访问时的属性名、块的返回值类型和块的 Access 属性。表中字母 G 表示：该属性可在任何回调函数中通过 NX Open API 读取；字母 S 表示：在运行时，该属性可在任何回调函数中通过 NX Open API 修改；字母 I 表示：该属性可在运行时通过 NX Open API 修改，但仅在初始化回调函数中适用；字母 C 表示：该属性可在交互设计对话框时修改。常用块属性说明如表 3-3 所示。

表 3-3　块属性说明

名称	Access 属性	Property Name	Property Type
枚举(Enumeration)	CSG	Value	Enum
字符串(String)	CSG	Value	String
标签/位图(Label/Bitmap)	CIG	HighQualityBitmap	Logical
整数(Integer)	CSG	Value	Integer
双精度(Double)	CSG	Value	Double
表达式(Expression)	CSG	Value	Double
线性尺寸(Linear Dimension)	CSG	Value	Double
角度尺寸(Angular Dimension)	CSG	Value	Double
半径尺寸(Radius Dimension)	CSG	Value	Double
文件选择对话框(File Selection with Browse)	CSG	Path	String

3.5.2　基于三维模型模板的参数化建模技术

在三维模型模板建立的过程中，首先需对模型的几何特征进行分析，明确建模过程中所使用的特征命令及建模步骤。然后利用 NX 表达式功能对模型尺寸参数进行分类，确定核心参数(在 UI 中显示)和一般参数。对一般性质的参数，可以通过几何表达式或逻辑表达式使其与核心参数相关联。

基于三维模型模板的参数化建模技术的核心思想是尺寸驱动表达式。在 NX 建模环境下通过草图、拉伸、旋转等命令建立零件的三维模型，并将其特征参数和 NX 表达式相关联。通过应用程序从 UI 中获取用户输入参数，并判断该参数是否符合要求，若符合则通过 NX Open API 函数查询、编辑、修改模型参数表达式，以尺寸驱动的方式更新模型，实现参数化建模。基于三维模型模板的参数化建模系统调用的主要接口函数和程序执行流程如图 3-11 所示。

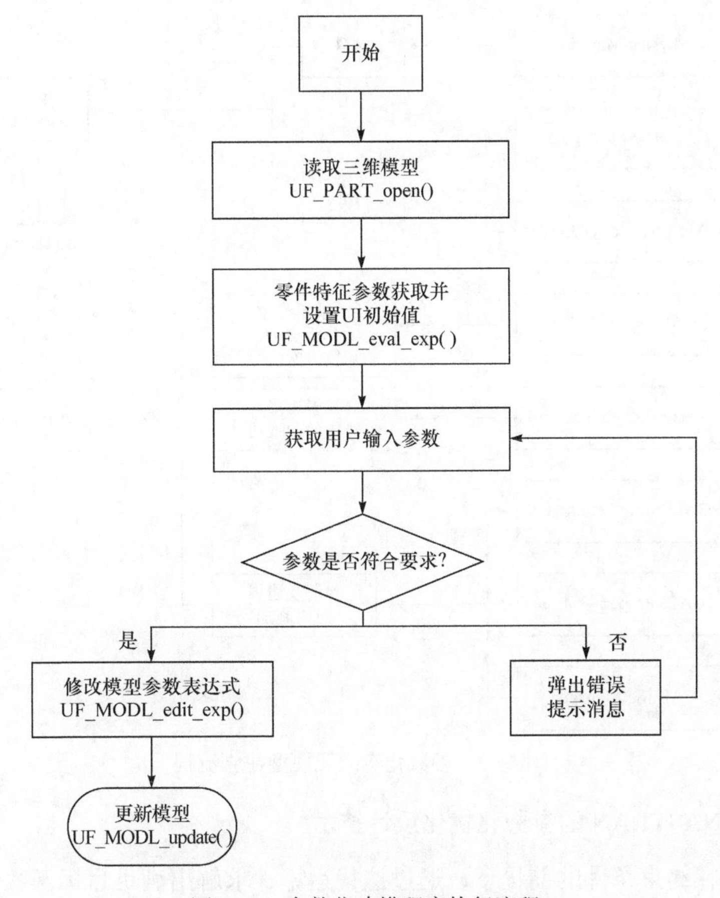

图 3-11　参数化建模程序执行流程

3.5.3　基于 NX NASTRAN 的参数化 CAE 分析技术

CAE 分析的一个关键步骤是有限元模型的建立，包括材料施加、网格类型选择、网格大小设置、载荷和约束的施加。在有限元模型建立之前，通常需对原三维模型进行细节特征处理，以得到用于有限元分析的理想化模型。为实现细节特征自动处理的功能，可通过 NX Open API 函数调用 NX 中的“自动修复几何体”命令，通过设置小特征、倒角、倒圆的阈值，去除并修复对分析结果影响不大的特征。同时要把零件的受力和约束特点与工程实际相结合，以确保在分析过程中施加正确的边界条件。

由于采用 NX NASTRAN 作为解算器对模型进行有限元分析的过程中，通过指派材料、创建物理属性表及网格收集器所建立的有限元 Fem 模型和通过施加边界约束条件及载荷建立的仿真 Sim 模型是在不同的环境中进行的，因此对这两个过程分别处理。在利用 C++语言创建参数化有限元分析程序时，首先要获取 NX 的当前会话以及工作和显示部件，然后创建相关类的对象，并通过指针调用类成员函数，将成员函数的输入参数和 UI 中用户的输入参数相关联，完成有限元分析的前处理和分析，并将最终生成的动态链接库文件保存在 Application 文件夹中。调用的类及有限元模型建立过程如图 3-12 所示。

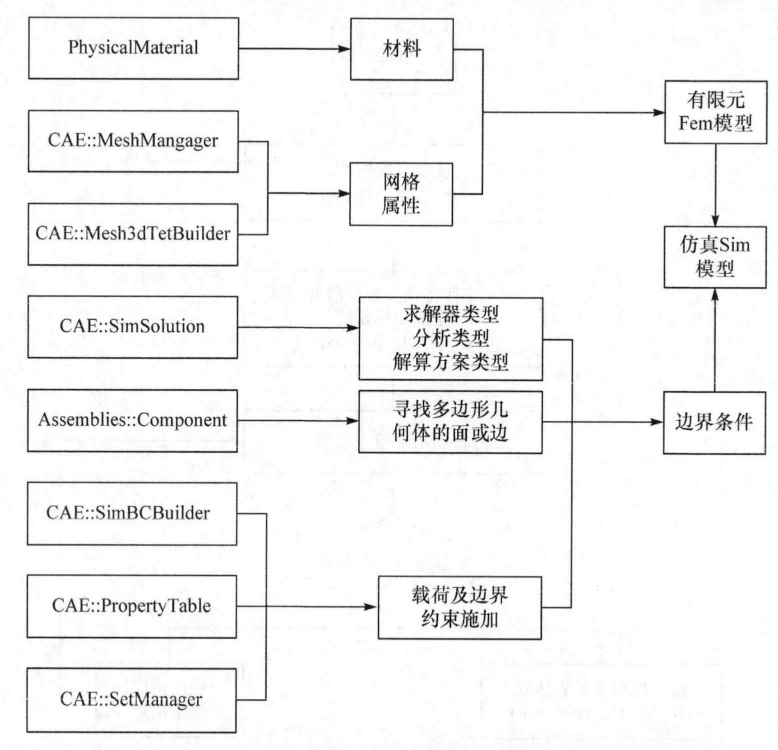

图 3-12　参数化有限元模型建立流程

3.5.4　基于 NX NASTRAN 的参数化优化设计技术

优化设计是在约束条件的前提下，通过迭代运算，求解出满足目标函数的最优设计变量值，是计算机技术和数学规划理论的有机结合。在数学模型的抽象过程中，首先确定分析的设计变量，如模型的横截面尺寸、材料特性常数和草图参数等；其次确定优化分析的约束条件，这些变量条件是保证结构在优化过程中始终能够满足性能要求的前提，如结构一阶频率大小、X 方向位移、Y 方向位移、Z 方向位移、强度和刚度等；最后确定优化的目标函数，如质量最小、体积最小和变形最小等。

基于 NX NASTRAN 的参数化优化设计是在零件有限元分析的基础上进行的。程序首先通过设置材料参数和网格参数创建有限元 Fem 模型，通过设置边界约束条件和施加载荷创建仿真 Sim 模型，并将生成的后缀名为.dat 的输入文件提交给 NX NASTRAN 进行解算。其次应用 Journal 工具获取的接口函数读取分析结果中的位移和应力值，并作为优化分析时约束条件的参考值。最后定义目标函数和设计变量，应用迭代求解模块完成结构的优化分析。设计的程序执行流程如图 3-13 所示。

3.5.5　基于 NX NASTRAN 的参数化 CAD/CAE 集成技术

目前，常用的有限元模型建立方式有两种：一种是利用 CAE 分析软件本身所提供的建模功能建立三维模型，然后对其进行连续体的离散化；另一种是在以 CAD 建模为特色的软件中建立三维模型，然后将其导入 CAE 分析软件中进行网格划分。由于 CAE 分析软件所提供的三维造型功能具有一定的局限性，对于形状结构较为复杂零件的建模需耗费大量的时间和精力，且建立的模型不够精确。第二种方法很好地糅合了两种软件的长处，但零件的实体模型和有限元分析模型是在不同的软件中建立的，很难保证模型数据的统一。

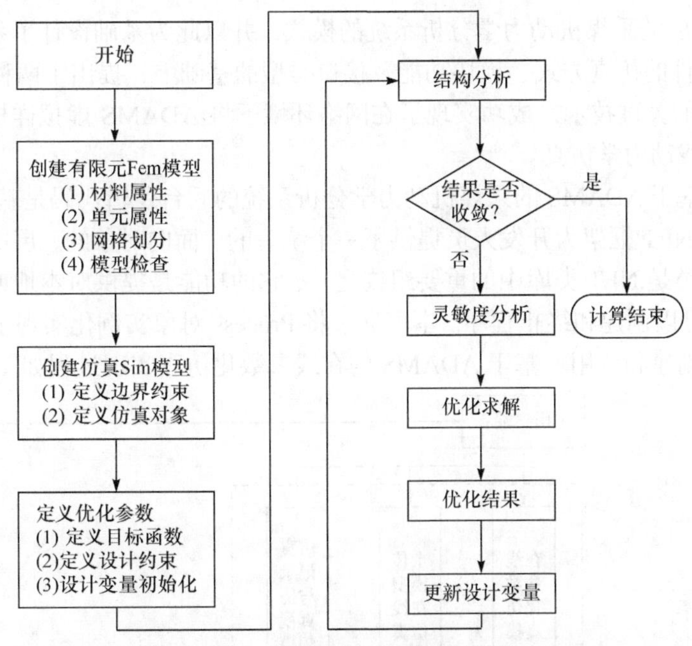

图 3-13　优化设计程序执行流程

NX 秉承开发性设计的理念，提供了几乎涵盖其所有功能的二次开发接口。整个系统的集成基于 NX9.0 软件平台，利用尺寸驱动表达式的方法建立零件的三维模型，通过细节特征自处理模块生成用于有限元分析的理想化模型，再通过参数化有限元 Fem 程序和参数化仿真 Sim 程序建立零件仿真模型，最终通过 NX Open API 函数调用 NX NASTRAN 解算器完成模型解算。参数化 CAD/CAE 集成方法实现过程如图 3-14 所示。

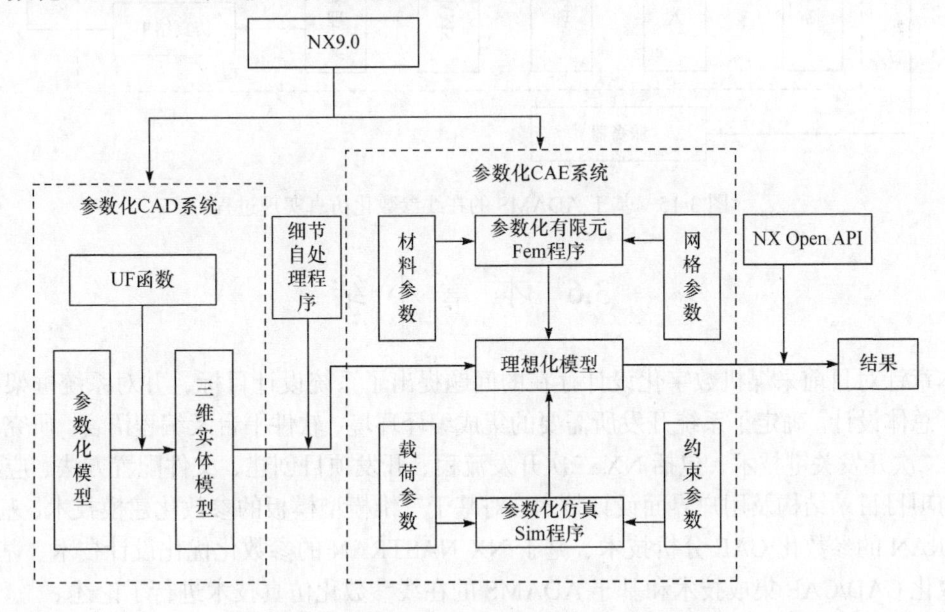

图 3-14　参数化 CAD/CAE 集成方法实现过程

3.5.6　基于 ADAMS 的在线参数化仿真技术

经分析对比 ADAMS 的二次开发计算机网络系统的模式，得出 B/S 模式是最适合网络环境下基于 ADAMS 的采煤机动力学分析系统的模式，并以此为基础设计了系统结构。在深入研究 ADAMS 软件的仿真方式、模块功能及接口类型的基础上，提出了两种在 B/S 模式下调用 ADAMS 软件的关键技术，成功实现了在网络环境下将 ADAMS 虚拟样机技术应用于采煤机运动机构的在线动力学仿真。

网络环境下基于 ADAMS 的采煤机动力学分析系统的后台逻辑代码是基于.NET 框架采用 C#语言编写的。.NET 框架为开发人员提供了一个统一的、面向对象的、层次化的和可扩展的类库集。Process 类是.NET 类库中的重要组成之一，它的功能是提供对本地或者远程进程的访问权限，使用户可以创建和终止程序。本书通过将 Process 对象实例化实现了对 ADAMS 软件的远程进程进行创建和调用。基于 ADAMS 的在线参数化仿真实现过程如图 3-15 所示。

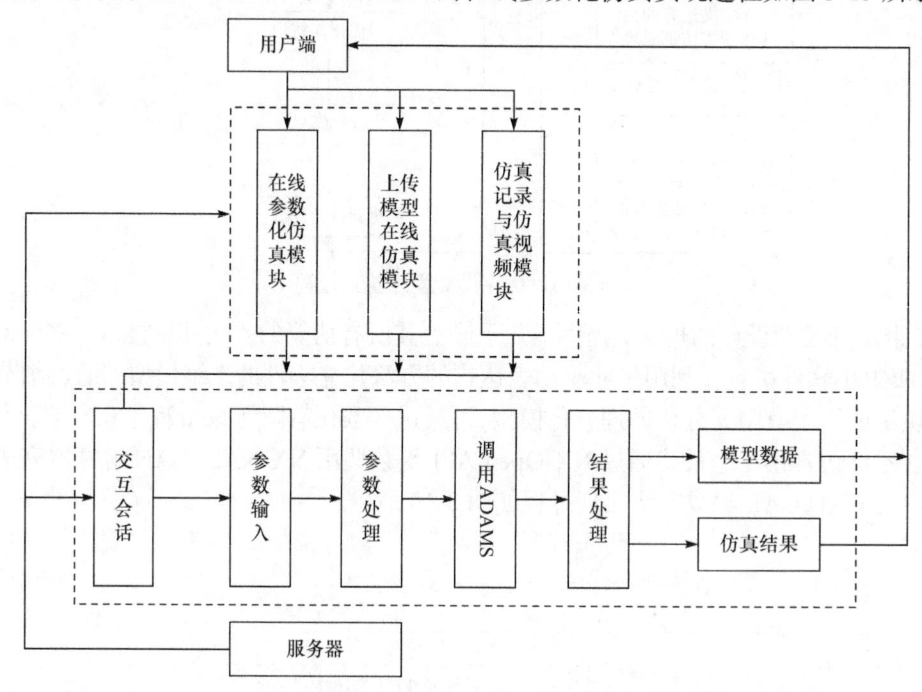

图 3-15　基于 ADAMS 的在线参数化仿真实现过程

3.6　本 章 小 结

本章针对目前采煤机数字化设计存在的问题提出了系统设计目标，并对系统框架和功能进行了总体设计。确定了系统开发所需要的集成编译环境、软件平台及编程语言。研究了基于 NX 的二次开发关键技术，包括 NX 二次开发流程、开发项目创建、文件配置方法、应用程序框架与项目目录结构及用户界面设计技术。对基于三维模型模板的参数化建模技术、基于 NX NASTRAN 的参数化 CAE 分析技术、基于 NX NASTRAN 的参数化优化设计技术、基于 NX 的参数化 CAD/CAE 集成技术和基于 ADAMS 的在线参数化仿真技术进行了论述。

第 4 章　基于 NX 的采煤机参数化 CAD 建模子系统

4.1　引　　言

目前在采煤机的设计制造过程中，存在许多只需要对其尺寸参数进行修改，而希望其结构形状保持不变的零件。工程技术人员采取的一贯做法是，依据设计图纸通过 CAD 交互环境直接创建零件三维实体模型，特别是在几何结构较为复杂的模型重建过程中，需要做大量重复工作，设计效率低下。

参数化建模是一个动态设计过程，它为企业技术人员控制模型提供了一种新思路，尤其在零件拓扑结构不变而需要尺寸发生改变的前提下不需要重建模型，修改参数即可生成新的三维模型，大大提高了工作效率。

本章基于三维模型模板的参数化建模技术，采用编程参数化的方法提取参数化模型模板中对应尺寸表达式，通过尺寸驱动机制调用更新函数完成模型更新，将参数化建模技术与 NX 二次开发技术相结合，开发基于 NX 的采煤机参数化 CAD 建模子系统。用户只需在良好的交互界面中填写满足要求的设计参数，程序便可自动调用 NX Open API 函数生成新的三维模型。参数化建模在一定程度上降低了企业产品开发成本，提高了零件设计效率，缩短了新产品开发周期。

4.2　参数化 CAD 建模子系统总体设计

4.2.1　参数化 CAD 建模原理与方法

参数化设计的核心是约束造型，从人工智能的角度看，设计问题的实质是约束满足问题，即给定设计目标、几何形状、结构框架和材料属性等约束信息，求得设计对象的细节[53]。基于约束理论，参数化设计是通过几何约束和拓扑约束来捕捉设计者意图，并实现产品从功能描述到结构形状转换的过程。几何约束用来控制产品的形状结构，拓扑约束用来描述产品不同要素间的依赖关系和制约关系。实际工程应用中，存在许多结构形状相同而尺寸大小不同的系列化产品，反映到约束造型上，就是保持产品的拓扑约束不变而通过参数修改几何约束。

参数化建模的关键在于实现尺寸驱动，其过程大致可分为五步。第一，对零件几何特征进行分析并建立其尺寸参数集；第二，依据零件不同尺寸间的相互依赖关系和制约关系建立几何约束集，并将其与尺寸参数集相关联；第三，获取用户通过人机交互界面输入的参数并判断是否有效；第四，通过表达式编辑、修改与用户输入相对应的预定义尺寸参数集中的尺寸；第五，更新模型。

基于约束的参数化技术实现机理，可将参数化建模的方法分为两大类：人机交互参数化方法和编程参数化方法。人机交互参数化方法又可细分为变量几何法、人工智能法、过程构造法和基于辅助线的参数化方法。

1. 人机交互参数化方法

1) 变量几何法

变量几何法通过定义一系列的特征点，以表征零件的几何形状，并以这些特征点在坐标系中的坐标值作为变元建立非线性方程组，以表征约束关系。该方法中两个重要的概念是约束和自由度，其中约束又可分为形状约束和位置约束。形状约束用来控制对象的尺寸，如对高度、宽度及直径等的约束；位置约束用来控制对象中不同元素间的相对位置，如平行度和垂直度等。自由度用来判断对象约束是否充分。

2) 人工智能法

人工智能法通常基于几何推理，利用推理机从由条件和结论组成的规则库中提取规则并与现有事实进行匹配，并把导出的结论作为事实继续推理，进而构造出符合要求的几何形状。该方法简洁、直观，在表达复杂约束时具有其他方法所无法比拟的优势，但推理过程需要不断地进行规则与现有事实的匹配，导致系统庞大且运行速度慢。

3) 过程构造法

过程构造法通过记录设计者在产品造型过程中的交互操作步骤，并生成相应的程序化描述信息，将信息中的定量参数定义为变量参数，通过修改变量参数实现模型设计的参数化。该方法通过控制模型历程树中模型数据和运算参数来实现零件的参数化设计。

4) 基于辅助线的参数化方法

基于辅助线的参数化方法以交互的方式模仿设计人员的尺规作图方式，并记录模型不同元素间的拓扑关系。该方法最大的特点是以辅助线为基础建立模型所有的轮廓线。

2. 编程参数化方法

编程参数化方法适用于形状结构稳定而尺寸参数变化的场合。设计者首先需要对零件尺寸参数进行分析，并借助数学表达式、逻辑表达式和几何表达式建立不同尺寸之间的联系。应用软件本身所提供的二次开发工具和接口函数，实现用户输入参数对模型尺寸参数的实时驱动，以此完成零件的参数化设计。该方法常用于企业为了降低企业产品开发成本，提高零件设计效率，缩短新产品开发周期，而对大型通用 CAD 软件进行二次开发。基于 NX 的采煤机参数化 CAD 建模子系统采用的便是该方法。

4.2.2　参数化 CAD 建模子系统结构设计

参数化 CAD 建模子系统的主要目的是依据在 UI 中获取的用户输入参数，快速建立符合设计要求的采煤机内牵引部、外牵引部及截割部关键零部件的三维模型，为后续的参数化有限元分析和优化做准备。参数化 CAD 建模子系统结构框架如图 4-1 所示。

4.2.3　参数化 CAD 建模子系统功能设计

参数化 CAD 建模子系统主要包括三个功能模块：界面模块、参数化驱动模块及三维模型模板模块。界面模块主要由菜单和对话框构成；参数化驱动模块主要由系统开发所需的 NX OpenAPI 和用户自定义函数及编程逻辑构成；三维模型模板模块主要由牵引部关键零部件、截割部关键零部件参数化模型构成。参数化 CAD 建模子系统功能模块如图 4-2 所示。

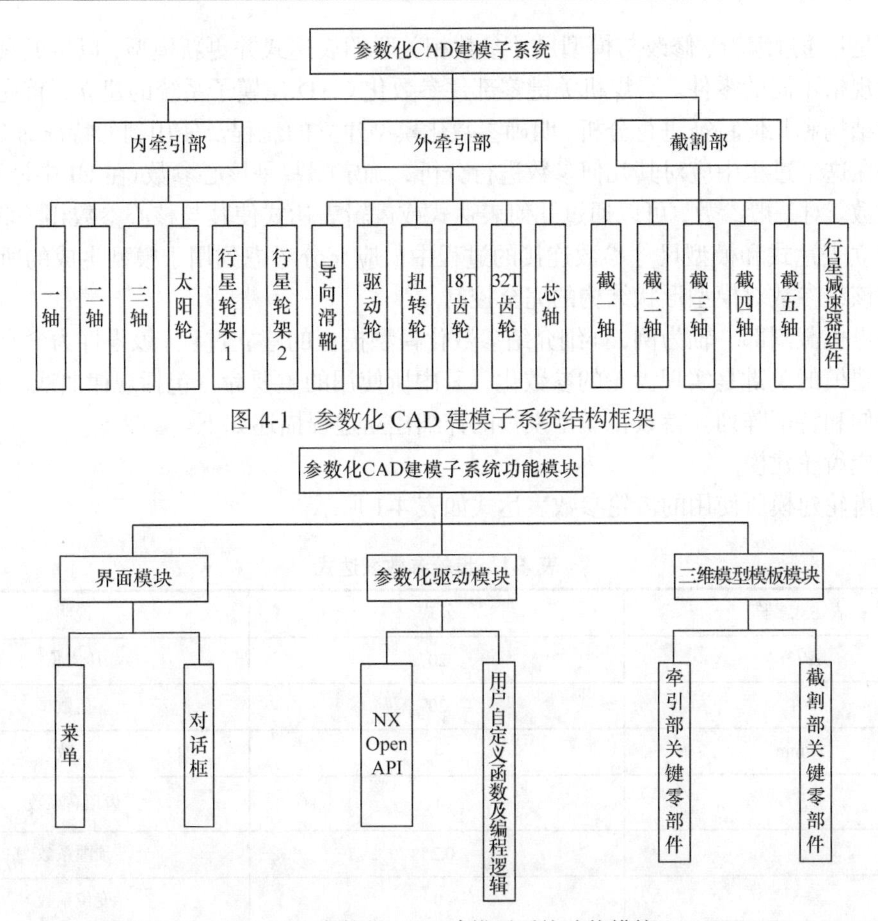

图 4-1　参数化 CAD 建模子系统结构框架

图 4-2　参数化 CAD 建模子系统功能模块

1) 界面模块

界面模块为人机交互提供可视化的操作环境，用户可通过菜单选择需要创建的三维模型，并通过弹出的对话框输入用于控制模型几何形状的尺寸参数。

2) 参数化驱动模块

参数化驱动模块是参数化 CAD 建模子系统的核心，用于建立界面模块和三维模型模板模块之间的连接。应用 NX Open API 建立的参数化驱动机制，以表达式的方式查询、编辑、修改从三维模型模板模块中提取的对应参数，使之与用户在界面模块中的输入参数相一致，进而实现用户对模型的实时控制。

3) 三维模型模板模块

三维模型模板模块主要用于存储采煤机关键零部件参数化模型，是实现不同零件参数化设计所必需的基础模块。

4.3　参数化 CAD 建模子系统开发的关键技术

4.3.1　参数化模型模板

模型模板是实现不同零件参数化设计的第一步，基于三维模型模板的参数化建模技术的实现机理是：通过编辑、修改与模型尺寸参数相关联的表达式并更新模型，以生成具有相同拓扑结构而规格不同的零件。采煤机关键零部件参数化 CAD 建模子系统的建立，首先需针对不同零件的结构和几何特征进行分析，明确参数化模型建立的流程及使用到的特征命令，然后建立模型。在这个过程中应对其几何参数进行分析，确定哪些是核心参数(在 UI 中显示)，哪些是一般参数。对一般参数，可以通过几何表达式或逻辑表达式使其与核心参数相关联。与此同时，在建立表达式和模型尺寸参数连接的过程中，应充分考虑到用于模型生成的所有尺寸参数，确保该组参数对模型形状结构的完全控制。

以采煤机截割部一轴为例，详细介绍参数化模型模板的建立过程。该零件为含有齿轮的轴类零件，建模的关键是实现齿轮的参数化，其中所使用的主要命令包括规律曲线、镜像、圆/圆弧、拉伸和特征阵列。参数化模型模板的详细建立过程描述如下。

1)完成齿轮建模

完成齿轮建模所使用的齿轮参数表达式如表 4-1 所示。

表 4-1 齿轮参数表达式

表达式名称	公式	说明
α/(°)	20	压力角
z/个	20	齿数
m/mm	4	模数
h_a^*	1	齿顶高系数
c^*	0.25	顶隙系数
x	0	变位系数
d/mm	$m \cdot z$	分度圆直径
d_b/mm	$d \cdot \cos\alpha$	基圆直径
d_a/mm	$d+2 \cdot m \cdot (h_a^*+x)$	齿顶圆直径
d_f/mm	$d-2 \cdot m \cdot (h_a^*+c^*-x)$	齿根圆直径
t	1	系统变量
s/(°)	$45t$	展角
x_t	$d_b/2\times\cos s+d_b/2\times\sin s \cdot \mathrm{rad}(s)$	X 坐标
y_t	$d_b/2\times\sin s-d_b/2\times\cos s \cdot \mathrm{rad}(s)$	Y 坐标
z_t	0	Z 坐标

在所有的齿轮表达式中，压力角已标准化，一般为 20°，齿顶高系数和顶隙系数一般保持不变，因此选定齿数 z、模数 m 和变位系数 x 为核心参数，选定分度圆直径 d、基圆直径 d_b、齿顶圆直径 d_a、齿根圆直径 d_f 为一般参数。

2)建立尺寸表达式

启动 NX9.0 并进入建模环境，依次选择“工具”→“表达式”，在弹出的“表达式”对话框中，“类型”选择“数量”，“单位”选择“恒定”，依次键入表 4-1 中的表达式，如图 4-3 所示。

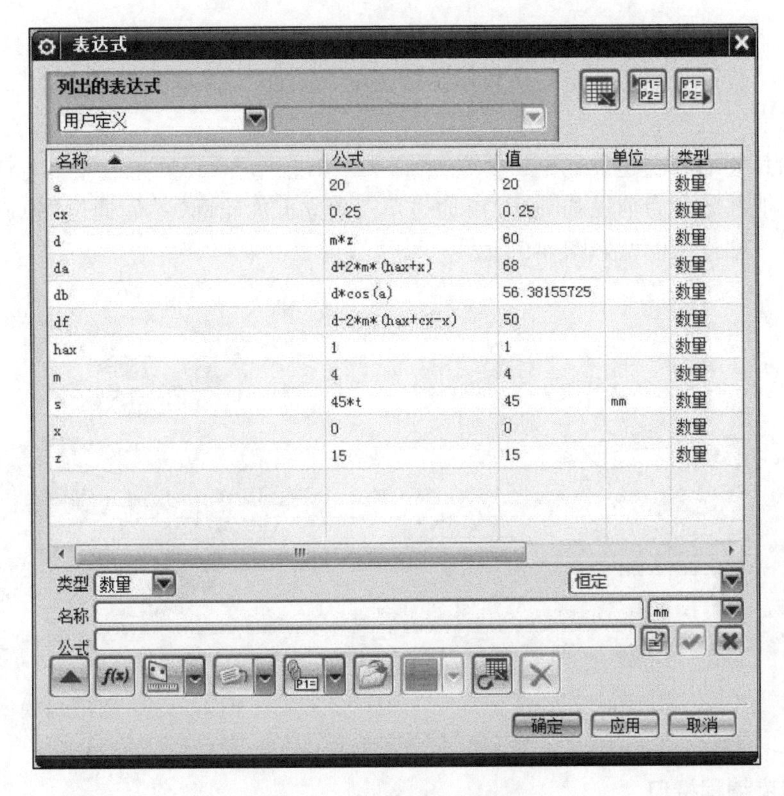

图 4-3　“表达式”对话框

3) 建立齿轮参数化模型

首先通过齿顶圆直径建立基体，依据渐开线构造单个齿廓曲线，其次通过“拉伸”命令建立单个齿槽，最后通过“特征阵列”命令完成齿轮模型创建。具体过程包括如下步骤。

(1) 通过“规律曲线”命令生成渐开线，并以“圆/圆弧”命令依次建立齿顶圆、分度圆、齿根圆。

(2) 以圆心为原点，以原点到渐开线外端点的距离为半径建立辅助圆，用于齿槽求差。

(3) 应用“直线”命令，以圆心为起点，以渐开线的内端点为终点建立连接线；应用“三点画圆弧”命令，依次选择连接线、齿根圆并输入合适的直径/半径尺寸，建立连接线和齿根圆之间的连接圆弧。

(4) 打开“基准平面”命令对话框，“类型”选择“自动判断”，依次选择 Z 轴和渐开线与分度圆的交点建立参考平面。

(5) 打开“基准平面”命令对话框，“类型”选择“自动判断”，依次选择 Z 轴和参考平面，在角度对话框中输入 $360/4/z$，建立对称平面。

(6) 打开“镜像”命令对话框，依次选择渐开线、连接线和连接圆弧，镜像面选择对称平面，建立齿廓的另一半曲线。如图 4-4 所示，从外到内依次为辅助圆、齿顶圆、分度圆、齿根圆。

(7) 以齿顶圆为截面曲线，通过“拉伸”命令建立齿轮基体。

(8) 打开“拉伸”命令对话框，“曲线规则”选择“单条曲线”，并单击“相交处停止”按钮，以辅助圆、渐开线、齿根圆组成的轮廓为拉伸截面，“布尔运算”选择“求差”，完成单个齿槽创建。

(9)打开“特征阵列”命令对话框，“阵列特征”选择“齿槽”，“布局”选择“圆形”，“间距类型”选择“数量”和“节距”，“数量”输入 z，“节距”输入 360/z，单击“确定”按钮完成齿轮创建。

4)截一轴其他部分创建

截一轴其他部分多为轴径和圆孔，可通过草图建立截面轮廓，然后通过“拉伸”命令创建。最终生成的截一轴三维模型如图 4-5 所示。

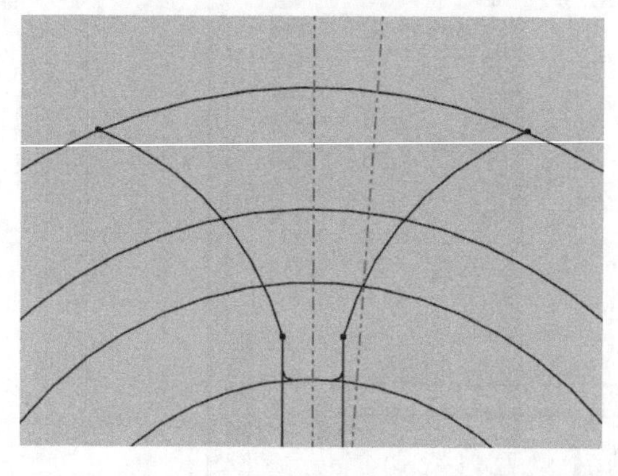

图 4-4　轮廓曲线

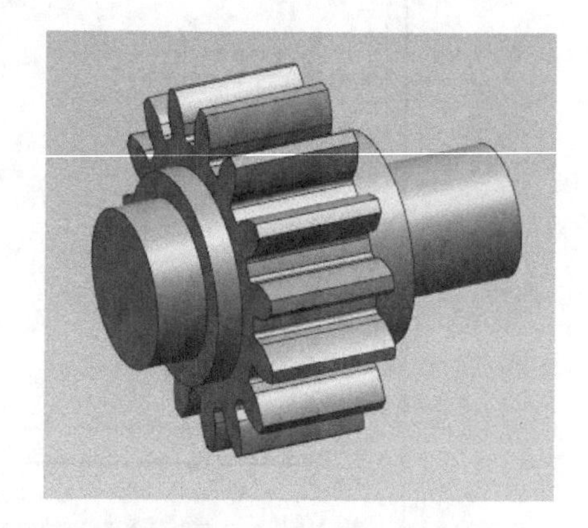

图 4-5　截一轴三维模型

4.3.2　应用程序编程接口

应用 NX Open API 开发的源程序代码并不能直接被 NX 识别，必须经过编译、链接生成动态链接库文件才能被 NX 加载执行。NX 执行应用程序的方式通常有三种：外部模式、远程模式、内部模式。外部模式应用程序是后缀名为.exe 的可执行程序，可在操作系统下不依赖 NX 交互环境独立运行，但程序运行时需获取 NX 执行权限；远程模式通过.NET 框架实现，可远程控制其他的计算机执行应用程序；内部模式必须在 NX 交互环境下运行，该模式最大的优点是可实现与 NX 的无缝集成，本系统所开发的应用程序就是在内部模式下被 NX 执行的。

内部模式也称交互模式，其应用程序常通过用户出口的方式被 NX 执行。常用的用户出口函数有两个：ufsta()和 ufusr()。ufsta()是 NX 菜单启动时的用户出口，ufusr()是直接执行的用户出口。ufusr()的函数体如下：

```
extern void ufusr (char *param, int *retcode, int rlen)
{
int  error_code= UF_initialize()
    if (error_code == 0)
    {
         /*添加用户代码*/
         error_code=UF_terminate();
    }
}
```

该方式通过“文件”下拉菜单中 NX Open 命令执行，程序在执行过程中首先通过函数 UF_initialize()获取 NX 执行许可权限，然后执行用户自定义代码或函数，最后通过函数

UF_terminate()释放 NX 执行许可权限。UF_initialize()函数的返回值有两种情况：0 或其他。当该函数返回值为 0 时表示获取 NX 执行权限成功，为其他值时表示失败。可通过该方法修改应用程序卸载方式，快速检测所编写的代码是否达到预设功能要求。

建模过程中所用到的主要接口函数如表 4-2～表 4-6 所示。

表 4-2　函数 UF_PART_open()参数说明

参数	I/O 类型	说明
const char*　part_name	Input	被加载部件全路径
tag_t*　part	Output	部件标识
UF_PART_load_status_t *　error_status	Output	部件加载状态，需释放

表 4-3　函数 UF_MODL_eval_exp()参数说明

参数	I/O 类型	说明
char * exp_name	Input	表达式名称
double * exp_value	Output	表达式值

表 4-4　函数 UF_STYLER_set_value()参数说明

参数	I/O 类型	说明
int　dialog_id	Input	对话框控件 ID，自动提供
UF_STYLER_item_value_type_p_t value	Input	指明设置属性的对象和值

表 4-5　函数 UF_STYLER_ask_value()参数说明

参数	I/O 类型	说明
int　dialog_id	Input	对话框控件 ID，自动提供
UF_STYLER_item_value_type_p_t value	Input	指明查询属性的对象和值

表 4-6　函数 UF_MODL_update()参数说明

参数	I/O 类型	说明
Void	Input	表达式修改后，更新模型

函数 UF_PART_open()用来打开模型，函数 UF_MODL_eval_exp()用来编辑表达式，函数 UF_STYLER_set_value()和函数 UF_STYLER_ask_value()分别用来设置和查询对话框相应控件的属性，函数 UF_MODL_update()用来对修改表达式的模型进行更新。

4.3.3　参数化 CAD 建模程序执行流程

为实现模型的实时更新，应用程序的执行主要分为参数的读取、判断、编辑和驱动四个过程，执行流程如图 4-6 所示。参数化应用程序首先要通过交互界面获取用户输入参数。其次判断该参数是否有效，若无效则通过弹窗提示用户该参数所允许的合理取值范围；若有效则通过参数化应用程序提取参数化模型中对应的尺寸表达式，并将其值设置为用户所提供的有效参数。最后通过尺寸驱动机制调用 UF_MODL_update()函数完成模型更新，以实现模型的参数化设计。

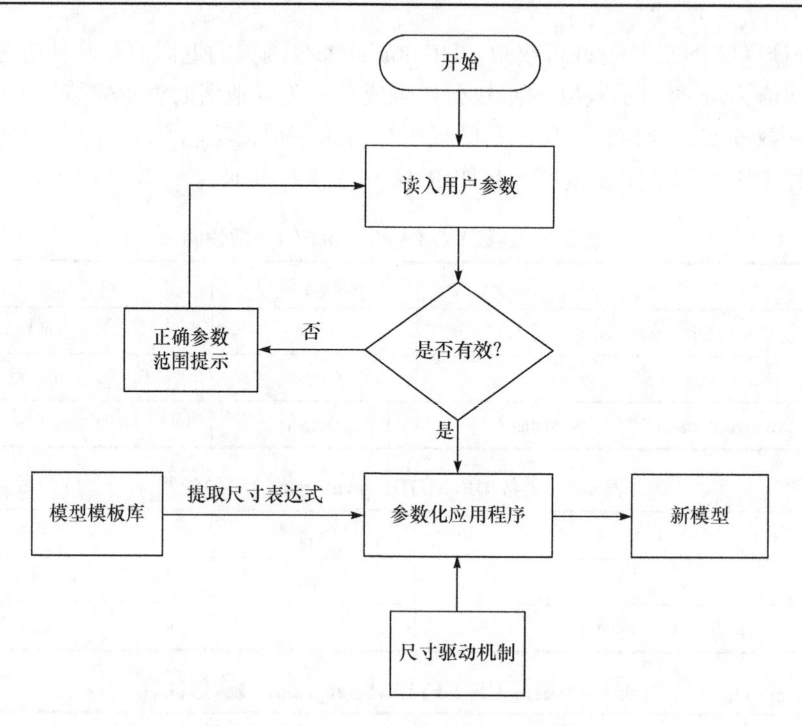

图 4-6　参数化 CAD 建模程序执行流程

4.4　参数化 CAD 建模子系统的开发与实现

4.4.1　注册环境变量

新建系统环境变量，是为了实现开发人员所设计的菜单、工具条、对话框和由编译链接生成的动态链接库文件能够在 NX 启动时被自动加载。依据 3.5.1 节中所创建的项目开发目录，在 Windows 7 系统环境中，右击“计算机”，选择“属性”选项，依次找到“高级”→“环境变量”，添加系统变量名为 UGII_USER_DIR，变量值为 E:\NX9Dev，如图 4-7 所示。

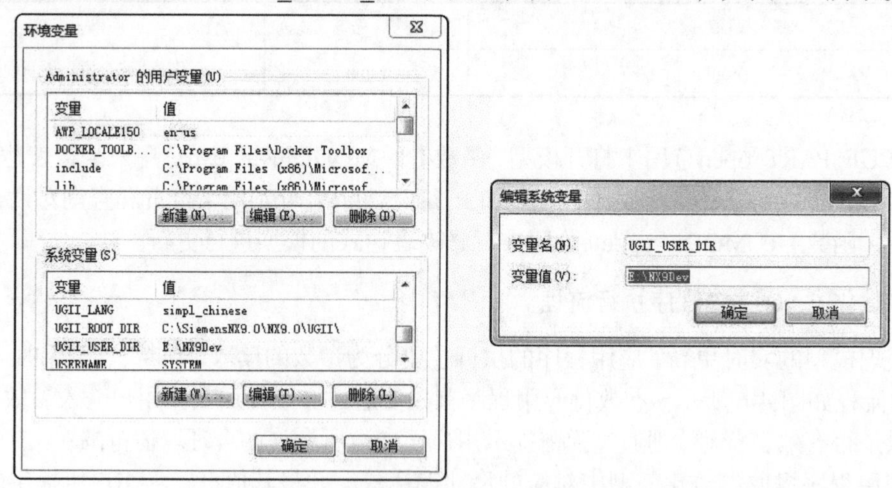

图 4-7　新建系统变量

4.4.2　建立三维模型模板

三维模型模板的建立不仅要求模型准确无误，而且要求所有控制其形状的尺寸参数必须能够通过表达式进行修改。在模型的建立过程中，要充分发挥 NX 不同建模命令的优势，尽量减少特征命令的使用，具体步骤如下。

(1) 启动 NX9.0 并进入建模环境，依据不同零件的形状结构采用拉伸、旋转、扫描等特征命令建立采煤机关键零部件的三维实体模型。

(2) 依次选择“工具”→“表达式”，在弹出的“表达式”对话框中键入不同尺寸参数所使用的公式，同时对“表达式”的名称进行修改，以便于后续通过程序对其进行查询、编辑和修改。

(3) 依次建立采煤机内牵引部、外牵引部及截割部各关键零部件的模型。

4.4.3　子系统菜单设计

菜单是实现人机交互的入口，菜单通过 ACTIONS 命令响应不同的后台应用程序并弹出相应的用户界面，用户通过在界面中输入或选取不同的参数来实现与计算机的参数化通信。依据 3.5.1 节中所述的用户界面开发技术，设计的参数化建模子系统菜单如图 4-8 所示。

4.4.4　子系统对话框设计

对话框是实现人机交互的可视化界面，程序通过获取对话框中不同控件的属性值以得到用户的输入参数。打开 NX9.0，依次选择“启动”→“所有应用程序模块”→“块 UI 样式编辑器”，应用系统提供的可视化界面生成器设计截一轴 CAD 参数，如图 4-9 所示。

“截一轴 CAD 参数化设计”对话框的设计中，涉及的块包括绘图、标签、双精度及布局控件组，在代码生成页面中选择语言为“C++”，输入点为“菜单”，“对话框回调”保持默认设置。依据 3.5.1 节所述界面开发技术建立其余关键零部件的对话框，由于不同零件的对话框具有相似性，在此不再一一展示。

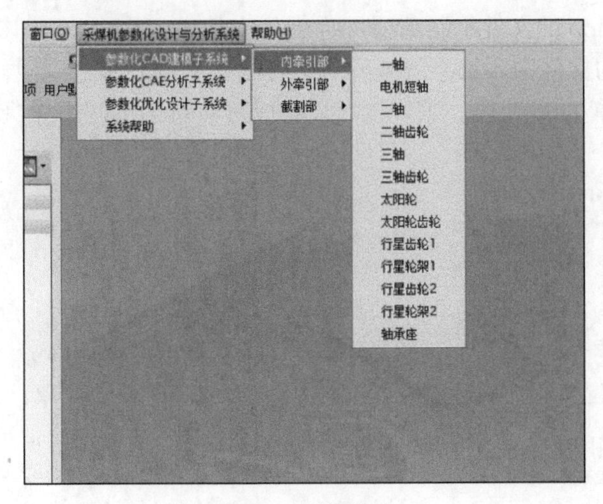

图 4-8　系统菜单

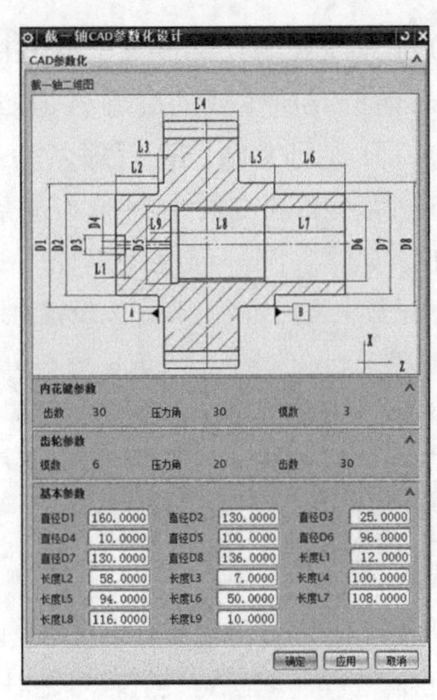

图 4-9　参数化对话框

4.4.5 项目创建及动态链接库文件生成

在完成用户界面及零件三维模型模板的创建后，通过 Visual Studio 2012 集成编译工具建立系统开发项目，然后添加必要的头文件和功能代码，并编译链接生成可被 NX 加载的动态链接库文件。具体过程包括如下步骤。

(1) 打开 Visual Studio 2012，依次选择“文件”→“新建”→“项目”，弹出“新建项目”对话框，在对话框窗口中依次选择“模板”→“Visual C++”→“NX9 Open Wizard”，并设置项目保存路径，项目名称与创建对话框时所使用的名称保持一致，默认其他所有设置，单击“确定”按钮，完成项目创建。“新建项目”对话框如图 4-10 所示。

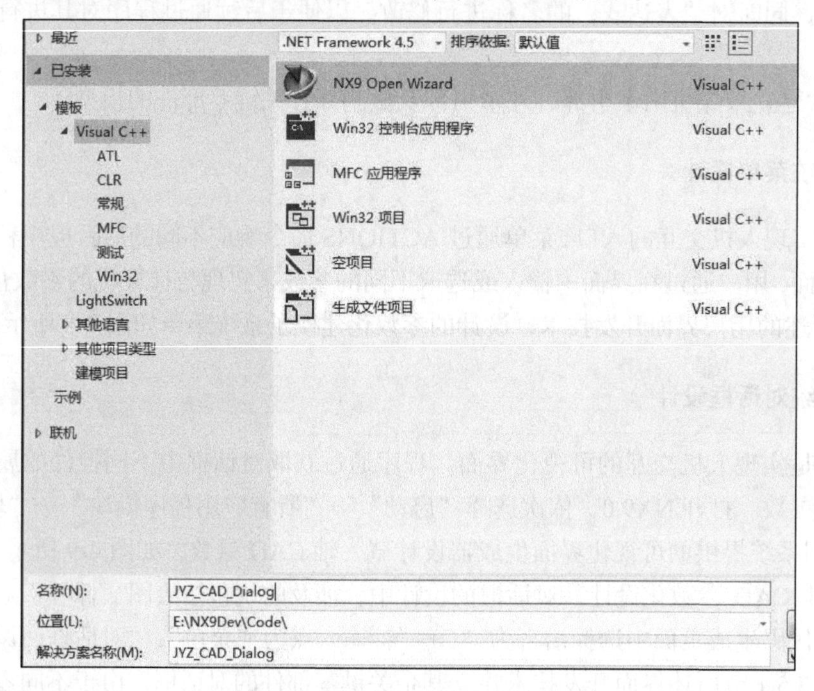

图 4-10　新建项目

(2) 打开项目所在文件夹，删除由 Visual Studio 2012 自动生成的头文件和源代码文件，并将创建对话框时所生成的后缀名为.cpp 和.hpp 的文件复制到项目所在文件夹。

(3) 打开项目文件，在后缀名为.hpp 的文件中添加系统开发所必要的头文件和函数原型，在后缀名为.cpp 的文件中添加实现系统功能的源代码，编译链接以生成可被对话框调用并执行的 DLL 文件。部分程序代码如下。

```
/*在构造函数中添加如下代码，以设置对话框不同块的初始值*/
UF_STYLER_item_value_type_t data;
data.item_id=PRO_DESIGN_LENGTH1;
data.item_attr=UF_STYLER_VALUE;
UF_MODL_eval_exp("L1",&data.value.real);
UF_STYLER_set_value(dialog_id,&data);
......
/*在应用按钮回调函数中添加如下代码，以获取用户输入参数并修改表达式*/
UF_STYLER_item_value_type_t data;
data.item_id=PRO_DESIGN_LENGTH1;
```

```
data.item_attr=UF_STYLER_VALUE;
UF_STYLER_ask_value(dialog_id,&data);
PRO_DESIGN_edit_exp("L1",data.value.real);
......
/*添加如下代码，以判断用户输入是否在有效范围内*/
if(D2>D1||D2==0||D1==0)
{
     UC1601("D2的值必须小于D1，且都不能为零",1);
     return (UF_UI_CB_CONTINUE_DIALOG);
}
......
/*最后添加模型更新函数，并释放指针内存*/
UF_MODL_update();
UF_STYLER_free_value(&data);
```

4.5　实例验证

通过采煤机截一轴实例，验证参数化CAD建模子系统的有效性，具体操作步骤如下。

(1)启动NX9.0并进入建模环境，依次单击"采煤机参数化设计与分析系统"→"参数化CAD设计系统"→"截割部"→"截一轴"，弹出如图4-9所示的对话框界面。

(2)修改图4-9中"齿轮齿数"为15，单击"确定"按钮，生成的模型如图4-11所示。

(3)重复(1)中操作，修改"齿轮齿数"等于20，其余参数保持不变，单击"确定"按钮，重新生成的模型如图4-12所示。

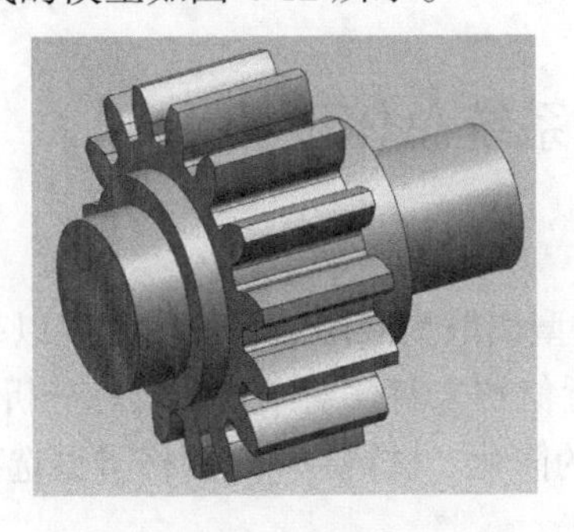

图4-11　截一轴三维模型1

图4-12　截一轴三维模型2

4.6　本章小结

本章分析了参数化建模的原理及常用实现方法，研究了基于NX的参数化建模程序执行流程和应用程序接口函数。通过研究基于NX的参数化CAD建模技术，实现了采煤机关键零部件参数化CAD建模子系统的全过程，包括环境变量的注册、开发项目的创建、系统菜单及对话框的设计及动态链接库的生成，通过实例验证了参数化建模方法的可行性与有效性。

第5章　基于NX NASTRAN的采煤机参数化CAE分析子系统

5.1　引　　言

CAE技术主要指用计算机对工程和产品进行性能与安全可靠性分析，对其未来的工作状态和运行行为进行模拟，及早发现设计缺陷，并证实未来工程、产品功能和性能的可用性与可靠性。在采煤机设计过程中使用CAE技术可以提高采煤机设计结果的可靠性和合理性。在传统的采煤机设计过程中，利用CAE技术对所设计的零部件进行力学性能及强度分析时，为了保证所设计零部件满足工作所需的力学性能及强度要求，设计人员需要反复对有限元模型进行前处理、分析和后处理等，造成大量人力、物力资源的浪费，增加了产品生产成本、延长了研发周期、降低了设计效率。针对上述问题，本章提出了参数化CAE分析方法，通过对网格、约束、载荷、执行控制等分析条件的参数化，利用参数化应用程序获取用户的输入参数并建立与用户输入参数一致的有限元模型，实现载荷类型及作用位置、约束的类型及作用位置的自动施加，完成线性静力学分析、模态分析、瞬态分析、疲劳分析和频率响应分析的前处理、分析和后处理的自动化。

基于NX平台，通过寻找系统开发所需的NX NASTRAN接口函数，开发采煤机参数化CAE分析子系统，实现采煤机关键零部件线性静力学分析、模态分析、瞬态分析、疲劳分析和频率响应分析的参数化与自动化。参数化CAE分析方法的应用将极大地提高产品的研发效率，降低产品的设计成本。

5.2　参数化CAE分析子系统总体设计

5.2.1　参数化CAE分析原理与方法

有限元法是CAE分析的核心，即将连续的结构模型离散为有限数目的单元并以节点相连接，通过对有限元进行求解得到满足工程精度要求的近似解来替代对结构的实际分析。分析过程的关键在于有限元模型的前处理，包括原三维模型的简化、材料施加、网格类型选择、网格大小设置、约束条件及载荷的施加等。

将有限元分析的过程通过提炼表达为不同的算法，并通过高级语言编程以程序化的方式得以实现是参数化CAE分析技术的实施机理。在采煤机零件的设计和分析过程中，通常是模型的尺寸和所承受的载荷大小发生变化，而零件的形状结构和载荷的类型不变。鉴于此，可通过开发用户界面让用户提供建立有限元模型所需的材料类型、网格和边界条件等参数，利用参数化应用程序获取用户的输入参数并建立与用户输入参数一致的有限元模型。对于有限元模型建立过程中载荷的类型及作用位置、约束的类型及作用位置均由程序自动施加。

5.2.2　参数化CAE分析子系统结构设计

基于NX NASTRAN的采煤机参数化CAE分析子系统在结构上分为两个层次：第一层次包括线性静力学分析、模态分析及瞬态分析，该层次可对参数化CAD建模系统构建的三维模型直接进行有限元分析；第二层次包括疲劳分析和频率响应分析，该层次通过获取第一层次的分析结果，并把计算得到的应力值和应变值作为第二层次分析的名义值，再进行相应的仿真分析。参数化 CAE 分析子系统结构框架如图 5-1 所示。

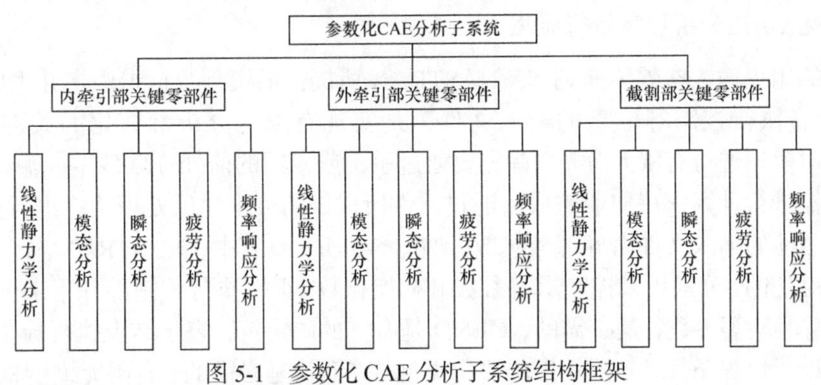

图 5-1　参数化 CAE 分析子系统结构框架

5.2.3　参数化 CAE 分析子系统功能设计

参数化 CAE 分析子系统功能可分为三个模块：模型简化模块、有限元 Fem 模块和仿真 Sim 模型模块，如图 5-2 所示。各模块具体功能如下。

1）模型简化模块

零件在设计制造过程中，由于功能或装配需要，通常会存在一些倒角、螺纹、凸台等小特征，这些特征对于有限元分析的结果几乎没有影响，却影响网格整体质量和分析耗时。可通过 NX Open API 调用 NX 中自动修复几何体命令，通过设置凸台、倒角、倒圆的阈值，达到自动去除和修复小特征的目的。

2）有限元 Fem 模块

有限元 Fem 模块的主要目的是获取用户在对话框中输入的材料和网格参数，通过程序自动创建零件的有限元 Fem 模型。

3）仿真 Sim 模块

仿真 Sim 模块依据用户选择的不同分析类型，获取用户所提供的载荷和约束参数，通过应用程序自动创建用于不同分析类型的仿真 Sim 模型。对于疲劳分析和频率响应分析，程序还需获取上一层次中线性静力学分析和模态分析的应力值与应变值。

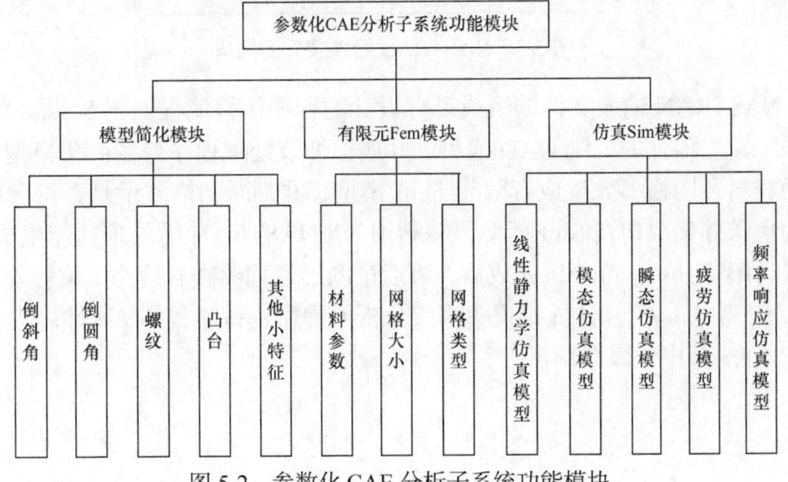

图 5-2　参数化 CAE 分析子系统功能模块

5.3 参数化 CAE 分析子系统开发的关键技术

5.3.1 参数化 CAE 分析程序执行流程

将获取的用户输入参数传递到 NX NASTRAN 所提供的模型数据卡中，并生成包含网格、约束、载荷、执行控制等信息的输入文件，是实现有限元分析参数化的关键。应用 NX NASTRAN 对模型进行有限元分析，首先要通过手工或专门的前处理软件生成输入文件，然后提交给解算器进行计算，待作业完成后通过软件所提供的可视化后处理功能进行查看。

NASTRAN 的输入文件由五部分组成，如图 5-3 所示。其中，NASTRAN 命令部分和文件管理部分是可选的，分别用来控制求解参数和初始化数据库；执行控制部分用来设置有限元分析类型、求解时间等参数，是必需的；CEND 是必需的限定符，表示结束执行控制段；工况控制部分用来设置边界条件、分析结果的输出类型等参数，是必需的；有限元模型构成部分是必需的，用来设置有限元模型的网格属性、材料属性、载荷和约束等参数；ENDDATA 是必需的限定符，表明输入文件结束。

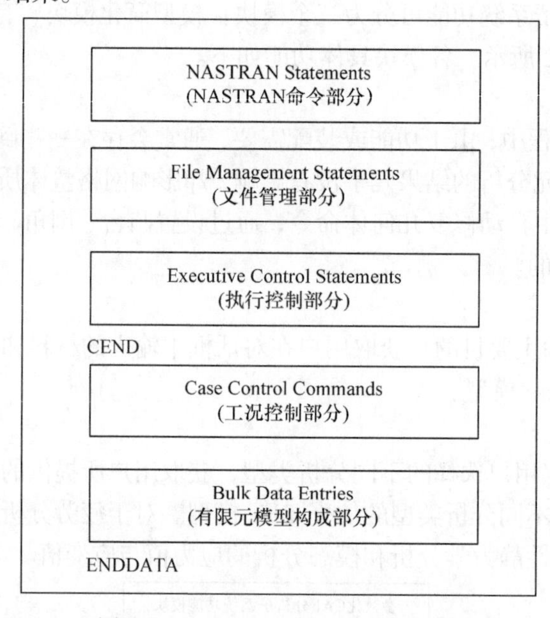

图 5-3 NASTRAN 输入文件的构成

基于 NX NASTRAN 输入文件的组成部分设计的程序执行流程如图 5-4 所示。首先通过参数化建模子系统建立零件的三维 CAD 模型，并通过细节处理程序得到简化模型；然后通过获取用户设置的材料和网格参数生成有限元 Fem 模型，并判断网格质量是否符合要求；最后通过施加边界约束条件生成仿真 Sim 模型，并利用 NX NASTRAN 前处理功能生成后缀名为.dat 的输入文件进行解算分析。待分析完成后，可通过图形管理器查看应力、位移等云图。本节介绍模态分析、瞬态分析、疲劳分析和频率响应分析的程序执行流程图，线性静力学分析程序执行流程图将在 5.4.3 节中予以介绍。

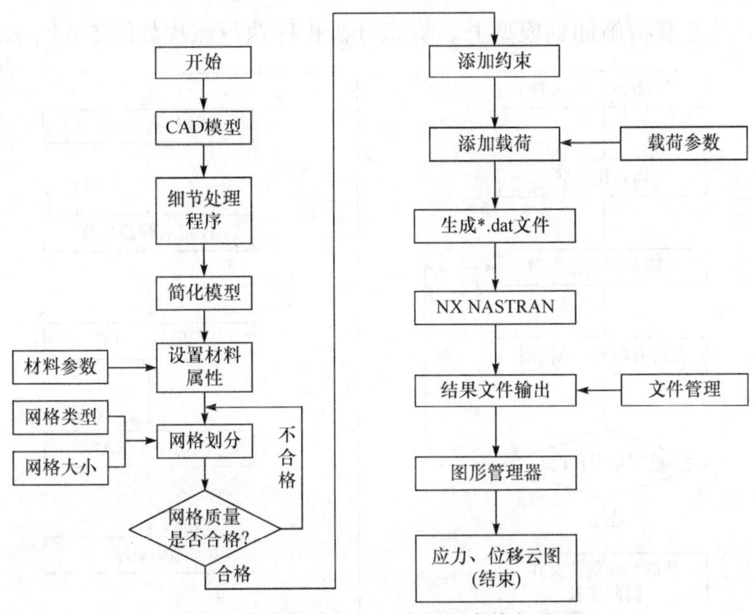

图5-4　参数化CAE分析程序执行流程

1)模态分析

模态分析用于求解结构的固有频率和振型，其程序执行流程与线性静力学分析的前处理相似，只是不需要获取并施加用户提供的载荷，而要获取用户选择的模态分析类型及模态求解阶数。倘若在创建仿真Sim模型时施加边界约束，则求解约束模态；若不施加约束条件，则求解模型自由模态。模态分析的程序执行流程如图5-5所示。

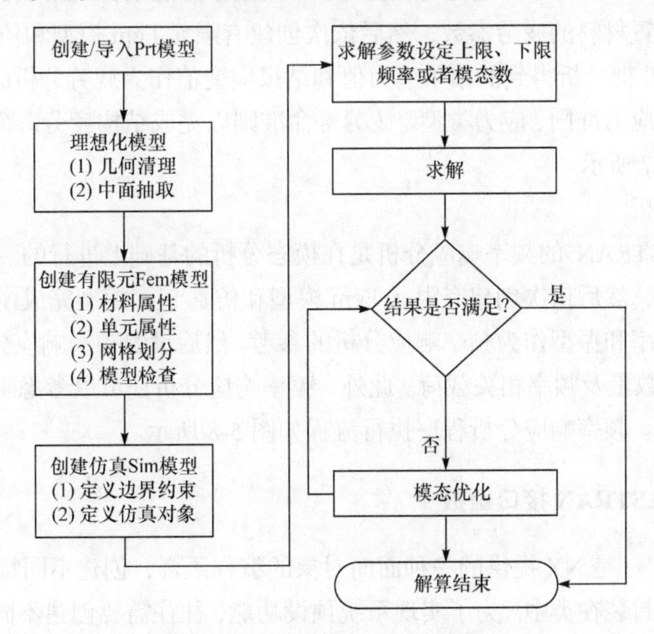

图5-5　模态分析程序执行流程图

2)瞬态分析

瞬态分析应用程序创建有限元Fem模型的过程与线性静力学分析和模态分析类似，只是在创建仿真Sim模型时要获取用户提供的时间步长和时间步数，并把读取的用户提供的载荷文件转换为相应的变载荷施加到模型上。瞬态分析程序执行流程如图 5-6 所示。

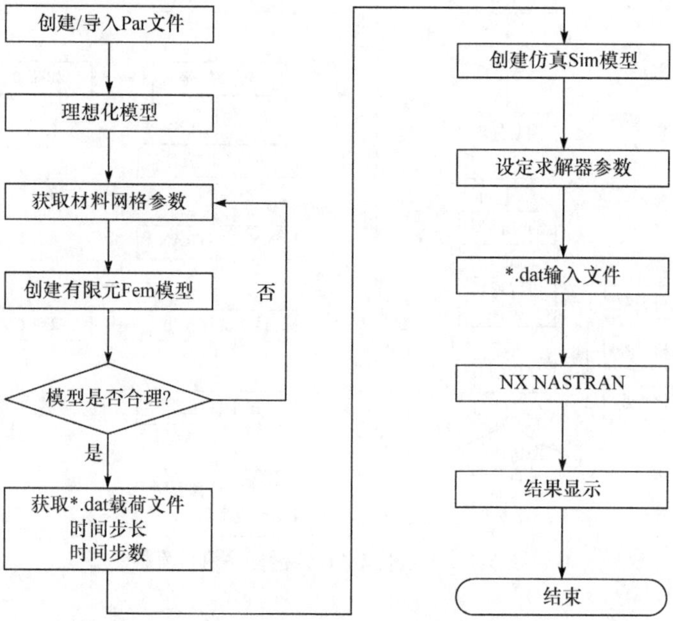

创建/导入Par文件
理想化模型
获取材料网格参数
创建有限元Fem模型
模型是否合理?
否
是
获取*.dat载荷文件
时间步长
时间步数
创建仿真Sim模型
设定求解器参数
*.dat输入文件
NX NASTRAN
结果显示
结束

图 5-6　瞬态分析程序执行流程图

3) 疲劳分析

采用 NX NASTRAN 对零件进行的疲劳分析，是基于静态事件的耐久性分析。用户首先要选择材料类型并设置材料的疲劳参数，然后依次创建有限元 Fem 模型和仿真 Sim 模型以完成线性静力学分析，并把分析得到的结果应力值和结果应变值作为疲劳分析的名义值，最后创建耐久性方案并选取应力准则、应力类型、疲劳寿命准则以完成结构疲劳寿命分析。疲劳分析程序执行流程如图 5-7 所示。

4) 频率响应分析

基于 NX NASTRAN 的频率响应分析是在模态分析的基础上进行的。用户首先选择模态分析的类型和阶数，然后依次创建有限元 Fem 模型和仿真 Sim 模型完成模态解算，并把分析得到的各阶固有频率和振型作为频率响应分析的参考。然后设置频率响应分析的起始频率、频率步长、频率增量数量及频率相关载荷。此外，频率响应分析还可以考虑阻尼的影响，包括结构阻尼和黏性阻尼。频率响应分析程序执行流程如图 5-8 所示。

5.3.2　获取 NX NASTRAN 接口函数

NX Open for C++是 NX 提供的一种面向对象的编程语言，创建不同特征所需的接口函数和数据变量通常被封装在类中。为了实现系统预设功能，往往需要创建不同类的对象，并通过对象利用指针调用相应类成员函数进行属性和参数设置。例如，在拉伸特征命令的调用过程中，首先需创建用于拉伸的草图截面，再对拉伸特征的属性进行设置，SketchInPlaceBuilder 用于创建空的草图特征并进行草图属性的设置，包括草图原点、是否连续自动标注尺寸、草图尺寸的小数位数等；然后通过 CreateLine () 和 AddGeometry () 方法创建直线，并把直线添加到草图

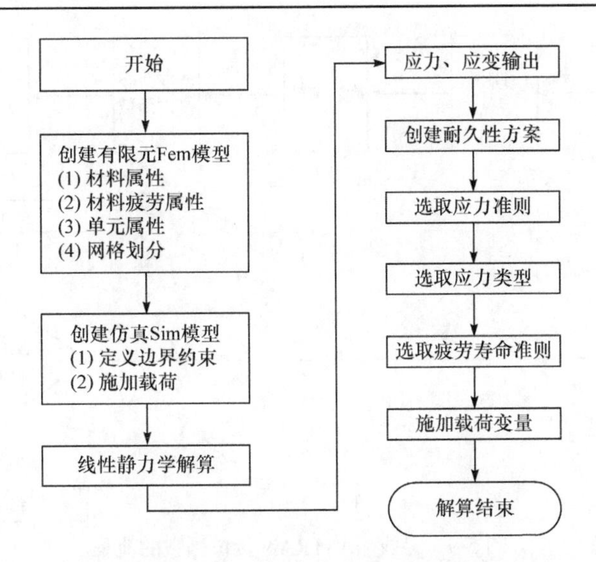

图 5-7　疲劳分析程序执行流程图

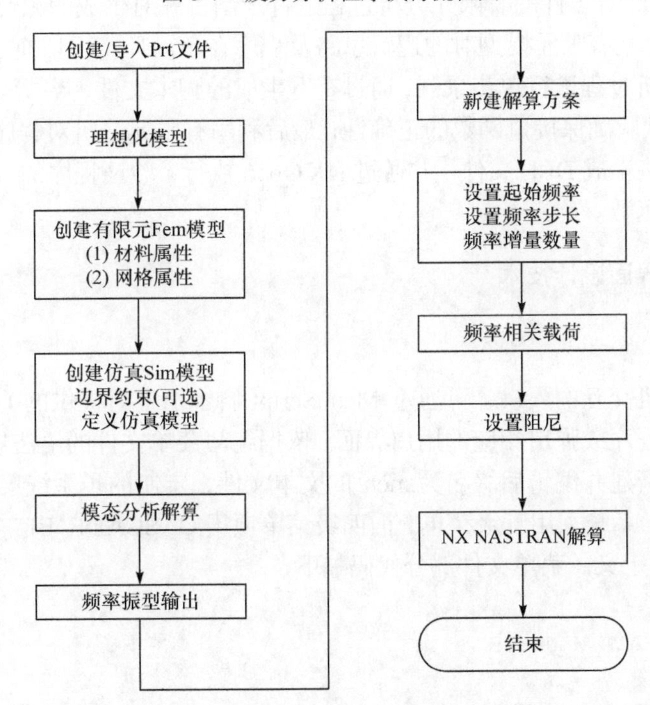

图 5-8　频率响应分析程序执行流程图

中；最后通过 Sketch 类中结构体 ConstraintGeometry 和 DimensionGeometry 为创建的直线添加结构约束和尺寸约束。草图创建完毕，通过 ExtrudeBuilder 类创建拉伸特征，以 SetSection() 方法设置拉伸截面，以 SetDirection() 方法设置拉伸方向，以 StartExtend() 方法和 EndExtend() 方法设置拉伸的起始值和终止值，最后以 Commit() 方法完成拉伸特征创建。

Journal 是 NX 提供的用于记录用户在用户界面交互操作的二次开发工具，能够录制、编辑和回放(目前仅支持 VB.NET 和 C#两种语言的回放)用户的交互操作，通过保存可生成不同语言的脚本文件。在脚本文件中添加用户自定义函数、循环限制、编程逻辑可快速实现客户定制开发。利用 Journal 工具获取系统开发所需要的接口函数的流程如图 5-9 所示。

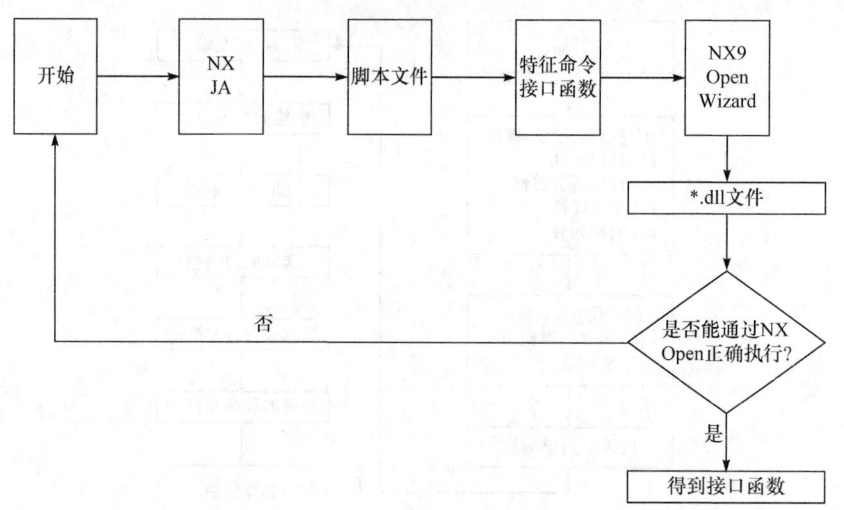

图 5-9　寻找 NASTRAN 接口函数的流程

首先利用 Journal 对零件的有限元分析过程进行录制，并对生成的源代码文件进行研究和分析，明确程序在建立有限元模型时的逻辑思路及程序在不同环境下切换的函数入口点；然后对零件的有限元分析过程进行单步录制，通过查看生成的脚本文件，寻找调用某些特征命令的 API 函数，并通过试验确保接口函数的正确性；最后利用有限元分析对程序代码进行整合、编辑和优化，编译链接生成 DLL 文件，并通过 NX Open 执行，验证程序的可行性，从中获取系统开发所需的接口函数。

5.3.3　系统菜单与界面设计技术

1. 菜单设计

菜单是实现人机交互的入口，可通过 MenuScript 脚本语言所提供的关键字 ACTIONS 响应不同的后台应用程序或弹出相应的用户界面。依据编写菜单文件的语法规则，在 Windows 7 环境下通过记事本新建并编辑后缀名为.men 的文本文件，定制的子系统菜单如图 5-10 所示。

由于功能需要，系统采用五级菜单，前四级菜单项用 CASCADE_BUTTON 定义，第五级菜单项用 BUTTON 定义。菜单文件部分代码如下。

```
VERSION 120
EDIT UG_GATEWAY_MAIN_MENUBAR
BEFORE UG_HELP
CASCADE_BUTTON CUSTOM_MENU
LABEL 采煤机参数化设计与分析系统
END_OF_BEFORE
MENU CUSTOM_MENU
CASCADE_BUTTON CUSTOM_MENU_2
LABEL 参数化 CAE 分析子系统
......
MENU CUSTOM_MENU_2
CASCADE_BUTTON BUTTON_SUBCAE_MENU1
LABEL 参数化线性静力学分析
CASCADE_BUTTON BUTTON_SUBCAE_MENU2
LABEL 参数化模态分析
```

```
......
MENU BUTTON_SUBCAE_MENU1
CASCADE_BUTTON BUTTON_NEI_1
LABEL 行星轮架 1
......
MENU BUTTON_NEI_1
BUTTON BUTTON_NEI_1_2
LABEL 创建行星轮架 1(Fem)模型
ACTIONS lesson1_3_YIZHOU_FEM.dll
......
MENU BUTTON_NEI_2
BUTTON BUTTON_NEI_2_2
LABEL 创建行星轮架 1 仿真(Sim)模型
ACTIONS lesson2_3_ERZHOU_SIM.dll
......
```

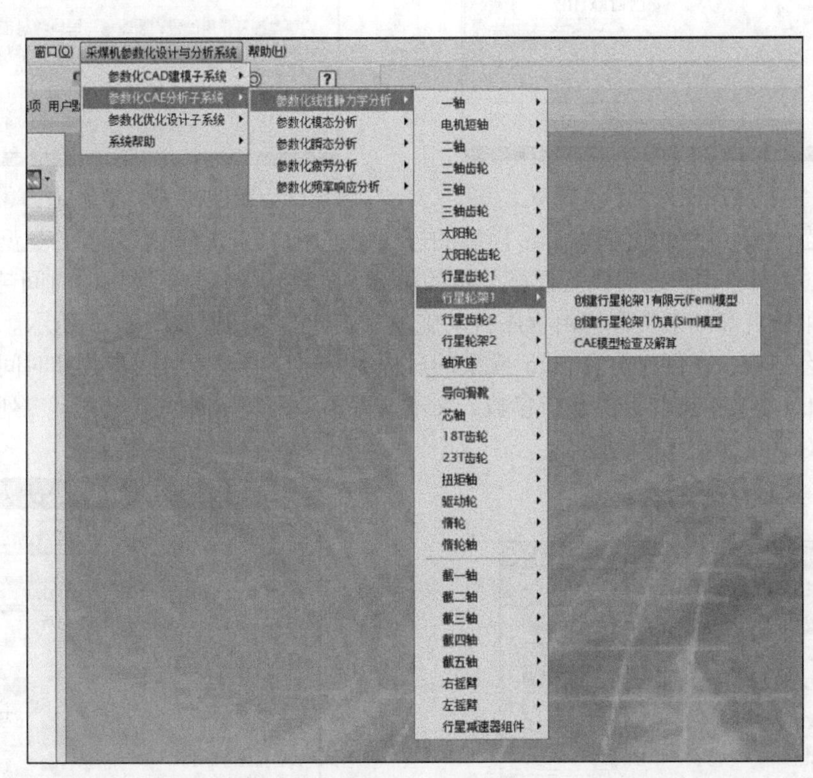

图 5-10　子系统菜单

2. 对话框设计

Block UI Styler 为定制用户界面提供了可视化操作环境，可利用其提供的不同类型的块，设计出符合系统要求的对话框。由于采用 NX NASTRAN 作为解算器对模型进行有限元分析的过程中，通过指派材料、创建物理属性表及网格收集器所建立的有限元 Fem 模型和通过施加边界约束条件及载荷建立的仿真 Sim 模型是在不同的环境中进行的，且不同的分析类型程序执行流程也有所差别，因此系统针对不同分析类型，分别设计了用于创建有限元 Fem 模型和仿真 Sim 模型的对话框。

对于线性静力学分析、模态分析及瞬态分析，其创建有限元 Fem 模型的过程是相似的，用户只需在用户界面的枚举块中选择材料类型、网格类型、节点数量并设置网格大小即可。以导向滑靴为例，设计的对话框如图 5-11 所示。

对于线性静力学分析，在创建仿真 Sim 模型的过程中，用户只需提供用于分析的载荷大小，而零件约束及载荷类型和作用位置均由程序自动设置。设计的对话框如图 5-12 所示。

图 5-11　创建有限元 Fem 模型

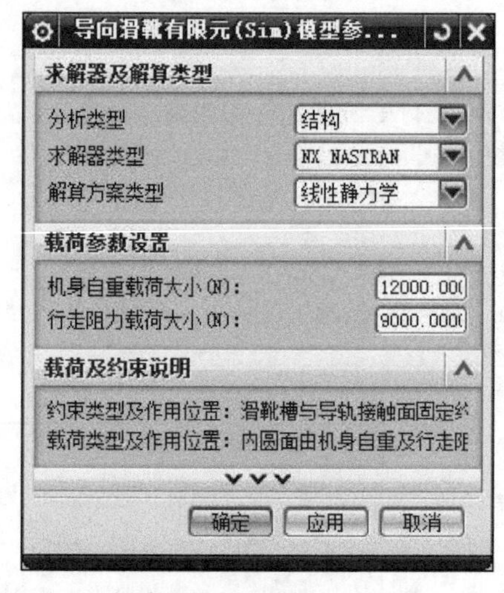

图 5-12　创建线性静力学分析仿真 Sim 模型

对于模态分析，在创建仿真 Sim 模型的过程中，用户需选择模态分析的类型：自由模态或约束模态。此外，用户还需设置模态分析的阶数，阶数越少，分析所用的时间越短。对于约束模态，约束位置和约束类型均由程序自动施加。设计的对话框如图 5-13 所示。

对于瞬态分析，在创建仿真 Sim 模型的过程中，用户需设置时间步数和时间增量，并通过后缀名为.txt 的文本文件提供载荷参数。文本文件第一列表示时间节点，第二列表示载荷节点。设计的对话框如图 5-14 所示。

图 5-13　创建模态分析仿真 Sim 模型

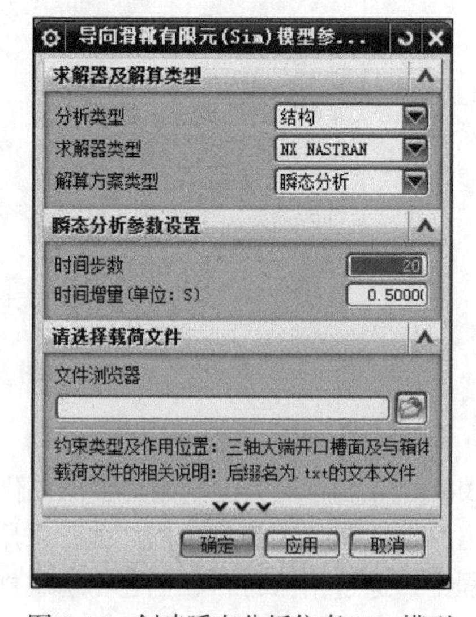

图 5-14　创建瞬态分析仿真 Sim 模型

疲劳分析是在线性静力学分析的基础上进行的，用户首先要选择材料类型并设置材料的疲劳分析参数，然后依次创建有限元 Fem 模型和仿真 Sim 模型以完成线性静力学分析，并把分析得到的结果应力值和结果应变值作为疲劳分析的名义值。设计的对话框如图 5-15 所示。

频率响应分析是在模态分析的基础上进行的，用户首先选择模态分析的类型和阶数，然后依次创建有限元 Fem 模型和仿真 Sim 模型完成模态解算，并把分析得到的各阶固有频率和振型作为频率响应分析的参考，通过施加频率相关载荷和阻尼以完成模型频率响应分析。设计的对话框如图 5-16 所示。

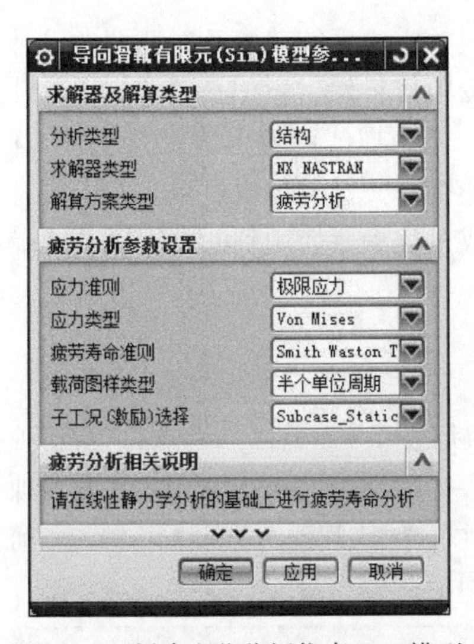

图 5-15　创建疲劳分析仿真 Sim 模型

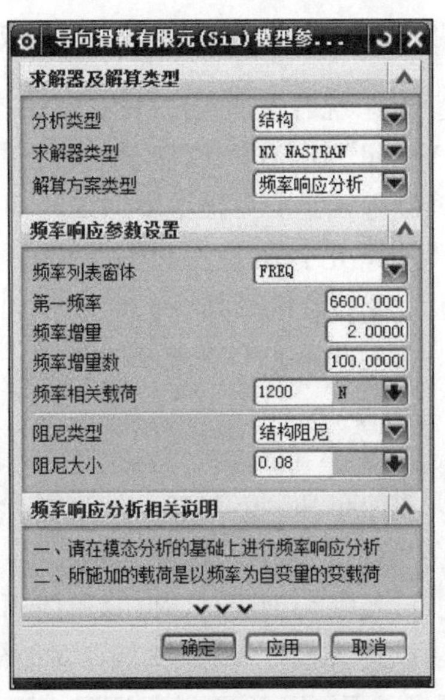

图 5-16　创建频率响应分析仿真 Sim 模型

5.4　参数化 CAE 分析子系统的开发与实现

5.4.1　注册项目路径与开发目录

创建项目开发目录是 NX 二次开发所必需的，为使项目目录中所存放的菜单文件、对话框文件及动态链接库文件能够在 NX 启动时被自动加载，则必须注册项目路径。NX 默认提供了两种用于注册项目路径的方法：其一是注册环境变量法，具体操作步骤如 4.4.1 节所示；其二是配置文件法，NX 定义了用于注册项目路径的配置文件 custom_dirs.dat，可通过向该文件中添加项目开发目录路径以达到与注册环境变量法同样的效果，添加的项目路径为 E:\NX9Dev。项目目录结构如图 5-17 所示。

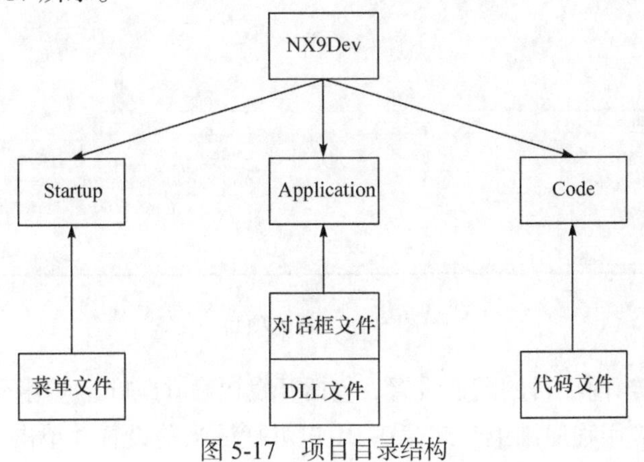

图 5-17　项目目录结构

5.4.2 定制系统菜单和对话框

应用 MenuScript 工具设计的系统菜单如图 5-10 所示，应用 Block UI Styler 工具设计的系统对话框如图 5-11～图 5-16 所示。

5.4.3 项目创建及动态链接库文件生成

在获取系统开发所需的 NX NASTRAN 接口函数并完成系统菜单及对话框的设计后，需要通过 Visual Studio 2012 集成编译工具建立系统开发项目，然后添加必要的头文件和功能代码，并编译链接生成可被 NX 加载的动态链接库文件。本节以线性静力学分析为例，详细介绍创建零件有限元 Fem 模型和仿真 Sim 模型所需动态链接库文件的生成过程。对于模态分析、瞬态分析、疲劳分析及频率响应分析，其应用程序生成过程中所使用到的类库以及成员函数与线性静力学分析类似，在此不再赘述。

1. 创建系统开发项目

打开 Visual Studio 2012，依次选择“文件”→“新建”→“项目”，弹出“新建项目”对话框，在对话框中依次选择“模板”→“Visual C++”→“NX9 Open Wizard”并设置项目保存路径，项目名称与创建对话框时所使用的名称保持一致，默认其他所有设置，单击“确定”按钮，弹出欢迎界面。“新建项目”对话框如图 5-18 所示。

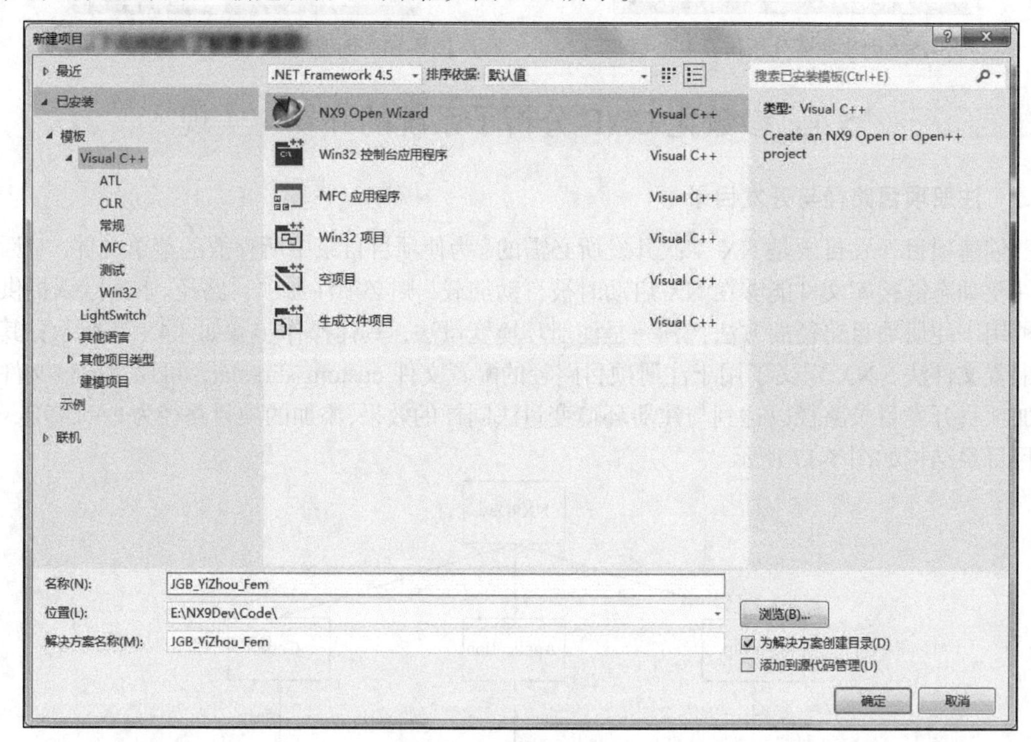

图 5-18 新建项目

欢迎界面显示出当前项目的默认设置，包括开发语言(C++)、应用程序入口函数(ufsta())及程序卸载方式(当应用程序结束时卸载)。用户可默认当前设置并单击 Finish 按钮完成项目创建，也可单击“下一步”按钮弹出“应用程序设置”对话框，如图 5-19 所示。通过该对话框选择开发模式(内部或外部)和开发语言(C/C++)。继续单击“下一步”按钮弹出“入口点设置”对话框，用户可通过该界面选择应用程序激活方式和卸载方式，如图 5-20 所示。其中应用程序卸载方式包括三种，分别为当 NX 会话结束时卸载、当应用程序执行完成时卸载和手动卸载。所有设置完毕，单击 Finish 按钮完成项目创建。本系统采用内部开发模式，开发语言选择 C++，卸载方式选择当 NX 会话结束时卸载。

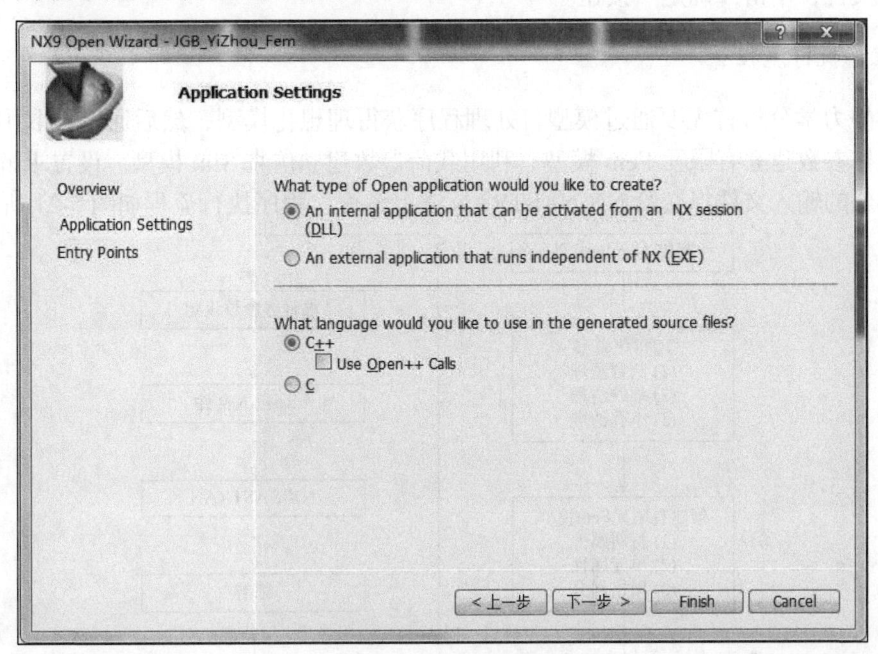

图 5-19　应用程序设置

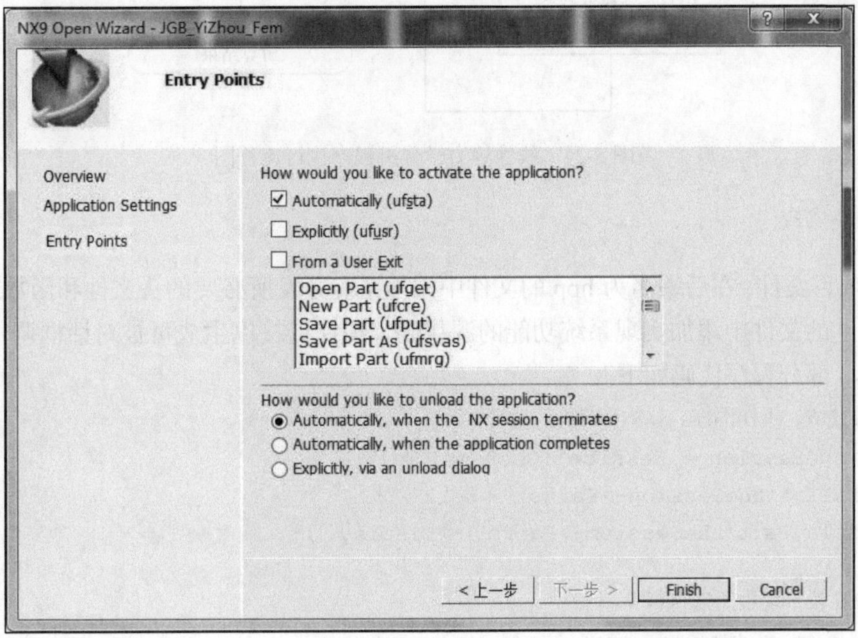

图 5-20　入口点设置

2. 替换项目文件

打开项目所在文件夹，删除由 Visual Studio 2012 自动生成的头文件和源代码文件，并将创建对话框时所生成的后缀名为.cpp 和.hpp 的文件复制到项目所在文件夹。右击 JGB_YiZhou_Fem 节点，依次选择“添加”→“现有项”，在弹出的“文件选择”窗口选中添加的模板文件，单击“确定”按钮。

3. 程序执行流程

线性静力学分析首先要通过模型自处理程序获得理想化模型，然后通过获取用户输入的材料和网格参数建立有限元 Fem 模型，利用载荷参数建立仿真 Sim 模型。设置求解器参数并把最终生成的输入文件提交给 NX NASTRAN 进行解算，程序执行流程如图 5-21 所示。

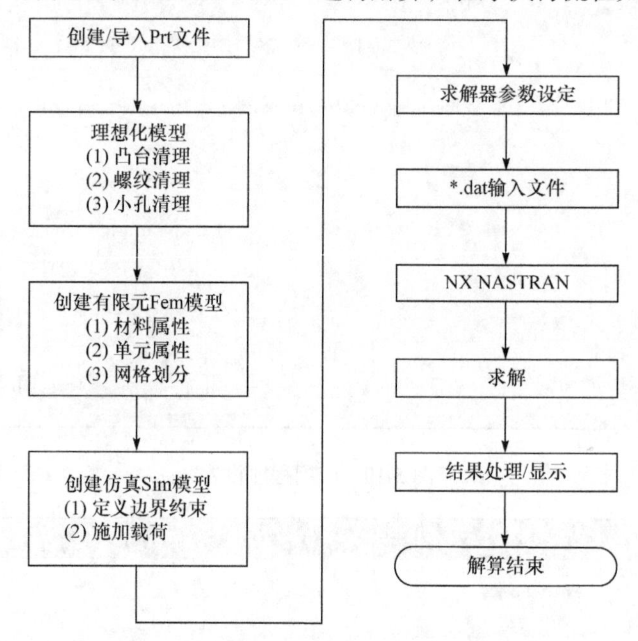

图 5-21 线性静力学分析程序执行流程图

4. 程序实现

打开项目文件，在后缀名为.hpp 的文件中添加系统开发所必要的头文件和函数原型，在后缀名为.cpp 的文件中添加实现系统功能的源代码，编译链接以生成可被对话框调用并执行的 DLL 文件。部分程序代码如下。

```
/*获取当前会话、工作部件、显示部件*/
Session *theSession = Session::GetSession();
Part *workPart(theSession->Parts()->Work());
Part *displayPart(theSession->Parts()->Display());
......
/*获取用户在枚举块中所选材料类型*/
int intMaterial=this->enumMaterial->GetProperties()->GetEnum("Value");
char *material;
```

```
if(intMaterial==0)
{
 material="Steel";
}
......
/*将用户选择材料添加到模型中*/
PhysicalMaterial *physicalMaterial1;
physicalMaterial1=workFemPart->MaterialManager()->PhysicalMaterials()->LoadFrom
Nxmatmllibrary(material);
std::vector<NXObject *>objects1(1);
CAE::CAEBody*CAEBody1(dynamic_cast<CAE::CAEBody*>(workFemPart->FindObject("CAE_
Body(1)")));
objects1[0] = CAEBody1;
physicalMaterial1->AssignObjects(objects1);
......
/*网格属性设置*/
CAE::Mesh3d *nullCAE_Mesh3d(NULL);
CAE::Mesh3dTetBuilder *mesh3dTetBuilder1;
mesh3dTetBuilder1 = meshManager1->CreateMesh3dTetBuilder(nullCAE_Mesh3d);
mesh3dTetBuilder1->ElementType()->SetElementTypeName(pointNumber);
mesh3dTetBuilder1->PropertyTable()->SetIntegerPropertyValue("edge shape", 2);
mesh3dTetBuilder1->PropertyTable()->SetBaseScalarWithDataPropertyValue("quad
mesh node coincidence tolerance", "0.0001", unit1);
......
```

5. 编译链接生成动态链接库文件

最终确认代码无误后，可通过单击 Visual Studio 2012 界面左上角“本地 Windows 调试器”，完成 DLL 文件的生成。

5.5　实 例 验 证

本节以采煤机内牵引部行星轮架 1 的线性静力学分析和疲劳分析为例，详细介绍参数化 CAE 分析子系统的使用。对于模态分析和瞬态分析，其操作步骤与线性静力学分析相似；对于频率响应分析，其操作步骤与疲劳分析相似，但有一点需要特别注意的是：频率响应分析是在模态分析的基础上进行的。具体操作步骤如下。

1. 行星轮架 1 线性静力学分析

(1) 启动 NX9.0 并加载内牵引部行星轮架 1 三维模型，在图 5-10 所示菜单中依次单击“采煤机参数化设计与分析系统”→“参数化 CAE 分析子系统”→“参数化线性静力学分析”→“行星轮架 1”→“创建行星轮架 1 有限元(Fem)模型”，弹出如图 5-22 所示的对话框。

(2)选择“指派材料”为钢,“网格类型”为 3D 四面体网格,“节点数量”为 CTETRA(10),“网格大小”设置为 21.0000，单击“确定”按钮生成的有限元 Fem 模型如图 5-23 所示。

图 5-22　创建有限元 Fem 模型对话框

图 5-23　有限元 Fem 模型

(3)依次单击图 5-10 所示菜单中的“采煤机参数化设计与分析系统”→“参数化 CAE 分析子系统”→“参数化线性静力学分析”→“行星轮架 1”→“创建行星轮架 1 仿真(Sim)模型”，弹出如图 5-24 所示对话框，“载荷大小”均设置为 10000.000，单击“确定”按钮生成的仿真模型如图 5-25 所示。

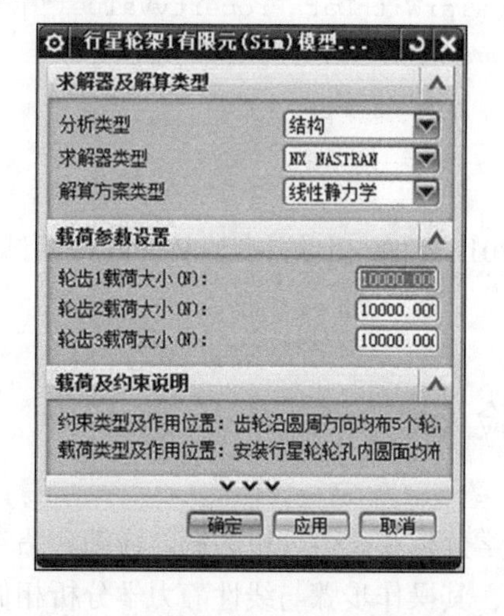

图 5-24　创建仿真 Sim 模型对话框图

图 5-25　仿真 Sim 模型

(4)单击“CAE 模型检查及解算”按钮，系统可自动调用 NX NASTRAN 解算器对模型进行分析，待作业完成后可通过可视化后处理功能查看分析结果。其中行星轮架 1 应力云图和位移云图分别如图 5-26 和图 5-27 所示。

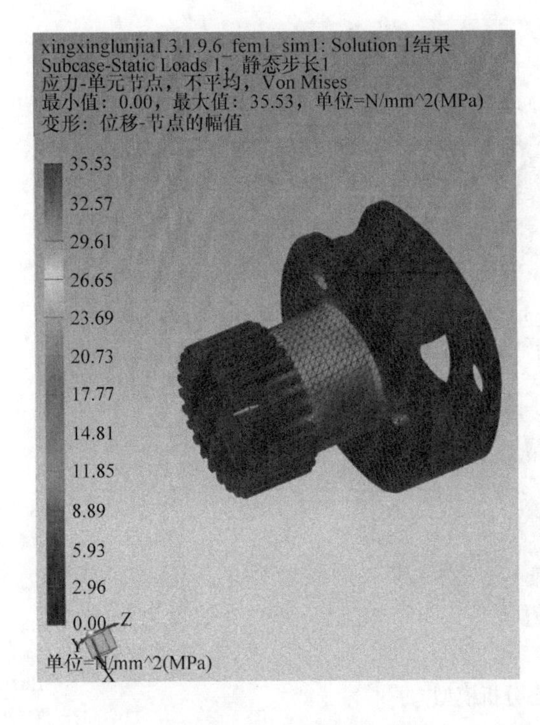

图 5-26　应力云图

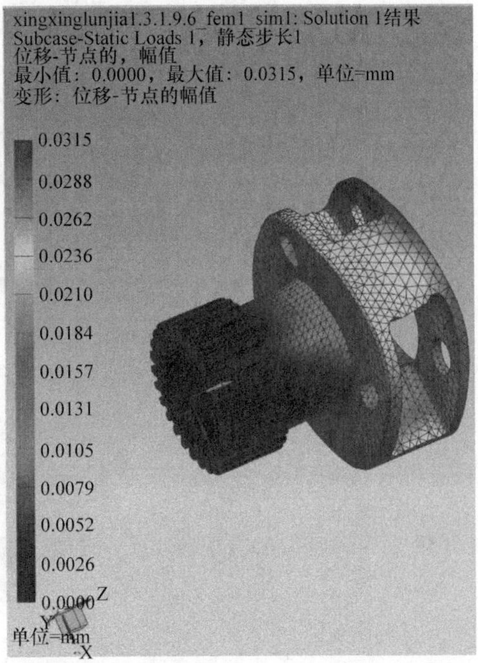

图 5-27　位移云图

2. 截割部摇臂传动齿轮系截三轴齿轮模态分析

(1) 在菜单中选取“截三轴齿轮”，系统弹出功能选择对话框和模态分析对话框，如图 5-28 所示。

(2) 在对话框中选择“模态分析”并输入分析参数，单击“确定”按钮，完成截三轴齿轮模态分析模型的建立，如图 5-29 所示。

图 5-28　模态分析对话框

图 5-29　模态分析模型

3. 截割部摇臂传动齿轮系截三齿轮轴瞬态分析

(1)在菜单中选取“截三齿轮轴”，系统弹出功能选择对话框和瞬态分析对话框，如图 5-30 所示。

(2)在对话框中选择“瞬态分析”并且输入分析参数，单击“确定”按钮，完成截三齿轮轴瞬态分析模型的建立，如图 5-31 所示。

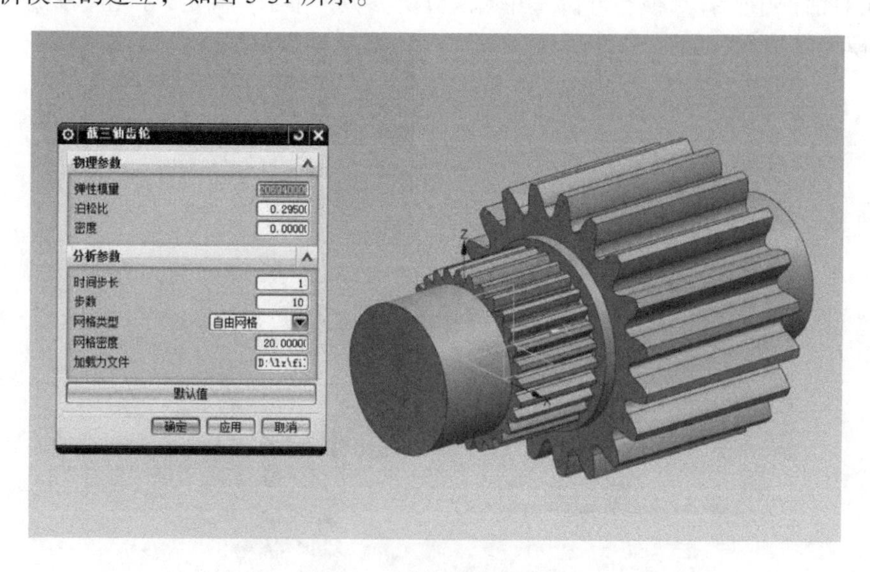

图 5-30　瞬态分析对话框

图 5-31　瞬态分析模型

4. 行星轮架 1 疲劳分析

(1) 在线性静力学分析仿真 Sim 环境中，依次单击“采煤机参数化设计与分析系统”→“参数化 CAE 分析子系统”→“参数化疲劳分析”→“行星轮架 1”，弹出如图 5-32 所示对话框。

(2) 保持图 5-32 中的参数不变，单击“确定”按钮，系统可自动对零件进行耐久性分析，待分析完成后可通过后处理功能查看分析结果。疲劳安全系数如图 5-33 所示。

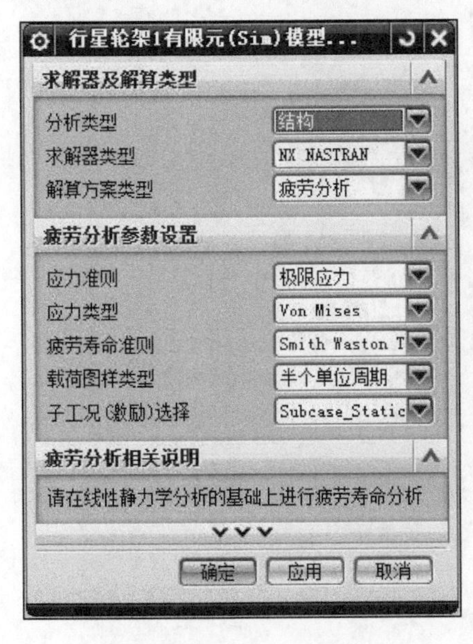

图 5-32　疲劳分析对话框

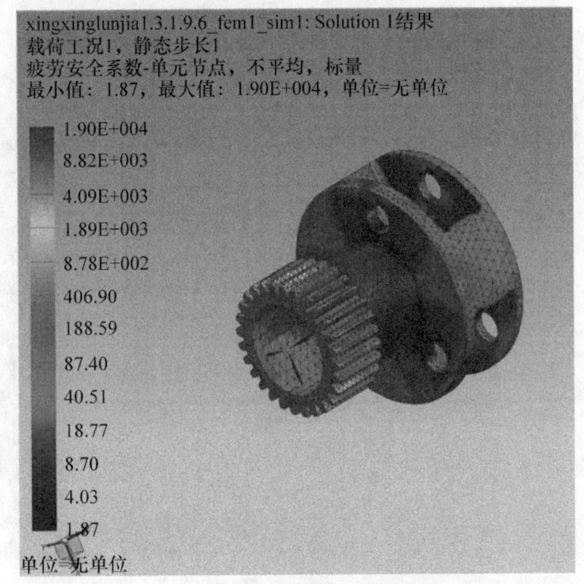

图 5-33　疲劳安全系数

5. 截割部摇臂传动齿轮系截四轴频率响应分析

(1)在菜单中选取“截四轴”，系统弹出功能选择对话框和频率响应分析对话框，如图 5-34 所示。

(2)在对话框中选择“频率响应分析”并且输入分析参数，单击“确定”按钮，完成截四轴频率响应分析模型的建立，如图 5-35 所示。

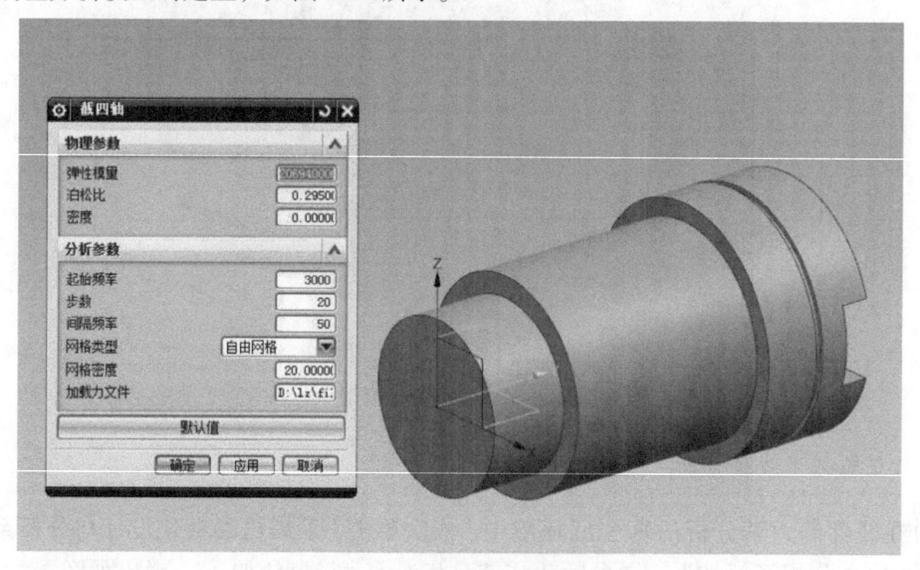

图 5-34　频率响应分析对话框

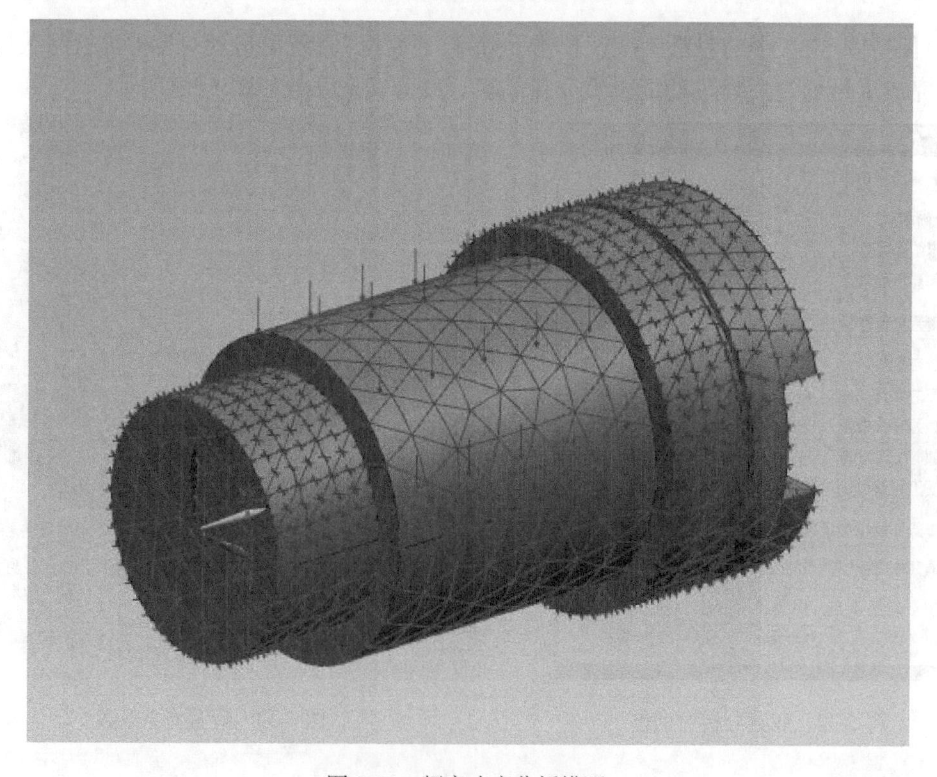

图 5-35　频率响应分析模型

5.6 本章小结

本章研究了参数化CAE分析的实现原理和方法，通过研究基于NX NASTRAN的参数化有限元分析关键技术并获取系统开发所需的接口函数，实现了采煤机关键零部件静力学和动力学分析的自动化。设计了参数化 CAE 分析子系统的总体框架和功能设计，利用 NX NASTRAN二次开发技术，开发了采煤机参数化CAE分析子系统。最后，以采煤机内牵引部行星轮架 1 线性静力学分析和疲劳分析、截割部摇臂传动齿轮系截三轴齿轮模态分析和截割部摇臂传动齿轮系截三齿轮轴瞬态分析以及截割部摇臂传动齿轮系截四轴频率响应分析为例，验证了参数化CAE方法的可行性与有效性。

本章彩色插图

第 6 章　基于 NX NASTRAN 的采煤机参数化优化设计子系统

6.1　引　　言

机械优化设计方法是在实际工作情况和设计需求的约束下，选择一组相互独立的设计参数，建立数学模型对该零件设计要求进行抽象表达，在可行范围内寻求最优设计方案的过程。伴随着计算机技术的迅速发展，机械优化设计方法从理论上可行到实际应用在设计方案中完成了实质性的发展，并且已经存在大量专门进行优化设计的软件应用程序。因此，机械优化设计方法对于采煤机性能的改善、质量的改进和设计效率的提高起到了至关重要的作用。传统的优化过程根据 CAE 分析结果，建立优化模型进行优化，然后根据优化结果重新修改三维模型。这些过程都是断裂的、不连续的，增加了设计人员的工作量。由于采煤机关键零部件需要多次进行优化设计，每一次进行优化设计时都需要将产品动力学仿真分析结果转化为数学模型，这样的重复过程会浪费大量的设计成本。

针对上述问题，本章提出参数化优化设计方法，有效避免了需要多次将产品动力学仿真分析结果转化为数学模型过程的弊端，优化过程采用计算机程序自动求解，可以快速精确地求解出最优参数，实现在同一个软件平台下建模、分析、优化过程的集成，优化的结果可以直接返回驱动模型的完善。参数化优化设计方法较“设计—分析—优化—再设计”的传统优化方法，极大地缩短了产品开发周期，提高了产品设计效率，降低了产品设计成本。

6.2　参数化优化设计子系统总体设计

6.2.1　参数化优化设计原理与方法

优化设计是在约束条件的前提下，通过迭代运算，求解出满足目标函数的最优设计变量值，是计算机技术和数学规划理论的有机结合，其基本原理如图 6-1 所示。在数学模型的抽象过程中，首先，要确定分析的设计变量，如模型的横截面尺寸、材料特性常数、草图参数等；其次，要确定优化分析的约束条件，这些约束条件是保证结构在优化过程中始终能够满足性能要求的前提，如结构一阶频率大小、X 方向位移、Y 方向位移、Z 方向位移、强度和刚度等；最后，要确定优化的目标函数，如质量最小、体积最小和变形最小等[54]。

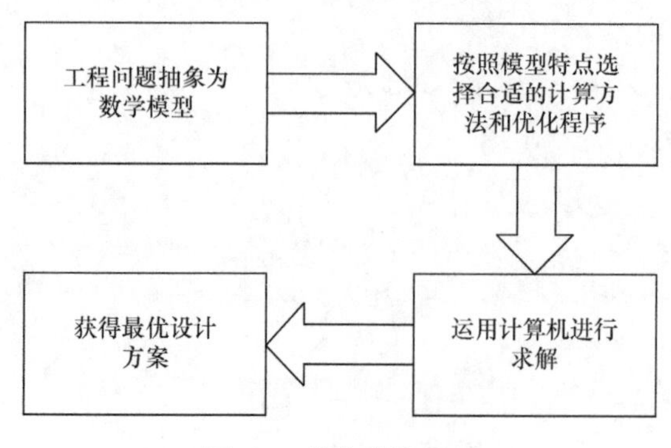

图 6-1　优化设计原理

自 1960 年以来，在经历近 60 年的发展后，优化设计技术的应用范围已从最初的航空航天领域逐渐拓展到汽车、机械、船舶、医疗等领域，并取得了丰硕的成果。其优化方法主要包括如下五种：无约束优化方法，该方法是优化分析的基础；约束优化方法，该方法应用最为广泛；多目标函数优化方法，该方法在满足约束条件的前提下，通过修改设计变量，求解出一系列的非劣解，然后从中选出最优解；离散变量优化设计方法；模糊优化设计方法。

6.2.2　参数化优化设计子系统结构设计

参数化优化设计子系统在结构上位于采煤机动态分析系统最底层，首先通过参数化 CAD 建模子系统建立零件三维模型，然后应用参数化 CAE 分析子系统完成模型的有限元分析。参数化优化设计子系统获取有限元分析的结果，再依据获取的用户输入的目标函数、设计变量和约束变量，通过迭代解算模块，完成模型的优化分析。参数化优化设计子系统结构框架如图 6-2 所示。

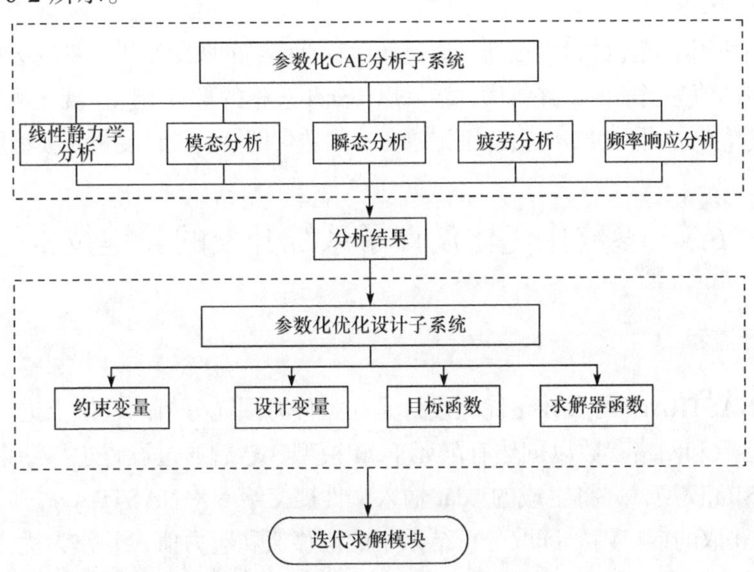

图 6-2　参数化优化设计子系统结构框架

6.2.3　参数化优化设计子系统功能设计

参数化优化设计子系统主要包括三个功能模块：界面模块、迭代求解模块和更新显示模块。界面模块主要由菜单和对话框构成；迭代求解模块主要由灵敏度分析和设计约束变量目标函数构成；更新显示模块主要包括原三维模型设计变量更新和通过表格文件显示结果。参数化优化设计子系统功能模块如图 6-3 所示。

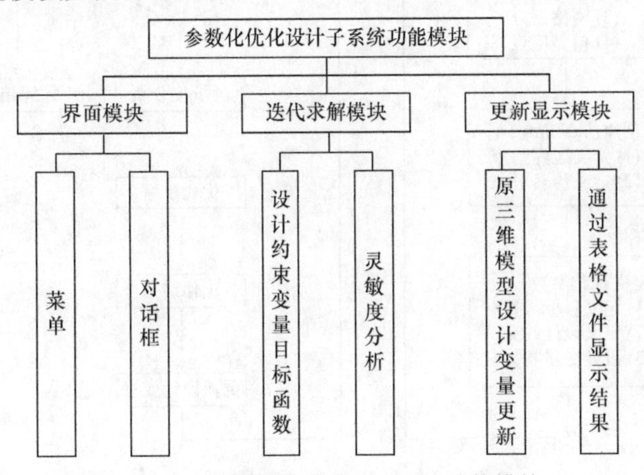

图 6-3　参数化优化设计子系统功能模块

1) 界面模块

界面模块为人机交互提供可视化的操作环境，用户可通过菜单选择需要进行优化分析的零件，并在弹出的对话框中设置或选择目标函数、设计变量及约束变量以对模型进行优化解算。

2) 迭代求解模块

迭代求解模块主要用于在用户指定的迭代次数内，通过获取用户的输入参数，求解在满足约束条件的情况下，使目标函数达到最优解时的设计变量值。若分析结果不收敛，则可通过灵敏度分析确定对结果影响最大的设计变量，然后进行迭代求解，直至求得目标函数最优解。

3) 更新显示模块

更新显示模块用于模型的自动更新。通过迭代解算得到的收敛结果，系统会自动修改原三维模型中设计变量的值为当前值，并将优化结果以 Excel 表格的形式予以呈现。例如，对于目标函数为质量最小的优化分析，表格中会详细记录每一次迭代解算后设计变量及模型质量的当前值。

6.3 参数化优化设计子系统开发的关键技术

6.3.1 程序执行流程

基于 NX NASTRAN 的参数化优化设计是在零件有限元分析的基础上进行的。程序首先通过设置材料参数和网格参数以创建有限元 Fem 模型；然后通过设置边界约束条件和施加载荷以创建仿真 Sim 模型，并将生成的*.dat 输入文件提交给 NX NASTRAN 进行解算；接着应用 Journal 工具获取的接口函数读取分析结果中的位移值和应力值，并作为优化分析时约束条件的参考值和约束要求；最后定义目标函数和设计变量，应用优化设计子系统的迭代求解模块完成结构的优化分析。基于此，设计的优化设计程序执行流程如图 6-4 所示。

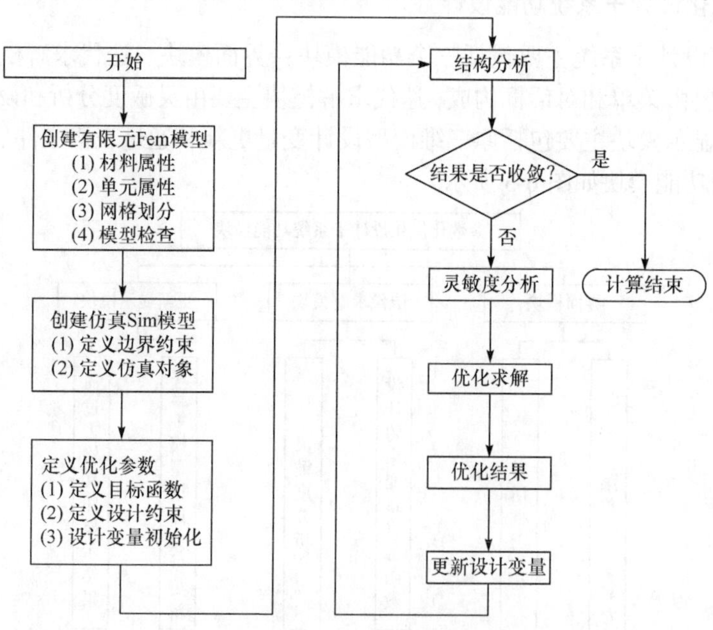

图 6-4 优化设计程序执行流程

6.3.2 接口函数及类库

为实现系统特定功能所需的接口函数通常被 NX 封装在 CAE 命名空间下的不同类中，在程序实现过程中，首先要创建相应类的对象，然后通过指针调用类成员函数。对于参数化优化设计子系统的开发，可通过 DAOSolution 类和 DAOSolutionBuilder 类创建几何优化解算方案；通过 SimSolution 类获取有限元分析结果；通过 DAOObjective 类设置优化目标；通过 DAOConstraint 和 DAOConstraintBuilder 类创建约束条件，包括约束类型、限制类型及限制阈值；通过 ResultMeasureResultOptions 类和 Result 类获取结果测量中的约束对象；最后，通过 DAODesignVariableBuilder 和 DAODesignVariable 类创建设计变量，包括设计变量对象及上下限值。调用的相关类库及功能如图 6-5 所示。

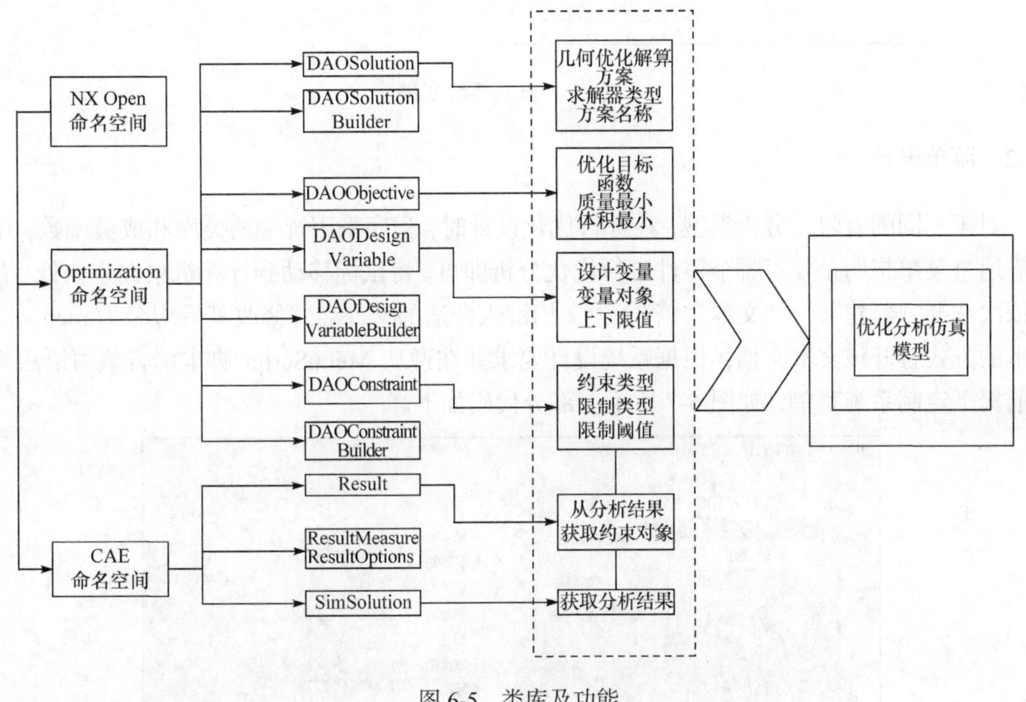

图 6-5 类库及功能

6.4 参数化优化设计子系统的开发与实现

6.4.1 设置环境变量

由 Visual Studio 2012 编译链接生成的包含参数化优化设计应用程序的动态链接库文件，通常情况下不会被 NX 自动加载应用，需要通过 NX “文件” 下拉菜单下的 NX Open 命令来加载执行。为使项目目录中所存放的菜单文件、工具条文件、对话框文件及动态链接库文件能够在 NX 启动时被自动加载，必须设置环境变量。此外，基于内部模式所开发的参数化建模或分析系统想要在其他计算机上运行，也必须设置相应的环境变量。基于本系统所注册的项目开发目录，在 Windows 7 系统环境中，右击 “计算机”，选择 “属性”，依次找到 “高级” → “环境变量”，添加系统变量名为 UGII_USER_DIR，变量值为 E:\NX9Dev，如图 6-6 所示。

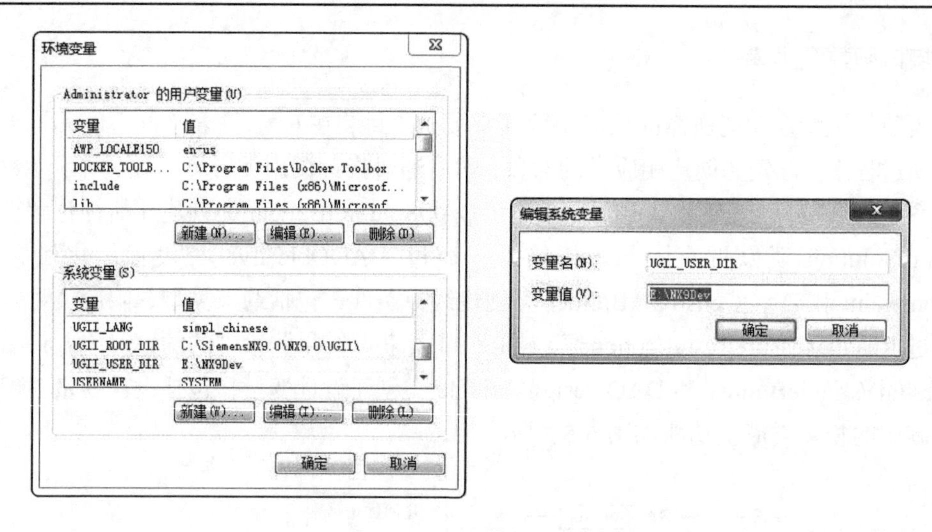

图 6-6　新建系统变量

6.4.2　菜单设计

对于不同的有限元分析类型，在进行优化设计时，程序采用统一的类库和成员函数，用户只需通过菜单指明是要对哪个零件进行优化分析即可。将鼠标移动到计算机桌面空白处，右击后依次选择“新建”→“文本文档”，为文档键入合适的文件名并修改其后缀名为.men。以记事本的方式打开该文本文档，根据系统设计要求并在遵从 MenuScript 脚本语言编写语法规则的前提下定制系统菜单，如图 6-7 所示。部分代码如下。

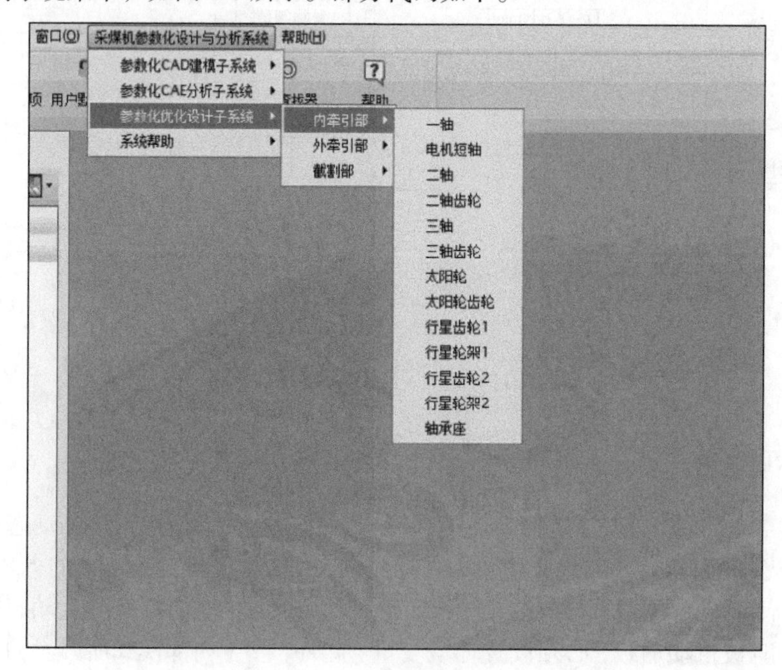

图 6-7　优化设计菜单

```
VERSION 120
EDIT UG_GATEWAY_MAIN_MENUBAR
BEFORE UG_HELP
CASCADE_BUTTON CUSTOM_MENU
LABEL 采煤机参数化设计与分析系统
END_OF_BEFORE
......
MENU CUSTOM_MENU
CASCADE_BUTTON CUSTOM_MENU_3
LABEL 参数化优化设计子系统
......
MENU CUSTOM_MENU_3
CASCADE_BUTTON BUTTON_SUBCAE_MENU11
LABEL 内牵引部
CASCADE_BUTTON BUTTON_SUBCAE_MENU21
LABEL 外牵引部
CASCADE_BUTTON BUTTON_SUBCAE_MENU31
LABEL 截割部
......
MENU BUTTON_SUBCAE_MENU11
BUTTON JM_NQY_BUTTON_1.2.12
LABEL 一轴
ACTIONS YiZhou_Optimization.dll
......
```

6.4.3　对话框设计

对话框是实现人机交互的可视化界面，程序通过获取对话框中不同控件的属性值以得到用户的输入参数，然后把参数转换为合适的数据类型传递到相应的接口函数，以实现系统特定功能。启动 NX9.0 并进入建模环境，依次单击“启动”→“所有应用程序模块”→“块 UI 样式编辑器”进入 UI 设计模块，以采煤机内牵引部二轴为例，综合利用表达式、枚举、整数、双精度和组块，设计的对话框如图 6-8 所示。

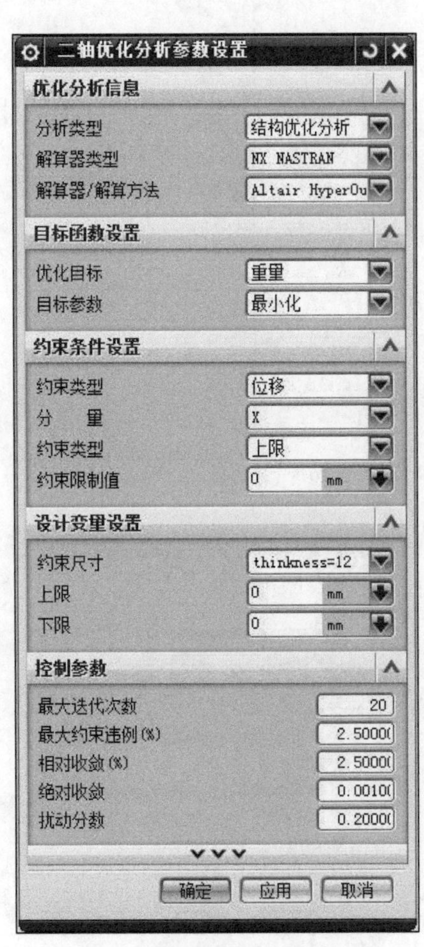

图 6-8　优化设计对话框

对话框由五个组构成：“优化分析信息”组显示当前分析类型、解算器类型和解算方法；“目标函数设置”组包含两个枚举块，“优化目标”块有重量、体积、刚度三个选项可供用户选择，“目标参数”块包含最大化和最小化两个选项；“约束条件设置”组包含三个枚举块和一个表达式，“约束类型”块包含位移、旋转和应力三个选项，“分量”块包含 X、Y、Z，“约束类型”块包含上限和下限两个选项，“约束限制值”用于设置约束变量的阈值大小；“设计变量设置”组包含一个枚举块和两个表达式，“约束尺寸”块列举出当前优化分析可供修改的设计变量，上限和下限用于限制设计变量的变动范围；“控制参数”组包含一个整数块和四个 Double 块，用于设置最大迭代次数和求解器参数，一般默认其参数即可。

6.4.4　项目创建及动态链接库文件生成

在完成系统菜单及对话框的设计，并获取系统开发所需类库和成员函数后，需通过 Visual Studio 2012 集成编译工具建立系统开发项目，然后添加必要的头文件和功能代码，并编译链接生成可被 NX 加载的动态链接库文件。项目创建过程主要包括如下步骤。

(1) 打开 Visual Studio 2012，依次选择“文件”→“新建”→“项目”，弹出“新建项目”对话框，在对话框中依次选择“模板”→“Visual C++”→“NX9 Open Wizard”并设置项目保存路径，项目名称与创建对话框时所使用的名称保持一致，默认解算方案名称，单击“确定”按钮，弹出欢迎界面，如图 6-9 所示，默认页面中所显示的项目设置，单击 Finish 按钮完成项目创建。

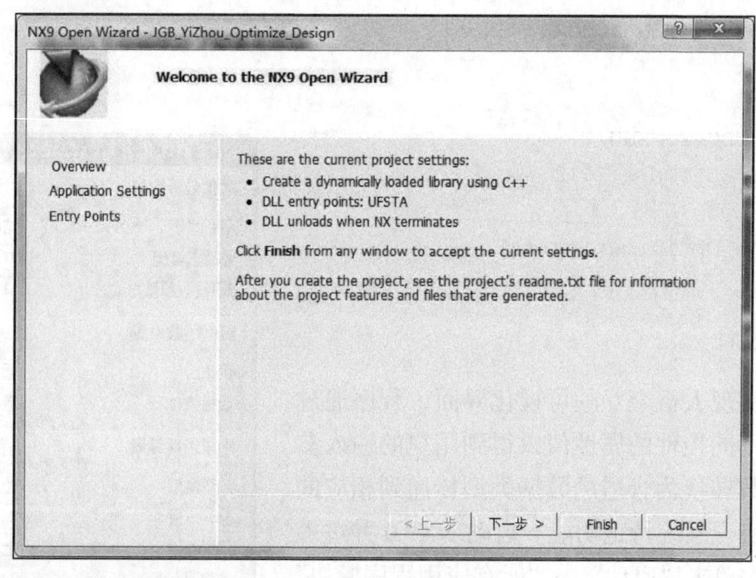

图 6-9　项目默认设置

(2) 打开项目所在文件夹，删除由 Visual Studio 2012 自动生成的头文件和源代码文件，并将创建对话框时所生成的后缀名为.cpp 和.hpp 的文件复制到项目所在文件夹。右击 JGB_YiZhou_Optimize_Design 节点，依次选择“添加”→“现有项”，在弹出的“文件选择”窗口选中添加模板文件，单击“确定”按钮。最终生成的项目解算方案如图 6-10 所示。

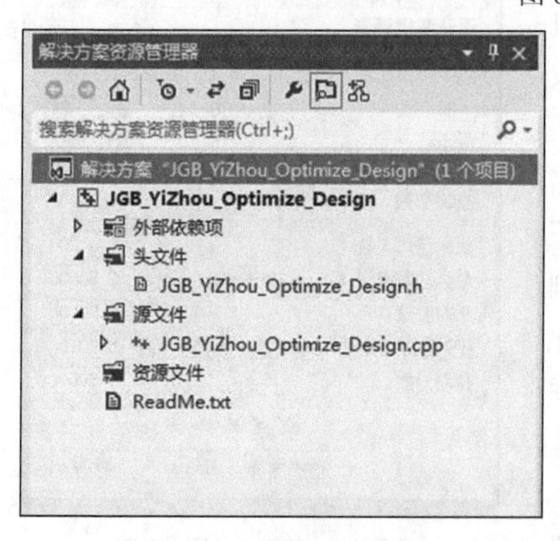

图 6-10　项目解算方案

(3) 打开项目文件，在后缀名为.hpp 的文件中添加系统开发所必要的头文件和函数原型，在后缀名为.cpp 的文件中添加实现系统功能的源代码，编译链接以生成可被对话框调用并执行的 DLL 文件。部分程序代码如下。

```
/*创建优化设计解算方案*/
CAE::Optimization::DAOSolution *nullCAE_Optimization_DAOSolution(NULL);
CAE::Optimization::DAOSolutionBuilder *dAOSolutionBuilder1;
dAOSolutionBuilder1=simSimulation1->OptimizationManager()->OptimizationSolution()
->CreateOptimizationBuilder(nullCAE_Optimization_DAOSolution);
......
/*设置目标函数及单位*/
CAE::Optimization::DAOObjective *dAOObjective1;
dAOObjective1 = dAOSolution1->GetDesignObjective();
dAOObjective1->SetResponse(CAE::Optimization::ResponseWeight);
Unit*unit1(dynamic_cast<Unit*>(workSimPart->UnitCollection()->
FindObject("MilliNewton")));
dAOObjective1->SetTargetUnit(unit1);
......

/*设置约束条件*/
CAE::Optimization::DAOConstraint *nullCAE_Optimization_DAOConstraint(NULL);
CAE::Optimization::DAOConstraintBuilder *dAOConstraintBuilder1;
dAOConstraintBuilder1=dAOSolution1->CreateConstraintBuilder(nullCAE_
Optimization_DAOConstraint);
dAOConstraintBuilder1->SetCategoryType(CAE::Optimization::CategoryAll);
dAOConstraintBuilder1->SetLimitType(CAE::Optimization::LimitLower);
......
/*设置设计变量*/
CAE::Optimization::DAODesignVariable*nullCAE_Optimization_
DAODesignVariable(NULL);
CAE::Optimization::DAODesignVariableBuilder *dAODesignVariableBuilder1;
dAODesignVariableBuilder1=dAOSolution1->CreateDesignVariableBuilder(nullCAE_
Optimization_DAODesignVariable);
......
```

(4)将编译链接好的 DLL 文件复制到项目目录下的 application 文件夹。

6.5　实 例 验 证

以采煤机截割部截一轴为例，在零件线性静力学分析的基础上进行优化分析，操作步骤具体过程如下。

(1)启动 NX9.0 并加载截割部截一轴三维模型，应用参数化 CAE 分析子系统，设置“材料类型”为钢，“网格类型”为 3D 四面体网格，“网格大小”为 6mm，“节点数量”为 CTETRA(10)，创建的有限元 Fem 模型如图 6-11 所示；设置齿轮 1 载荷大小为 8000N，齿轮 2 载荷大小为 7600N，创建的仿真 Sim 模型如图 6-12 所示。

图 6-11　有限元 Fem 模型

图 6-12　仿真 Sim 模型

(2)单击“解算”按钮，待作业完成后通过后处理器功能查看模型应力云图如图 6-13 所示，位移云图如图 6-14 所示。

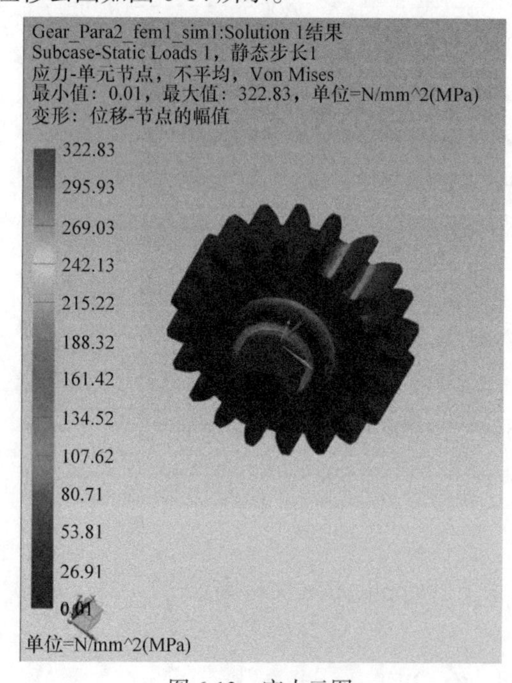

图 6-13　应力云图

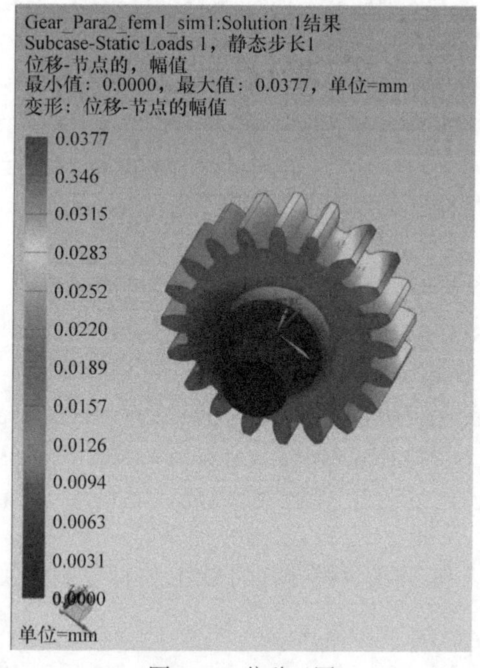

图 6-14　位移云图

(3)依次单击“采煤机参数化设计与分析系统”→“参数化优化设计子系统”→“截割部”→“截一轴”，弹出类似图 6-8 所示的“截一轴优化分析参数设置”对话框。设置“优化目标”为重量，“目标参数”为最小化；“约束类型”为位移，“分量”为 X，“约束类型”为下限，“约束限制值”为−0.6mm；“设计变量 1”选择为齿宽 B，“上限”设置为 27mm，“下限”设置为 26mm；“设计变量 2”选择轴径 D3，“上限”设置为 66mm，“下限”设置为 36mm；“控制参数”组保持默认设置，单击“确定”按钮进行迭代解算。

(4)待分析完成后，可通过系统自动弹出的 Excel 表格查看详细优化分析结果。对于本实例最终求得的目标最优解为 11199.35mg，设计变量分别为：D3=35mm，B=22.5mm。优化结果如图 6-15 所示。

	A	B	C	D	E	F
1	**优化历程**					
2	基于 Altair Hyprout					
3						
4	**设计目标函数结果**					
5	最小值 重量 [mg]	0	1	2	3	
6		12368.64	12467.48	12747.32	11199.35	
7						
8	**设计变量结果**					
9	名称	0	1	2	3	
10	"Gear_Para2"::D3=40	40	42	40	35	
11	"Gear_Para2"::B=25	25	25	26	22.5	
12						
13	**设计约束结果**					
14		0	1	2	3	
15	Result Measure					
16	下限 = -0.050000 [mm]	-0.02066	-0.01959	-0.02071	-0.02447	
17						
18						
19	**找不到更佳的设计，运行已收敛。**					
20						
21						
22						

图 6-15　优化结果

6.6　本章小结

本章研究了基于 NX NASTRAN 的参数化优化设计的原理和方法，并分析了优化分析应用程序实现过程中所使用的类库及成员函数。以 NX9.0 为开发平台，在 Visual Studio 2012 集成编译环境下开发了采煤机参数化优化设计子系统，并以采煤机截割部截一轴为例，通过对其进行线性静力学的优化分析，验证了参数化优化设计方法的可行性与有效性。

本章彩色插图

第 7 章　基于 ADAMS 的采煤机在线参数化仿真子系统

7.1　引　　言

在采煤机的设计过程中，不仅需要对采煤机关键部位进行 CAE 分析来保证其满足工作强度及得到最优零部件结构，而且需要对所设计的采煤机进行运动学仿真来保证所设计的采煤机在实际作业中满足正确的运动形式。现阶段，企业内 CAE 软件的使用大都还局限于单机环境，并且基于 ADAMS 软件的动力学分析技术对计算机硬件和研发人员技术能力要求高。在动力学分析过程中，为了获取运动机构的动力学最优解，设计人员经常需要对机构进行多次重复建模和对仿真过程中的运动状态等进行多次调整，使得采煤机的研发周期延长，降低了研发效率。此外，许多企业为了满足 CAE 分析的需求，需要花费大量资金用于购买 CAE 分析软件和对设计人员进行 CAE 分析技术培训等，加大了产品生产成本。如今企业面对日益激烈的市场竞争，对提高企业产品开发能力的需求越来越强，但是如果购置动辄上百万的 CAE 分析软件,还需要进行培训或招聘精通 CAE 分析的工程师,对于企业尤其是中小规模的企业来说，需要付出高额的成本和进行长期的训练，显然是不现实的。

随着互联网的普及，各种 CAE 软件融入了 Web 技术，在网络环境下支持协同设计、异地设计和知识共享已成为 CAE 技术新的发展特点[55]。动态网络技术、组件技术、数据库技术等使得远程 CAE 分析成为了可能。目前许多学者对远程设计进行了研究[56-58]，但关于远程动力学分析研究的文献仍鲜有。

本书提出了网络环境下基于 ADAMS 的采煤机动态分析方法，面向不同的设计人员，满足不同设计人员的需求。运用在线参数化建模和仿真方法对采煤机运动机构进行在线动力学仿真分析计算，用户在客户端浏览器输入模型数值和运动数值等，服务器根据用户的数值实例化相关模型，控制仿真过程，实现网络环境下采煤机关键零部件的在线参数化仿真，使设计人员摆脱传统方法的重复劳动。同时，由于使用服务器资源，企业不需要购买 CAE 软件，企业内部的计算机资源和网络资源得到了最优化的配置利用，有效缓解了企业对仿真技术日益增长的需求与科研资金投入不足之间的矛盾，缩短了产品研发周期，增强了企业竞争力。

7.2　系统设计基本原理

7.2.1　ADAMS 仿真方式

ADAMS 支持两种形式的仿真，包括基于 View 界面的交互式仿真和基于 Solver 求解器的批处理仿真，这两种形式都有相应的外部调用方法。ADAMS/View 是以用户为中心的可视化前处理模块，以人机交互的方式建立机械系统模型，同时集成了仿真、优化分析的功能。其采用 Parasolid 内核进行实体建模，提供了丰富的零件图形库、约束库和函数库等[59]。ADAMS/Solver 是 ADAMS 软件的求解器，能够以数字模型为基础自动建立动力学模型，形成机械系统模型的动力学方程，进行静力学、动力学和运动学分析，并且支持用户自定义 C++子程序。该模块既可以集成在 ADAMS 前处理模块下使用，也可以从外部直接调用；既可以进行交互式的解算过程，也可以进行批处理的解算方式。求解器导入模型后自动校验模型，再进行初始条件分析，最后进行后续的各种解算过程。

ADAMS 提供了几种不同类型的文件保存模型数据，主要有 ADAMS/View 二进制数据库文件、ADAMS/View 命令文件和 ADAMS/Solver 模型语言文件，表 7-1 列出了三种文件类型的对比。ADAMS/Solver 求解器在仿真结束后会自动生成几种不同类型的结果文件，用户定义的输出变量输出到 REQ 格式的文件中，默认输出变量输出到 RES 格式的文件中，图形结果输出到 GRA 格式的文件中，用户自定义的输出变量以列表的形式输出到 OUT 格式的文件中，仿真过程中的警告信息和错误信息输出到 MSG 格式的文件中。其中 RES 格式的文件中的数据格式为有序排列，并且可以通过外部程序进行读取，为 ADAMS 软件的二次开发提供了便利。

表 7-1 文件类型对比

文件源	文件格式	所包含的信息	能否编辑
ADAMS/View 二进制数据库文件	.bin	软件环境设置、模型信息、拓扑结构信息、工况信息、仿真信息以及后处理结果信息	不能编辑、阅读，只能通过 ADAMS/View 调阅
ADAMS/View 命令文件	.cmd	拓扑结构信息、模型信息、仿真信息	可读性强，可进行编辑，可以通过 ADAMS/View 调阅
ADAMS/Solver 模型语言文件	.adm	模型信息、拓扑结构信息	可编辑，与 ADAMS/Solver 仿真控制脚本文件配合可以直接利用 ADAMS/Solver 求解仿真

综合考虑 ADAMS 软件的接口功能、核心模块的操作方式及不同类型的文件之间的优缺点后，本书采用以下方式设计在线参数化仿真子系统：后台采用 C#的 Process 类创建进程实现 ADAMS/Solver 模块的远程调用，将模型语言文件与仿真脚本文件相配合进行直接求解。采用此种方法得到的仿真结果可以直接使用 C#命令在系统后台进行结果数据的读取并返回给用户。

7.2.2 模型语言与仿真控制脚本语言

ADAMS 模型语言（ADAMS Data Language）文件中包括了建模、拓扑结构和仿真参数等信息，有自己的语法规则。按照功能可以将模型语言分为开头结尾、惯性单元、几何单元、约束单元、力元、系统模型单元、轮胎单元、数据单元、分析参数单元和输出单元。除开头结尾外，其余模型语言必须按照如下格式书写：

$$\text{NAME/[id,]ARG}_1\left[=\begin{Bmatrix} v_1,\cdots,v_n \\ c(v_1,\cdots,v_n) \\ e \end{Bmatrix}\right],\cdots,\text{ARG}_n\left[=\begin{Bmatrix} v_1,\cdots,v_n \\ c(v_1,\cdots,v_n) \\ e \end{Bmatrix}\right]$$

ADAMS 仿真控制脚本（ADAMS Solver Command File）可以指定仿真类型，控制仿真过程，显示仿真输出和状态信息。可以利用文本编辑器输入仿真控制命令，最后将文本后缀名更改为.acf。仿真控制脚本编写具有一定的规定。

(1)命令第一行要么为空，要么必须包括模型语言文本的名字。

(2)若命令第一行为空，则第二行必须是一个 File 命令（指定了模型语言文本），并且指定结果输出文件的名字；若第一行指定了模型语言文本，则第二行只能指定结果输出文件的名字。

(3) 命令最后一行必须以 Stop 结尾。

(4) 中间命令需按照 ADAMS/Solver 命令脚本的指定格式进行书写。

7.2.3 采煤机运动机构建模

采煤机是由多种运动机构组成的复杂机器，可以分为截割部、牵引部、电气系统与附属装置四部分，其中截割部与牵引部承担了采煤机的主要工作，也是采煤机的主要运动部分。从机械结构来分析，采煤机属于多体机械系统，系统既要承受内部零件之间的相互作用力，又要承受系统外部的外力或者外力矩。综合考虑目前的技术水平，在开发网络环境下基于 ADAMS 的采煤机动力学分析系统中，将采煤机各零部件全部假定为刚体，因此其属于多刚体系统。计算多刚体系统动力学分析首先需要建模，建模分为几何建模、物理建模和数学建模过程。以采煤机截割部摇臂调高机构为例，分别说明三个建模过程。

1. 几何建模

几何建模是指利用绘图软件，按照设计尺寸比例，以几何信息和拓扑信息反映结构体。

采煤机截割部主要负责落煤、碎煤和装煤，调高机构作为采煤机重要的辅助装置，其作用是控制摇臂及滚筒的高度变化以适应工作面采高范围。调高油缸可以根据实际需求设计位置，灵活多变，目前常采用的有机身下部、机身上部、机身侧面、截割部减速箱内和截割部底端等位置。图 7-1 为按照设计需求、利用 UG 建立的某型号采煤机截割部右摇臂调高机构的三维几何模型，调高油缸位于机身上部，主要由液压装置、提升托架、摇臂、滚筒四部分组成，调高油缸和提升托架分别与机身铰接。采用此种方式，油缸安装、检修方便，刚性好，工作时振动小，调高时拉力小，力臂变化大。采煤机工作时，截割电动机通过摇臂减速齿轮系统带动滚筒转动，截割煤壁实现落煤，因此采煤机的主要负载是由滚筒承担的，摇臂与提升托架通过两个铰接销固定，通过与提升托架相铰接的活塞杆的伸缩实现摇臂的提升与下降。

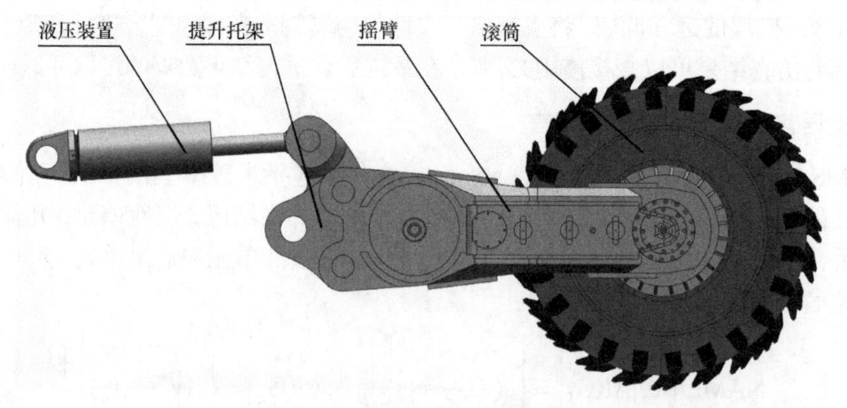

图 7-1 调高机构三维模型

为实现 B/S 模式下采煤机运动机构的参数化建模和仿真过程，参数化仿真子系统利用了 ADAMS 软件自身的建模功能，考虑到 ADAMS 软件自身建模功能比较弱，精确绘制模型的外形操作复杂、比较困难，同时，ADAMS 软件在进行多刚体动力学仿真过程中，起主导作用的是模型的物理特性及外力，模型的外形并不会对仿真结果有太大的影响，因此实际在 ADAMS 中建模时对图 7-1 所示的模型进行了简化，简化后的模型如图 7-2 所示。

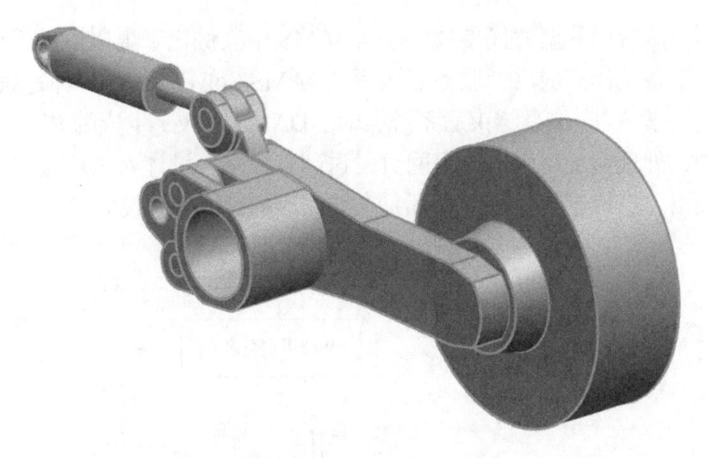

图 7-2 调高机构简化模型

2. 物理建模

在几何建模的基础上对几何模型施加运动学约束、驱动约束、力元和外力或外力矩等物理模型要素的过程称为物理建模[60]。对调高机构进行物理建模，是在图 7-2 的基础上，对模型施加相关的约束，使构件之间相互关联，表 7-2 列出了调高机构物理建模需要施加的约束。建模过程中，将液压装置简化成刚度为 k、阻尼系数为 c 的弹簧模型，同时根据理论力学中力的平移定理，将滚筒上截齿所受的外力平移到滚筒质心。

表 7-2 调高机构构件之间的约束副

<table>
<tr><th>约束副名称</th><th>构件</th><th>约束类型</th></tr>
<tr><td>Joint_1</td><td>调高油缸-机身</td><td rowspan="4">旋转副</td></tr>
<tr><td>Joint_2</td><td>滚筒-摇臂</td></tr>
<tr><td>Joint_3</td><td>提升托架-机身</td></tr>
<tr><td>Joint_4</td><td>活塞杆-提升托架</td></tr>
<tr><td>Joint_5</td><td>油缸-活塞杆</td><td>移动副</td></tr>
<tr><td>Joint_6</td><td>提升托架-摇臂</td><td rowspan="2">固定副</td></tr>
<tr><td>Joint_7</td><td>提升托架-摇臂</td></tr>
</table>

3. 数学建模

数学建模是指在物理建模的基础上，以数学方程代替系统中的每个物体，得到系统数学模型的过程。这个建模过程是由 ADAMS/Solver 模块根据用户输入的物理模型自动完成的。

7.3 系统工作流程

在线参数化仿真子系统工作流程如图 7-3 所示，用户通过浏览器打开系统网站输入个人账号、密码，登录无误后用户可以正常使用系统。进入系统页面后，依次输入各个构件的模型参数并提交。服务器接收到客户端发来的请求后进行调用软件前的准备工作，首先判断服务器的 ADAMS 软件是否正在被占用中，如果软件正在被使用中，系统会等待 5min 后进行再次判断，若没被占用则进入下一步。校验数据包括判断输入的数据格式是否正确、数值是否在设计允许的范围内等。校验完成后系统会对用户提交的模型数值进行初步计算，得到每个构件关键位置点的坐标、质量和转动惯量等数据，然后用数据替代参数，在 ADAMS 中实例化采煤机运动机构模型，生成相应的模型语言文件。准备工作完成后，服务器调用 ADAMS/Solver 读入仿真命令脚本文件和模型语言文件进行机构动力学仿真。仿真结束后系统会对 ADAMS/Solver 生成的 RES 格式的结果文件进行数据读取和处理，处理完成后生成结果网页发送到客户端。设计人员通过客户端浏览器查看仿真结果数据图及表格。系统运行整个过程都是在线完成的，方便快捷。

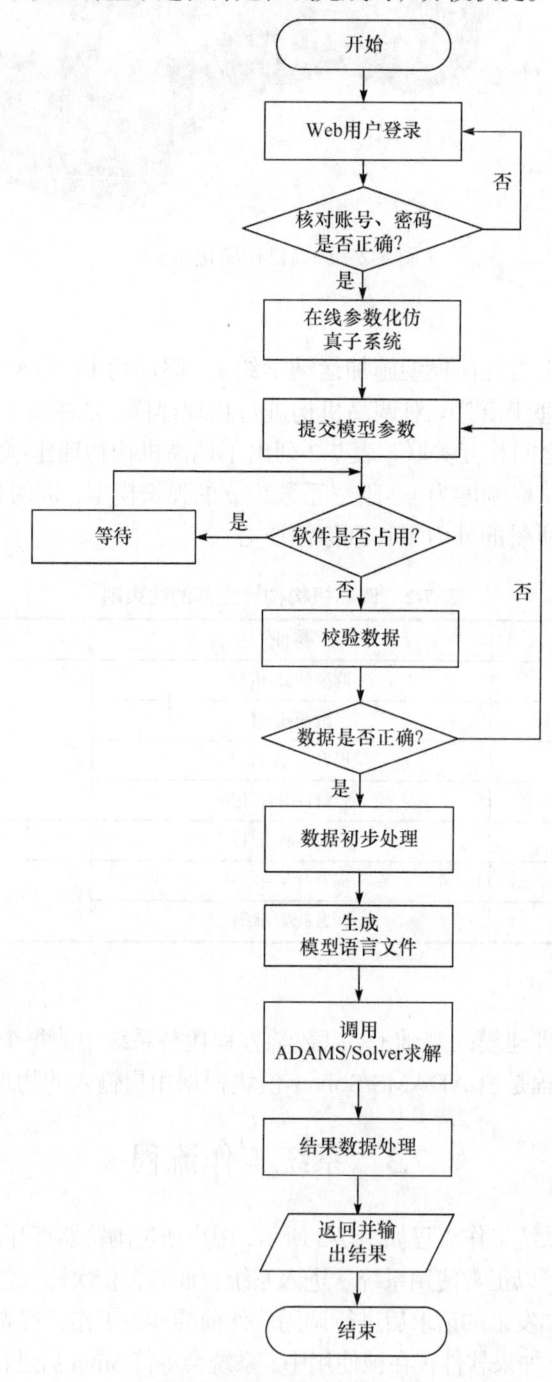

图 7-3　在线参数化仿真子系统工作流程图

7.4　系统实现关键技术

7.4.1　人机交互界面设计

在线参数化仿真子系统采用 DIV+CSS 方式实现页面布局，参数提交页面的布局如图 7-4 所示。页面主要分为三部分：导航栏区域、版权声明注脚区域和主体区域。为了便于用户操作，将主体区域分为了几部分：首先是采煤机运动机构示意图区域，为用户展示模型三维图；中间是构成运动机构的构件模型参数输入区域和二维图区域，对照右边的二维图在左边输入参数，模型一目了然，为了使页面布局更加合理、美观，参数输入区域与二维图区域以 3∶7 比例分布；在主体区域最下方是页面按钮等网页控件区域。

图 7-5 为在线参数化仿真子系统的结果页面布局，主体区域与参数提交页面不同，主要分成以下几个区域：采煤机运动机构示意图区域、网页控件区域、结果数据曲线图显示区域和结果数据表格区域。

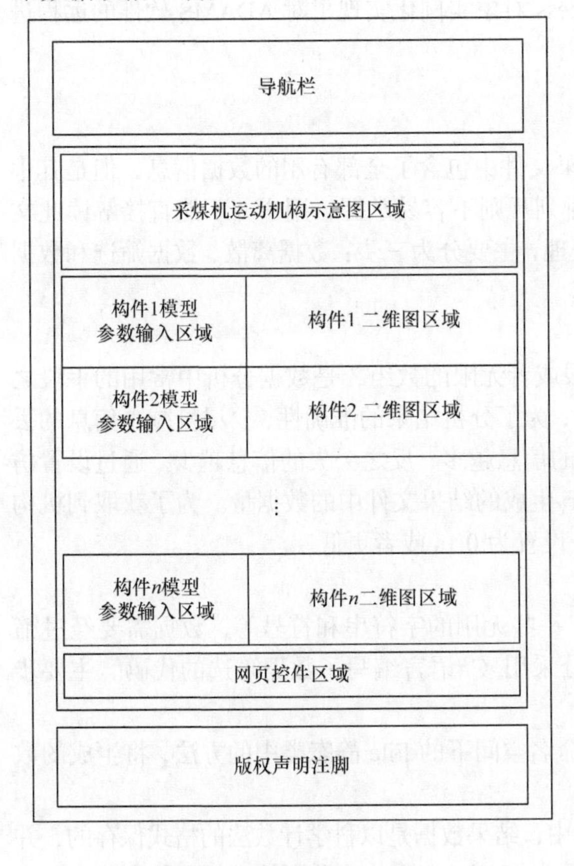

图 7-4　参数提交页面布局

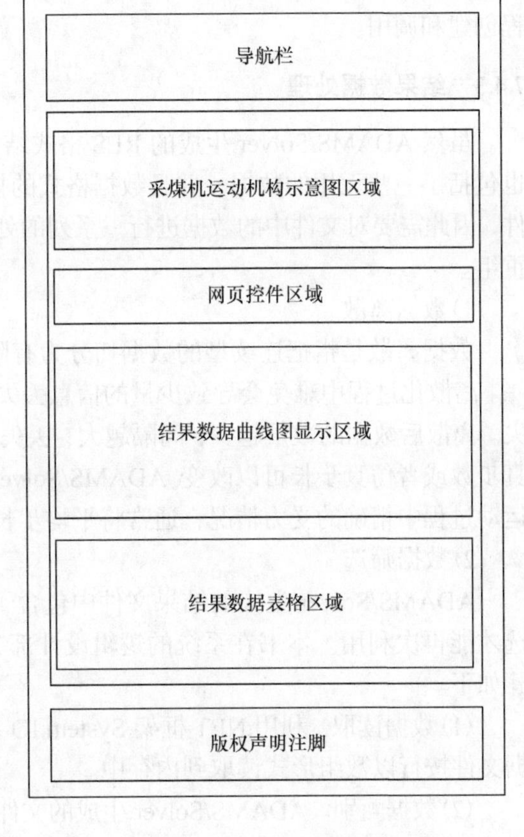

图 7-5　结果页面布局

7.4.2　ADAMS 接口及调用

ADAMS 软件具有强大的接口功能，主要分为两种：一种是与机械建模分析软件之间的接口，包括柔性分析模块（ADAMS/Flex）、控制模块（ADAMS/Controls）、图形接口模块（ADAMS/Exchange）、CATIA 专业接口模块（CAT/ADAMS）和 Pro/E 接口模块（Mechanical/Pro），可以方便快捷地为用户提供数据的交流；另一种是 ADAMS 提供的二次开发及软件调用接口，包括利用 ADAMS 软件开发工具包（SDK）对建模和仿真引擎控制、利用 ADAMS/View 命令进行软件界面定制、利用用户自定义函数进行模型扩展、利用 ADAMS/Solver 模型语言文件和仿真控制脚本文件进行仿真控制。相应地，ADAMS 引擎的外部调用方式可以分为两种：第一种是采用 ADAMS/SDK 提供的 API 函数操作引擎；第二种是利用外部程序将 ADAMS 软件作为代理启动相关模块。

ADAMS/SDK 使用 C 或 C++作为编程接口环境，是贴近软件底层的一种接口，若采用此方法进行二次开发，不仅需要具有专业的编程技术，还要熟练掌握 ADAMS 软件运行时对函数的调用情况，另外，数据的输入和输出不能灵活控制，因此开发难度非常大。

基于 ADAMS 的采煤机动力学分析系统的后台逻辑代码是基于.NET 框架采用 C#语言编写的。.NET 框架为开发人员提供了一个统一的、面向对象的、层次化和可扩展的类库集[61]。Process 类是.NET 类库中的重要组成之一，它的功能是提供对本地或者远程进程的访问权限，使用户可以创建和终止程序。本书通过将 Process 对象实例化实现了对 ADAMS 软件的远程进程创建和调用。

7.4.3　结果数据处理

虽然 ADAMS/Solver 生成的 RES 格式结果文件中包含了全部有用的数据信息，但是其中也包括了一些无用的数据，并且数据格式的排列规则不容易掌握，用户并不能直接解读此文件，因此需要对文件中的数据进行一系列的处理，主要分为三步：数据离散、数据筛选和数据重组。

1）数据离散

数据离散是指把连续型的数据切分为有限或者无限的数组，是数据分析中常用的手段之一。离散化过程中难免会导致少量的信息丢失，为了分析结果的准确性，要尽量减少信息的丢失。离散后数据的数量越少，间隔越大，丢失的信息越多，反之丢失的信息越少。通过设置仿真步数或者仿真步长可以改变 ADAMS/Solver 生成的结果文件中的数据量。为了获取到机构运动过程中精确的受力情况，通常将平均步长设置为 0.1s 或者更低。

2）数据筛选

ADAMS/Solver 生成的结果文件中包含了一些无用的字符串和符号等，数据需要经过筛选才能再次利用。本书在系统的逻辑设计部分采用 C#语言编写了数据筛选的代码。主要步骤如下。

(1) 数据读取。利用.NET 框架 System.IO 命名空间下的 File 静态类中的方法，将生成的数据文件按行以数组形式读取到内存中。

(2) 数据甄别。ADAMS/Solver 生成的文件中，结果数据是以科学计数法的格式保存的，并且数据之间以空格分隔，因此将第一步读取到的数组逐一以空格为分隔符进行字符串分离，再以科学计数法的 C#正则判断式进行字符串判断，若判断为数值则保留在数组中，反之则过滤。

(3) 数据保存。经过第二步处理的数据是系统所需要的结果数据，通过循环输出将数据按照一定的格式输入数据库中，以便结果查看。

3) 数据重组

在 ADAMS/PostProcessor 模块中，每一项仿真结果都有相应的样条曲线，直观明朗，用户容易理解。为了在网络环境下使用户通过网页直观地查看仿真结果，本书将系统结果页面仿照 ADAMS/PostProcessor 的结果查看效果进行了设计。

目前有多种能够实现将数据转化成图标的网页插件，主要分为两类：一类是用客户端脚本语言编写的 Web 前端插件，使用此类插件需要将数据以离散化方式发送给客户端，并在客户端按照特定方式进行重组；另一类是在服务器端将数据重组完成后以网页图表方式发送到客户端。因为经过处理后的结果数据保存在数据库中，数据量庞大，不易以离散化方式发送给客户端再进行重组，而且数据发送到客户端后不容易控制，不易绘制图形，因此本书采用第二种方式实现数据重组。

.NET 框架提供了多种对数据进行操作的控件，可以实现多种效果。本书利用.NET 框架中的<Chart>控件实现数据重组。<Chart>控件是在.NET 2.0 版本之后出现的，因此 Visual Studio 2008 及之前的版本需要单独下载安装<Chart>控件。在界面设计部分加入<Chart>控件的 HTML 代码，在逻辑部分通过代码控制控件生成不同曲线图，可以实现动态页面，代码精简，减少系统冗余。首先与保存仿真结果数据的数据库连接，连接成功后，根据用户需求将数据结果从数据库中读取到内存中，然后将数据绑定到<Chart>控件的 x 轴、y 轴，生成相应的样条曲线图，最后以图表形式将结果页面发送到客户端。经过数据离散、数据筛选、数据重组后生成的曲线图能够再现 ADAMS/PostProcessor 中的结果曲线图，易读性强。

7.5　调高机构在线参数化仿真子系统开发实例

以采煤机摇臂调高机构为例说明在线参数化仿真子系统开发过程中前台网页设计和后台功能设计中的关键技术。

7.5.1　界面设计

由前所述可知，调高机构可以分为液压装置、提升托架、摇臂和滚筒 4 个构件，根据图 7-4 所示的在线参数化仿真子系统的参数提交页面布局图，页面主体部分左边依次列出 4 个构件的参数输入框，右边依次是 4 个构件的二维图。以下是调高机构滚筒的前台页面设计核心代码。

```
<div class="div1">
    <divclass="div2">
        <div>
            <div class="div3">滚筒直径 D: </div>
            <div class="div4">
            <asp:TextBox ID="TextBox1" runat="server" CssClass="tb1">2700
            </asp:TextBox>
            </div>
            <div class="div5">mm</div>
```

```
            </div>
            ......
        </div>
      <asp:Image runat="server" ImageUrl="~/images/guntong.png.png"
        CssClass="image1"></asp:Image>
  </div>
```

调高机构的结果页面根据图 7-6 布局，核心部分为结果数据曲线图显示区域，前台页面设计中采用了 ASP.NET 平台提供的<Chart>控件。<Chart>控件的可视化属性和数据源既可以在前台设置，也可以通过后台代码控制，由于要根据用户选择显示不同的数据曲线图，所以调高机构的结果页面中的<Chart>控件采用了通过后台代码控制。以下是调高机构结果页面的结果数据曲线图显示区域核心代码。

```
  <divclass="div1">
      <asp:Chart ID="Chart1" runat="server">
          <Series>
              <asp:Series Name="Series1"></asp:Series>
          </Series>
          <ChartAreas>
              <asp:ChartArea Name="ChartArea1"></asp:ChartArea>
        </ChartAreas>
      </asp:Chart>
  </div>
```

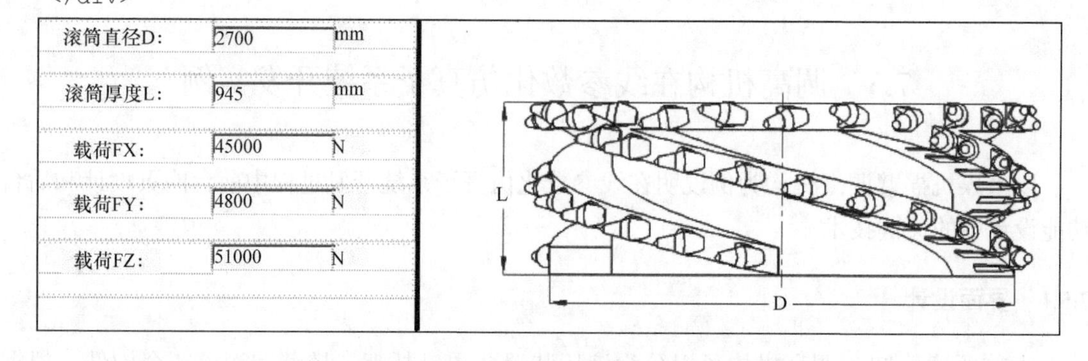

图 7-6 采煤机滚筒参数提交界面

7.5.2 数据预处理

数据预处理分为两步：第一步，数据格式转换；第二步，数据计算。从客户端<Textbox>控件中提交到服务器的数据类型默认为 String，为了方便数据计算及存储，需要将数据类型转换为 Double。C#语言并不支持这两种数据类型间的显示转换，需要使用 Convert 类强制转换，以调高机构中滚筒构件的厚度参数为例，以下是后台对厚度数值的数据类型强制转换代码。

```
Session["LengthGT"] = TextBox2.Text.ToString();
LengthGT = Convert.ToDouble(Session["LengthGT"]);
```

第二步数据计算，根据用户提交的数值计算模型的一些基本信息，包括构件体积、质量、转动惯量和质心位置等进行数据计算。以调高机构的滚筒构件为例，根据图 7-2 所示的调高机构简化模型，滚筒以圆柱体代替，其体积计算代码如下。

```
Volume13Part = Math.Pow(RadiusGT, 2.0)* Math.PI * LengthGT;
```

7.5.3　模型文件

采用 ADAMS 模型语言编写，包括建模、添加运动副和添加运动等。

```
PART/12, MASS = 42208.4589441325, CM = 58, IP = 38462458212, 22372329860,
22372329860
```

以上是建立滚筒模型的开头代码，代码中包括了滚筒的质量、转动惯量和质心标记点的 ID 信息。

```
JOINT/5, REVOLUTE, I = 25, J = 26
```

以上是建立滚筒与摇臂之间旋转副的模型语言，I 和 J 分别是滚筒与摇臂建立关系副的标记点的 ID，需要注意的是，I 和 J 点虽然坐标位置一样，但位于不同的构件上。

```
MOTION/1, TRANSLATIONAL, JOINT = 13, FUNCTION =step(time,0,0,6. 89,689)+
step(time,6.89,0,16.63,-974)+step(time,16.63,0,19.48,285)
```

以上是为调高机构的液压装置施加运动的代码，使用了 ADAMS 中的 step 函数，指定运动方式如下：首先压缩液压缸，带动摇臂和滚筒向上提升；然后液压缸膨胀，带动摇臂和滚筒向下运动。

7.5.4　数据筛选

数据筛选由参数提交页面后台完成，这部分以 C#正则判断式将数据从仿真结果文件中筛选出来。使用正则判断式需要首先在代码开头添加命名空间 System.Text.RegularExpressions，核心代码如下。

```
string partten = @"^-?([1-9]\d*\.\d*|0?\.0+|0|\d*\.\d*(E-)?\d*| \d*\.\d*
(E \+)?\d*|[1-9]\d*);
if (Regex.IsMatch(split[j], partten))
{
    sq[k] = Convert.ToDouble(split[j]);
    k++;
}
```

7.5.5　数据重组

数据重组由结果页面后台完成，主要功能是将数据绑定到前台的<Chart>控件中，根据需要控制<Chart>控件显示相应的曲线图，以下是数据绑定和<Chart>控件的可视化属性更改的核心代码，设置曲线图间隔线为红色，间隔为 1，鼠标悬停在某一个数值点上时会有浮窗口显示横纵坐标。

```
for (i = 0; i < 101; i++)
{
    Chart1.Series["Series1"].Points.AddXY(dt.Rows[i][0], dt.R ows[i][1]);
```

```
}
Chart1.Series["Series1"].ChartType = SeriesChartType.Spline;
Chart1.Width = 1000;
Chart1.ChartAreas["ChartArea1"].AxisX.MajorGrid.LineColor = Color. Red;
Chart1.ChartAreas["ChartArea1"].AxisX.MajorGrid.Interval = 1;
Chart1.ChartAreas["ChartArea1"].AxisX.MinorGrid.Interval = 1;
Chart1.Series["Series1"].ToolTip = "时间：#VALXs\n 值：#VALY";
```

7.6 实 例 验 证

基于网络的采煤机动力学分析系统首页如图 7-7 所示，首页左边是用户登录区域。

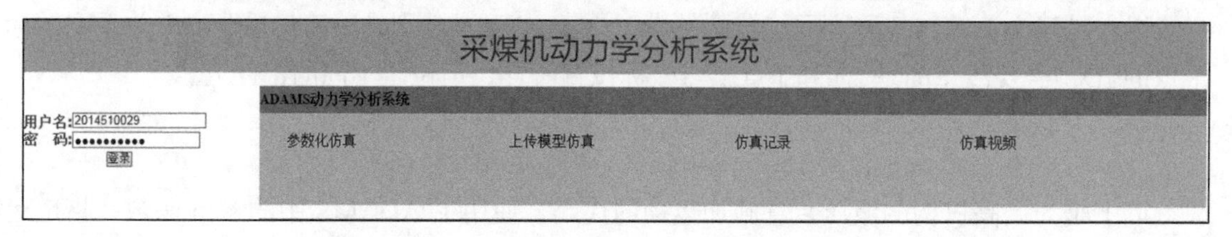

图 7-7　系统首页

登录用户账号后，从首页进入 ADAMS 动力学分析系统下的参数化仿真子系统，页面如图 7-8 所示。这里以调高机构为例说明在线参数化仿真子系统的各项功能。

采煤机动力学分析系统
2014510029:欢迎登录本站
注销
参数化仿真
调高机构　一级行星齿轮减速机构　二级行星齿轮减速机构　牵引传动装置
行走机构　一对啮合齿轮

图 7-8　参数化仿真页面

单击参数化仿真子系统目录下的“调高机构”进入采煤机摇臂调高机构的参数提交页面，如图 7-9 所示。调高机构模型主要由液压装置、提升托架、摇臂和滚筒四部分组成，因此该页面为用户分别提供了四个机构的参数输入框。系统为每一参数设置了初始值，用户单击页面下方的“重置”按钮可以将输入框中内容重置为初始值。如图 7-9 所示，依次输入对应参数。

输入参数结束后单击“提交”按钮，等待几分钟后浏览器会自动跳转到结果页面，调高机构的仿真结果包括了 5 个关节点，每个关节点都有 FX、FY、FZ、TX、TY、TZ 共 6 组不同的数据，根据页面上方的调高机构示意图，从两个下拉框中选择测量点及选项，单击“查看”按钮后会在下方显示所选项的数据曲线图和数据表格，鼠标悬停在曲线上相应的数据点时会浮动显示出此点的横纵坐标值，图 7-10 为调高机构关节点 2 处的 Y 向受力曲线图及数据表格。

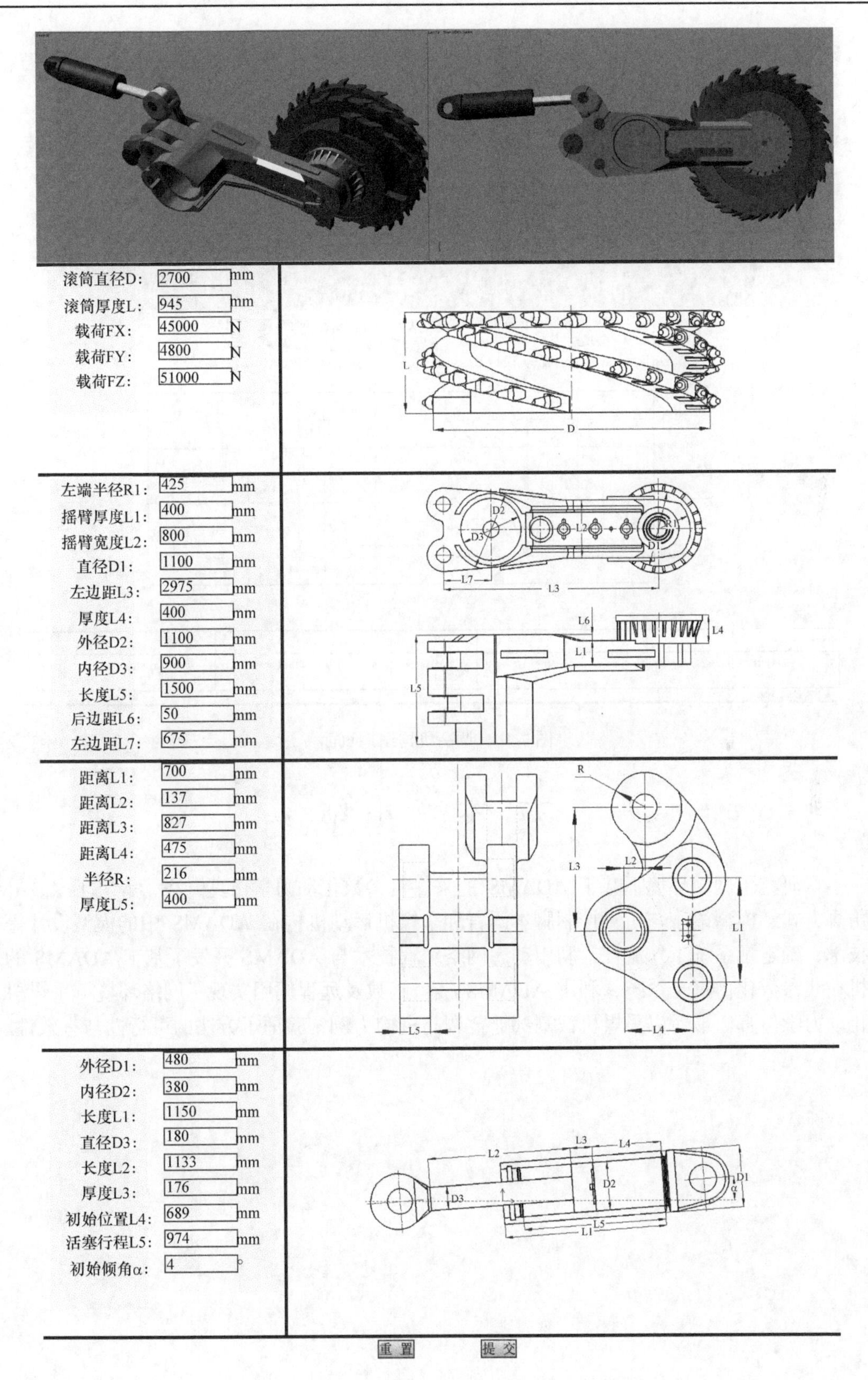
滚筒直径D: 2700 mm
滚筒厚度L: 945 mm
载荷FX: 45000 N
载荷FY: 4800 N
载荷FZ: 51000 N
L
D
左端半径R1: 425 mm
摇臂厚度L1: 400 mm
摇臂宽度L2: 800 mm
直径D1: 1100 mm
左边距L3: 2975 mm
厚度L4: 400 mm
外径D2: 1100 mm
内径D3: 900 mm
长度L5: 1500 mm
后边距L6: 50 mm
左边距L7: 675 mm
D2
D3
L2
R1
D1
L7
L3
L6
L4
L1
L5
距离L1: 700 mm
距离L2: 137 mm
距离L3: 827 mm
距离L4: 475 mm
半径R: 216 mm
厚度L5: 400 mm
R
L3
L2
L1
L5
L4
外径D1: 480 mm
内径D2: 380 mm
长度L1: 1150 mm
直径D3: 180 mm
长度L2: 1133 mm
厚度L3: 176 mm
初始位置L4: 689 mm
活塞行程L5: 974 mm
初始倾角α: 4 °
L2
L3
L4
D2
D3
D1
α
L5
L1
重 置
提 交

图 7-9　调高机构参数提交页面

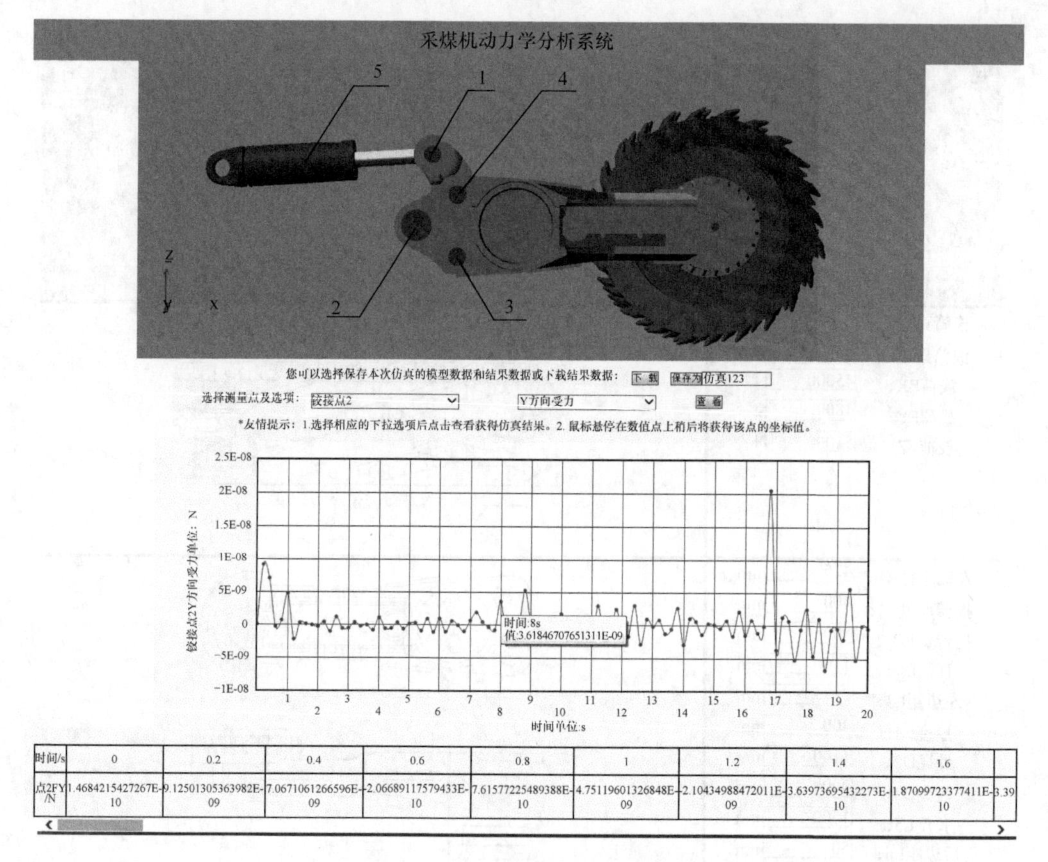

时间/s	0	0.2	0.4	0.6	0.8	1	1.2	1.4	1.6	
点2FY/N	1.4684215427267E-10	9.12501305363982E-09	7.0671061266596E-09	2.06689117579433E-10	7.61577225489388E-10	4.75119601326848E-09	2.10434988472011E-09	3.63973695432273E-10	1.87099723377411E-10	3.39

图 7-10　调高机构结果页面

7.7　本 章 小 结

本章研究了网络环境下基于 ADAMS 的采煤机参数化动力学仿真方法，解决了 ADAMS 的仿真方式、模型语言与仿真控制脚本语言和采煤机运动机构在 ADAMS 中的模型设计等关键技术，确定了系统工作流程，利用动态网络编程技术与 ADAMS 开发了基于 ADAMS 的采煤机在线参数化仿真子系统，利用 ADAMS 接口函数及远程调用实现了网络环境下采煤机参数化动力学仿真。最后以采煤机截割部摇臂调高机构为例，验证了方法的可行性与有效性。

第8章　基于 ADAMS 的采煤机上传模型在线仿真子系统

8.1　引　言

基于 ADAMS 的采煤机在线参数化仿真子系统中的 ADAMS/View 模块环境集成了 ADAMS/Machinery 模块，能以交互式操作实现齿轮传动、带传动、链传动等常用机械机构的建模，但是对于外形复杂的机构模型，如带花键的齿轮轴等模型，利用该模块操作复杂、不易实现。考虑到远程调用 ADAMS 软件对于复杂模型在线分析的局限性及实现难度较大等问题，本章提出了在线上传模型进行仿真的客户个性化定制方案，设计了基于 ADAMS 的采煤机上传模型在线仿真子系统，用户可以利用 UG、Pro/E、SolidWorks 等三维软件建模，然后将模型上传到服务器中，服务器调用 ADAMS 对用户上传的模型进行在线仿真，最后将结果返回浏览器。

基于 ADAMS 的采煤机上传模型在线仿真子系统降低了技术人员利用 ADAMS 建立复杂模型的难度，满足了客户个性化定制的需求；同时，系统能够帮助设计人员进行信息的交流共享，低成本、高效率地实现异地合作与设计。

8.2　系统设计原理

8.2.1　宏命令语言

ADAMS 提供了两种方式启动 View 模块。

(1) 批处理模式。启动时必须指定以.cmd 为后缀名的批处理文件。以这种方式启动后，ADAMS/View 以 Windows 后台进程的方式运行，计算机并不会出现软件界面，而且在这种方式下输出的视频及图片均是空白。

(2) 交互模式。启动时不需要指定文件，ADAMS/View 模块启动时会在当前目录环境下搜索是否有 Aview.bin 和 Aview.cmd 两个文件。Aview.bin 是以二进制方式保存的、定制好的模型数据库文件，Aview.cmd 是初始化 ADAMS/View 模块环境的宏命令文件[62]。如果检索到 Aview.bin 文件，ADAMS/View 模块在启动时自动将其默认加载，不会出现“新建模型数据库文件”的界面，同时会读入 Aview.cmd 中的宏命令实现模块初始化。若没有检索到相关文件，则提示用户手动打开或新建模型数据库文件。以交互模式启动 ADAMS/View 模块可以正常输出视频及图片。此方法为调用 ADAMS/View 模块并实现自动仿真提供了思路。

基于 ADAMS 的采煤机上传模型在线仿真子系统在运行过程中两次调用了 ADAMS 软件。第一次调用 ADAMS 软件仅执行模型文件的导入和模型语言文件的导出，过程简单，因此采用批处理模式，程序反应速度快。第二次调用 ADAMS 软件采用了交互模式，目的是将用户上传的齿轮模型的仿真运动过程以视频或图片方式输出到客户端，方便用户理解仿真过程和结果。将空白 Aview.bin 文件与宏命令文件 Aview.cmd 放在同一目录环境下，调用 ADAMS/View 模块前将此目录设置为工作环境。宏命令文件中包含文件的导入、约束添加、外力添加、仿真控制、结果输出等操作的命令语言。

虽然不同的齿轮模型参数设置不一样，但是仿真流程是相同的，因此采用 ADAMS/View 模块能够识别的宏命令作为上传齿轮模型在线仿真子系统的后台语言。ADAMS 宏命令是一个命令对象，其作用是把一个自定义命令添加到 ADAMS/View 模块命令对象中，用以执行一组 ADAMS/View 模块命令。ADAMS/View 模块对待宏命令和其他 ADAMS/View 模块命令一样，是作为一个命令对象来执行的。宏命令可以帮助用户自动完成重复性的操作或命令，它是 ADAMS/View 模块的命令集合，用户可以对它进行记录、编辑、保存和再运行。

ADAMS/View 模块对宏命令像其他命令一样，可以将其放在命令窗口，或者放在其他宏命令、对话框、菜单或者按钮命令中去应用。用宏命令可以实现的主要功能如下。

(1) 自动完成重复性操作。

(2) 与 ADAMS/View 模型自动交换数据。

(3) 自动完成全部模型的建立。

(4) 自动快速地创建模型所需变量。

宏命令主要有两种类型：无参数型和有参数型。

(1) 无参数型。这种类型的宏命令直接执行宏中的 ADAMS/View 命令。

(2) 有参数型。这种类型的宏命令可以在宏中添加参数，并可在执行宏命令时自动对参数求值。这一作用使得宏命令更加通用化，它可以让宏命令与模型交换数据，每次执行宏命令，可以自动用模型数据来替换参数值，完成不同的功能要求。

一条完整的宏命令由关键字、参量名称和参量数值组成，如图 8-1 所示。MSC.Software 公司为 ADAMS 宏命令制定了一系列语法规则，在编写宏命令文件时要注意以下几点。

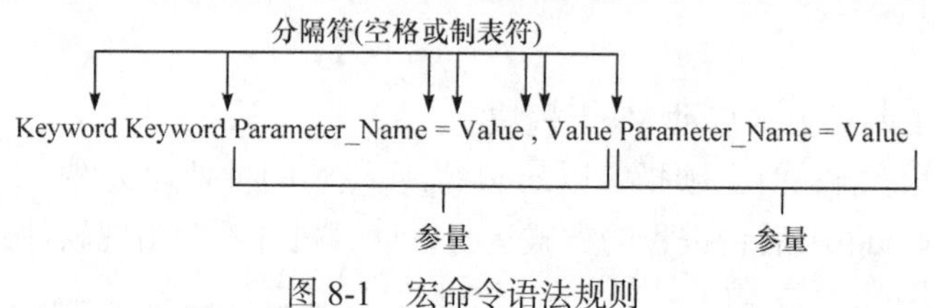

图 8-1　宏命令语法规则

(1) 宏命令语言中“!”之后的是注释语句，软件不会执行。

(2) 带参数的宏命令语句通常会带有多个参量，若要将多个参量分多行书写，换行时要在命令后面加“&”；多个参量的顺序可以互换，没有严格要求。

(3) 关键词与变量名之间必须有分隔符，其余地方的分隔符可有可无。

(4) 命令语言对字母的大小写并没有要求。

(5) 宏命令变量数值有 4 种形式，包括整数型、小数型、字符串型和数据对象型。

(6) 同一条宏命令语句可以有不同的书写方式。例如，使用 Joint revolute 命令添加旋转副，既可以通过指定做相互旋转运动的两个构件和空间坐标点的方式实现，也可以通过指定两个构件上的两个坐标点来实现。

8.2.2　ADAMS 中碰撞力计算

ADAMS 中有两种方法计算构件之间的碰撞力：罚函数法 (Restitution) 和冲击函数法 (Impact)。使用罚函数法需要输入碰撞力的惩罚系数和恢复系数，惩罚系数指定了碰撞材料的局部刚性，恢复系数模拟了碰撞过程中的能量损失。罚函数法对于系数的选取比较模糊，而且对于碰撞的模拟过程并不明确，不适用于精确仿真某些机构的运动过程。相比罚函数法，冲击函数法有更多的参数值，需要指定材料的刚度、阻尼、允许的最大穿透深度、力指数和动/静摩擦系数等，更容易精确模拟齿轮啮合。

冲击函数法对接触力的定义为

$$\text{IMPACT}=\begin{cases}\max\left(0,K\left(x_1-x\right)^e-\text{step}\left(x,x_1-d,C_{\max},x_1,0\right)\cdot\dot{x}\right): & x<x_1\\ 0 & : x\geqslant x_1\end{cases} \tag{8-1}$$

式中，K 为接触刚度系数；x 为物体间的实际距离；x_1 为物体间的自由长度；e 为力指数；d 为允许的最大穿透深度；$C_{\max}$ 为阻尼系数的最大值；$\dot{x}$ 为物体接触时的穿透速度；x_1-x 为物体接触时的实际穿透深度。

当两物体间的实际距离大于两物体间的自由长度时，两物体没有发生接触，也没有形变，因此接触力为 0；当实际距离小于自由长度时，IMPACT 函数由两部分组成，$K(x_1-x)^e$ 模拟的是刚性部分，$\text{step}(x,x_1-d,C_{\max},x_1,0)\cdot\dot{x}$ 模拟的是阻尼部分。刚性阻止物体变形，与材料的刚度系数和物体的实际穿透深度成正比；阻尼与相对运动方向相反，它与物体接触时的穿透速度成正比。step 是阶跃函数，当两物体间的穿透深度从 0 逐渐增加到 d 时，阻尼部分的值从 0 增加到 $C_{\max}$，即使穿透深度超过允许的最大值，数值也会维持在 $C_{\max}$。

在 ADAMS 中选择以冲击函数法施加碰撞力时，需要输入接触刚度系数(Stiffness)、材料阻尼(Damping)、力指数(Force Exponent)、最大穿透深度(Penetration Depth)和接触物体(I Solid、J Solid)等参数，如图 8-2 所示。其中接触刚度系数与碰撞物体的材料和几何外形有关，需要根据碰撞物体的外形尺寸进行计算，其余参数与碰撞物体的材料特性相关，可以通过相关资料获取。

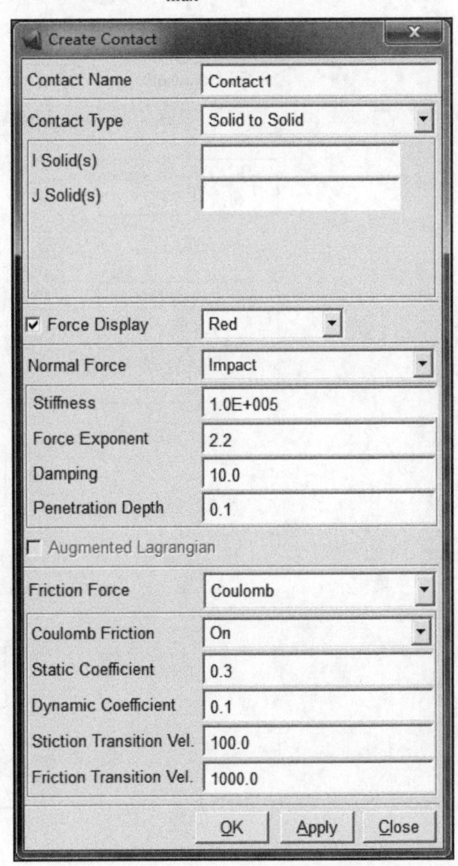

图 8-2　ADAMS 中碰撞力参数

接触刚度系数的计算公式如下：

$$K=\frac{4}{3}\rho^{\frac{1}{2}}E^* \tag{8-2}$$

$$\frac{1}{E^*}=\frac{1-\mu_1^2}{E_1}+\frac{1-\mu_2^2}{E_2} \tag{8-3}$$

$$\frac{1}{\rho}=\frac{1}{\rho_1}+\frac{1}{\rho_2} \tag{8-4}$$

式中，K 为接触刚度系数；ρ_1、ρ_2 为碰撞物体在碰撞点处各自的曲率半径；ρ 为碰撞物体在碰撞点处的综合曲率半径；E_1、E_2 为两种材料的弹性模量；μ_1、μ_2 为两种材料的泊松比；E^* 为综合弹性模量。

由上述内容可知，两物体的弹性模量和泊松比是由材料性质决定的，通常可以查资料获得，而综合曲率半径与物体的几何外形尺寸有关，需要经过计算获得。

8.3　系统工作流程

上传模型在线仿真子系统可以在线对用户上传的模型进行动力学分析，系统自动添加约束、外力等。图 8-3 是上传模型在线仿真子系统的工作流程图。用户在浏览器打开系统首页输入个人

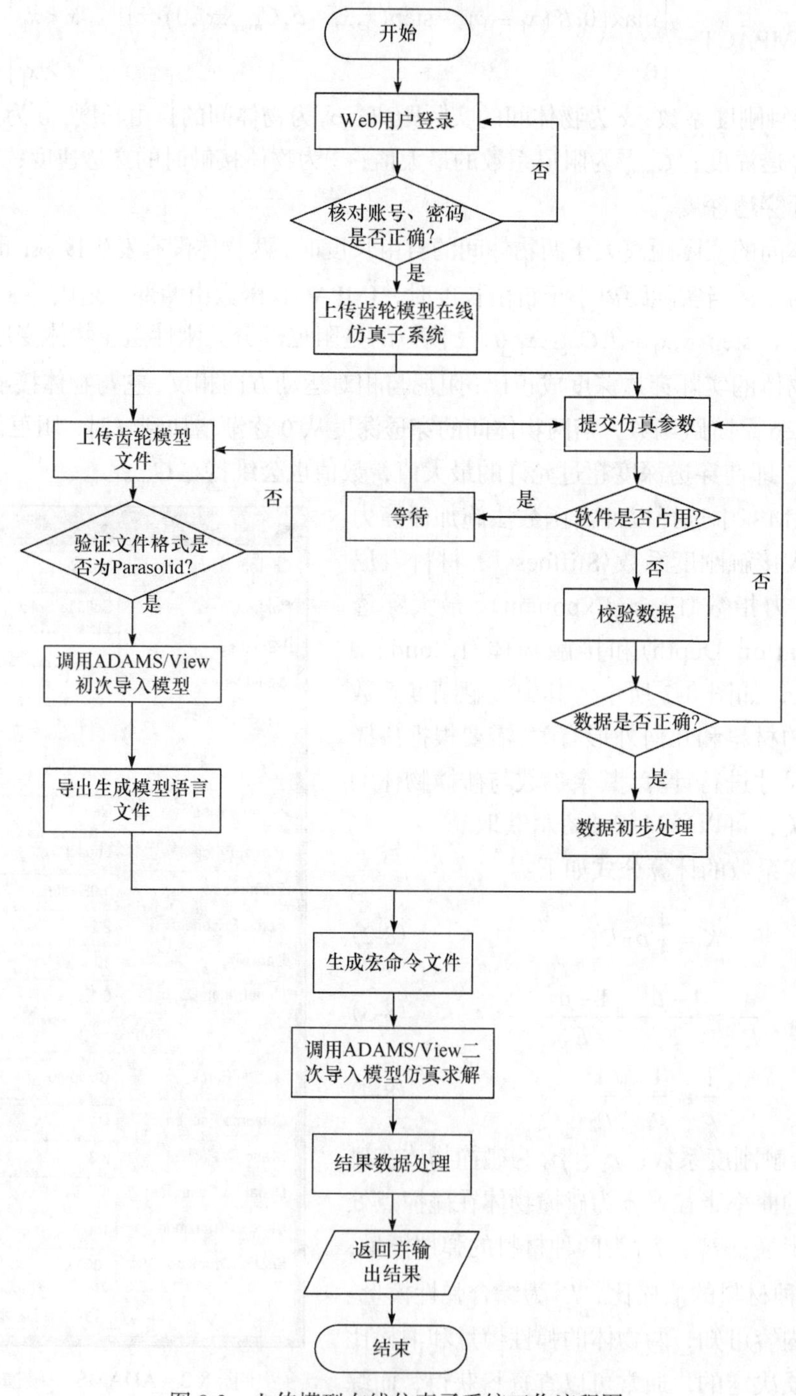

图 8-3　上传模型在线仿真子系统工作流程图

账号和密码，单击“登录”按钮后服务器会判断账号、密码是否正确，核对成功后用户可以正常使用系统。进入上传模型在线仿真子系统，第一步是上传模型文件。考虑到各三维建模软件之间的兼容性、通用性和文件的完整性，规定上传的模型文件为 Parasolid 格式，即文件后缀名为.x_t。用户单击“上传”按钮后、系统会首先判断所选文件是否为 Parasolid 格式，若不是此格式，则会提醒用户重新上传。上传成功后，输入并提交模型对应的一些基本信息。服务器收到客户端的提交请求后先进行仿真前的准备工作，首先服务器会判断 ADAMS 软件是否正在被占用，然后进行数据校验，包括校验数据格式、数据完整性等。校验完成后，系统会对用户上传的数据初步运算，获取宏命令语言文件编写过程中需要的必要数据，同时服务器会调用 ADAMS 软件第一次导入用户上传的模型文件，导出 ADAMS 模型语言文件(*.adm)后直接退出调用。根据初步运算得到的数据和从模型语言文件中获取到的有关信息，系统生成适用于不同模型的 ADAMS/View 宏命令文件。之后系统会再次调用 ADAMS/View 模块并利用生成的宏命令文件施加约束、运动和外力，控制仿真过程，生成仿真结果文件。最后系统将经过处理的结果数据网页通过互联网发送到客户端，设计人员通过客户端浏览器查看仿真结果的数据图表。

8.4　系统实现关键技术

8.4.1　人机交互界面设计

上传模型在线仿真子系统的模型上传和参数提交页面布局如图 8-4 所示，与在线参数化仿真子系统的前台布局相似，网页分为三个部分：导航栏、主体和版权声明注脚。不同之处是上传模型在线仿真子系统的主体包括采煤机运动机构示意图区域、上传模型区域、模型参数及仿真参数区域及提交和重置按钮区域。结果页面的网页布局采用了与在线参数化仿真子系统结果页面一样的布局。

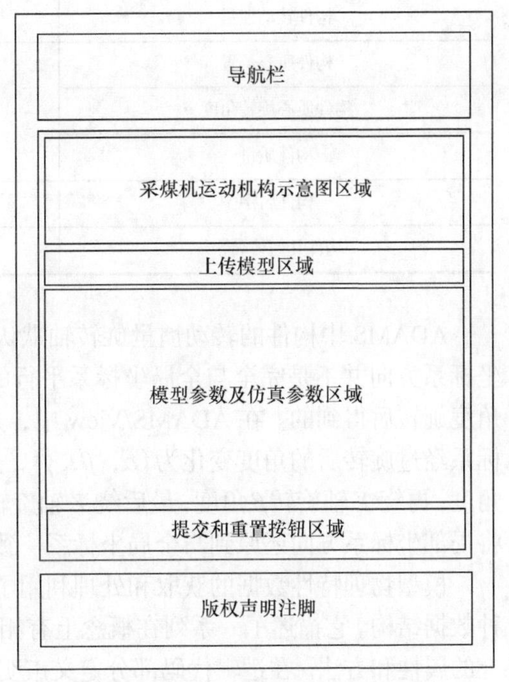

图 8-4　模型上传和参数提交页面布局

8.4.2　模型文件上传

文件的上传是网站设计过程中的一种高级人机交互功能，基于 ADAMS 的上传模型在线仿真子系统采用了 ASP.NET 平台提供的<FileUpload>控件实现文件上传。要实现文件上传，通常将<FileUpload>控件与按钮控件一起使用。<FileUpload>控件由文本框和浏览按钮组成，主要作用是指定要上传的文件在本地的文件路径，按钮控件的作用是执行文件上传命令。以下是系统后台上传模型文件的核心代码。

```
protected void Button1_Click(object sender, EventArgs e)
{
    FileUpload1.PostedFile.SaveAs(Server.MapPath());
}
```

8.4.3　模型参数的获取

模型在导入 ADAMS 时，软件会自动计算其物理特性，如质量、转动惯量、质心坐标位置和质心局部坐标系相对于全局坐标系的旋转角度等。在对模型的前处理过程中，获取正确的物理特性值非常重要，直接关系到系统在下一步编写宏命令时能准确添加约束并仿真。为实现系统自动添加约束并仿真，本章提出两种获取正确数值的方法。

(1)直接方法。查找 ADAMS 软件在导入 Parasolid 格式的三维模型数据时调用了哪些函数和插件，通过解析这些函数和插件获得 ADAMS 软件生成模型物理特性的机制及算法，并且要在系统中应用相同的机制和算法生成与 ADAMS 软件相同的物理特性。采用直接方法对系统设计人员的编程及软件设计能力要求很高，而且 Parasolid 内核是软件底层的文件，实现困难。

(2)间接方法。利用 ADAMS 图形接口模块(ADAMS/Exchange)自动生成的模型语言文件计算得到物理特性数据。首先导入用户上传的模型文件，然后导出相关模型语言文件，最后用逻辑算法从导出的文件中获取正确的数据。鉴于 ADAMS 软件自身的原因，导出的模型语言文件中并不包含模型的外形和几何尺寸的数据。表 8-1 为编写宏命令文件所需要的模型数据。

表 8-1　模型数据

<table>
<tr><th>数据</th><th>作用</th></tr>
<tr><td>构件个数</td><td>判断约束个数</td></tr>
<tr><td>构件转动惯量</td><td>判断构件在哪个平面运动</td></tr>
<tr><td>构件质心位置</td><td rowspan="3">通过质心位置区分构件</td></tr>
<tr><td>构件质心旋转角度</td></tr>
<tr><td>构件质量</td></tr>
<tr><td>构件名字</td><td>宏命令施加啮合力</td></tr>
<tr><td>构件几何体名字</td><td>宏命令施加约束、外力，创建坐标点</td></tr>
</table>

ADAMS 中构件的转动惯量旋转轴默认选择的是位于构件质心处的局部坐标系，质心局部坐标系方向并不是完全与全局坐标系平行的，有的质心局部坐标系是全局坐标系经过一定的角度旋转后得到的。在 ADAMS/View 中，方向旋转遵循“313 旋转法则”，即如果某一局部坐标系经过旋转后的角度变化为(α, β, γ)，则表示此局部坐标系是全局坐标系先绕 Z 轴旋转α角度，再绕 X 轴旋转β角度，最后绕 Z 轴旋转γ角度得到的。因此需要先根据“313 旋转法则”，将局部坐标系方向还原到与全局坐标系一致，在全局坐标下判断哪两个转动惯量相等。

模型物理特性数据的获取和处理利用了 C#中的类技术。从编程角度来说，类可以看作一种数据结构。它描述了一系列在概念上有相同含义的对象，并为这些对象统一定义了编程语言上的属性和方法。在逻辑代码部分定义声明了 Part 类，将表 8-1 中所需要获取的数据作为 Part 类的属性，判断模型作用平面的算法作为其方法。模型中的每一个构件都是 Part 类的一个实例，构件之间互不影响，可以模块化管理。

8.4.4　结果数据的处理

上传齿轮模型在线仿真子系统采用交互方式，利用 ADAMS/View 模块实现模型动力学仿真，与在线参数化仿真子系统不同的是，该系统不会在仿真结束后自动生成结果数据文件，因此需要利用宏命令语言导出结果数据。其优点是导出的结果数据不会包含无用信息，数据结构清晰，便于查看，不需要进行数据筛选。结果数据处理的过程分两步：数据离散和数据重组。

1）数据离散

利用宏命令语言从 ADAMS/View 中导出正确的结果数据需要分两步进行：xy_plots curve create 和 file table write。首先将结果数据绘制在一个已定义的图表中，然后将图表中的数据以表格方式输入文件中。

2）数据重组

这一过程采用和在线参数化仿真子系统相同的方法，服务器从文件中读取数据绑定到数据源中，最后利用<Chart>控件绘制样条曲线并通过网络发送到客户端。

8.5　齿轮机构上传模型在线仿真子系统开发实例

滚筒采煤机截割部传动装置的作用是将采煤机电动机的动力传递到滚筒上，以满足滚筒转速及扭矩的要求；同时，传动装置要适应滚筒调高的要求，使滚筒保持适当的工作位置[63]。为满足要求，采煤机通常以齿轮传动的方式传递动力。以一对齿轮模型的上传为例，说明上传模型在线仿真子系统开发设计过程中前台网页设计和后台功能设计的关键技术。

8.5.1　界面设计

根据图 8-4 所示的模型上传和参数提交页面布局图，在运动机构示意图下方是模型上传模型区域和模型参数及仿真参数区域。由于在 ADAMS 仿真过程中采用的是用户上传的模型，重力等因素的具体情况需要用户指定，因此在页面加入了重力选择，以下分别是上传模型区域和选择重力方向的前台网页设计核心代码。

```
<div class="div1">
     <divclass="div2">
          <h4>第一步</h4>
     </div>
     <div class="div3">
          上传模型:
          <asp:FileUpload runat="server" ID="FileUpload1"></asp: FileUpload>
          <asp:Button runat="server" Text="上传" OnClick="Button 1_Click"
          ID="Button1"></asp:Button>
          <asp:Label runat="server" ID="Lable1"></asp:Label>
     </div>
</div>
<divclass="div1">
    <div class="div2">
         <h4>第二步</h4>
    </div>
    <div class="div3">
         选择重力方向:
         <asp:DropDownList runat="server" ID="DropDownList1">
```

```
                <asp:ListItem Selected="True"></asp:ListItem>
                <asp:ListItem Value="0">忽略重力</asp:ListItem>
                <asp:ListItem Value="1">Y负向</asp:ListItem>
                <asp:ListItem Value="2">Y正向</asp:ListItem>
                <asp:ListItem Value="3">X负向</asp:ListItem>
                <asp:ListItem Value="4">X正向</asp:ListItem>
                <asp:ListItem Value="5">Z负向</asp:ListItem>
                <asp:ListItem Value="6">Z正向</asp:ListItem>
            </asp:DropDownList>
        </div>
    </div>
```

8.5.2 模型文件验证与上传

由前述可知，上传模型在线仿真子系统规定了用户上传的模型文件只能是 Parasolid 格式，即文件后缀名为.x_t。对用户上传的文件类型判断是通过后台功能代码实现的，以下是模型文件验证与上传的后台代码。首先会判断<FileUpload>控件中是否指定了文件路径，然后通过文件后缀名判断是否符合上传要求，如果不符合要求，系统会做出提示，如果符合要求，则通过<FileUpload>控件的 PostedFile.SaveAs 方法将文件上传到服务器。代码最后两行是为系统设置的保护机制，在用户上传成功后才会显示“提交页面”按钮。

```
protected void Button1_Click(object sender, EventArgs e)
{
    if (FileUpload1.HasFile)
    {
        string fileExtension = Path.GetExtension(FileUpload1. FileName);
        if (fileExtension != ".x_t")
        {
            Response.Write("<script>alert('文件上传类型不正确,
            请上传x_t格式的文件! ');</script>");
        }
        else
        {
            FileUpload1.PostedFile.SaveAs(Server.
            MapPath(@"ResultData\" + @"\temp.x_t"));
            Lable1.Text = "文件上传成功";
            Button2.Visible = true;
            Button3.Visible = true;
        }
    }
}
```

8.5.3 模型参数的获取

后台功能设计中，利用 C#类将表 8-1 中提到的模型数据保存，并定义了判断构件作用平面的算法。以下为核心代码。

```
public class Part
```

```
{
    public string PartName;
    public double Mass;
    public string BodyName;
    public double[] IPXYZ = new double[3];
    public double[] CMXYZ = new double[3];
    public double[] DegreeCM = { 0.0, 0.0, 0.0 };
    public string Type = "Part";
    public int IPEqualJudgement(double i, double j)
        {
            int k = Math.Min(i, j)/ Math.Max(i, j)> 0.95 ? 0 : 1;
              return k;
        }
}
```

8.5.4　齿轮刚度计算

ADAMS 齿轮啮合运动仿真是通过齿侧表面的推压来传递运动和力的，为了准确获取齿轮啮合时的受力情况，需要在相互啮合的齿轮间施加啮合力。在 ADAMS 中，通过在两齿轮间添加碰撞力实现啮合力仿真。由前述可知，ADAMS 中碰撞力的施加需要计算碰撞物体在碰撞点处的综合刚度系数，而要计算综合刚度系数只需要计算物体在碰撞点处的综合曲率半径。

对齿轮来说，曲率半径与啮合齿轮的齿廓有关，一对齿轮啮合时，可以将齿廓啮合点的曲率半径视为接触圆柱体的半径。根据渐开线齿轮的形成原理，渐开线上任一点的曲率半径等于该点发生线的长度，如图 8-5 所示，K_0、K_1、K_2 点的曲率半径分别为 $\overline{K_0B_0}$、$\overline{K_1B_1}$、$\overline{K_2B_2}$。

对于相互啮合的一对齿轮，开始啮合时，主动轮的齿根与从动轮的齿顶接触，随着啮合的进行，啮合点的位置将沿啮合线 N_1N_2 向 N_2 方向移动，同时主动轮齿廓上的啮合点将由齿根向齿顶移动，从动轮齿廓上的啮合点将由齿顶向齿根移动，当啮合进行到主动轮的齿顶圆与啮合线的交点时，两轮齿即将脱离啮合[64]。如图 8-6 所示，点 M 为啮合线 N_1N_2 上任一点，主、从动轮的曲率半径分别为 $\overline{N_1M}$ 、$\overline{N_2M}$ ，由式(8-4)可知综合曲率半径 $\rho=\dfrac{\overline{N_1M}\times\overline{N_2M}}{\overline{N_1N_2}}$ 。随着点 M 在实际啮合线 B_1B_2 上位置的变化，综合曲率半径在节点 C 啮合处的曲率半径上下波动，因此本书以节点 C 处的曲率半径代替齿轮啮合过程中的综合曲率半径ρ。

以斜齿圆柱齿轮为例，直齿圆柱齿轮可视为当螺旋角 $\beta=0$ 时的特殊斜齿圆柱齿轮。节点 C 处主动轮、从动轮的法面曲率半径分别为

$$\rho_1=\frac{d_1'\sin\alpha_t'}{2\cos\beta_b},\ \rho_2=\frac{d_2'\sin\alpha_t'}{2\cos\beta_b} \tag{8-5}$$

式中，d_1'、d_2' 分别为主动轮、从动轮节圆直径；α_t' 为端面啮合角；β_b 为基圆螺旋角，直齿圆柱齿轮为 0。

节圆直径与分度圆直径间的换算及基圆螺旋角与分度圆螺旋角间的换算如下：

$$d'=d\frac{\cos\alpha_t}{\cos\alpha_t'} \tag{8-6}$$

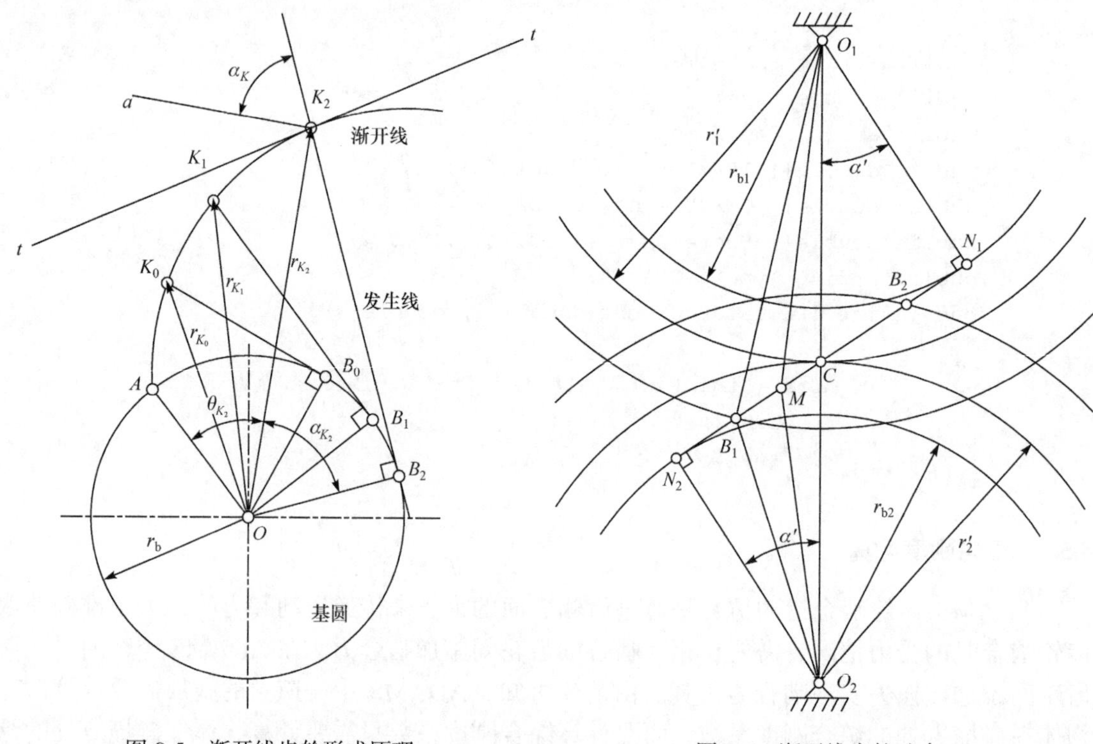

图 8-5　渐开线齿轮形成原理　　　　图 8-6　渐开线齿轮啮合

$$\tan\beta_{\mathrm{b}} = \tan\beta\cos\alpha_{\mathrm{t}} \tag{8-7}$$

$$\tan\alpha_{\mathrm{t}} = \frac{\tan\alpha_{\mathrm{n}}}{\cos\beta} \tag{8-8}$$

式中，β 为分度圆螺旋角，直齿圆柱齿轮为 0；α_{t} 为端面分度圆压力角；α_{n} 为法面分度圆压力角，一般是 20°。

考虑到齿轮变位后会因为实际中心距与标准中心距不等而导致啮合角与压力角不等，因此也需要进行换算：

$$\cos\alpha_{\mathrm{t}}' = \frac{a\cos\alpha_{\mathrm{t}}}{a'} \tag{8-9}$$

式中，a' 为实际中心距；a 为标准中心距。

将式(8-5)～式(8-9)代入式(8-4)可得

$$\rho = \frac{d_1 d_2 \cos\left(\arctan\left(\dfrac{\tan\alpha_{\mathrm{n}}}{\cos\beta}\right)\right)\tan\left(\arccos^{-1}\dfrac{a\cos\left(\arctan\left(\dfrac{\tan\alpha_{\mathrm{n}}}{\cos\beta}\right)\right)}{a'}\right)}{2(d_1+d_2)\cos\left(\arctan\left(\tan\beta\cos\left(\arctan\dfrac{\tan\alpha_{\mathrm{n}}}{\cos\beta}\right)\right)\right)} \tag{8-10}$$

代入式(8-2)后可得齿轮啮合时的刚度系数为

$$K=\frac{4}{3}\left[\frac{d_1d_2\cos\left(\arctan\left(\frac{\tan\alpha_n}{\cos\beta}\right)\right)\tan\left(\arccos\frac{a\cos\left(\arctan\left(\frac{\tan\alpha_n}{\cos\beta}\right)\right)}{a'}\right)}{2(d_1+d_2)\cos\left(\arctan\left(\tan\beta\cos\left(\arctan\frac{\tan\alpha_n}{\cos\beta}\right)\right)\right)}\right]^{\frac{1}{2}}\cdot\left(\frac{1-\nu_1^2}{E_1}+\frac{1-\nu_2^2}{E_2}\right)^{-1} \tag{8-11}$$

由式(8-10)可知，整理后计算综合曲率半径只需主动轮、从动轮的分度圆直径、法面分度圆压力角 α_n 和分度圆螺旋角β四个参数，在此基础上设计上传齿轮模型在线仿真子系统时，可以减少用户提交参数的数量，使系统更加人性化。

8.5.5　数据离散

在后台功能设计中，数据离散采用 ADAMS 宏命令语言编写，将仿真结果数据导出需要用到 xy_plots curve create 和 file table write 两个命令，分别负责曲线图绘制和将曲线图数据导出到表格，以下为一对齿轮模型啮合仿真后的 X 方向啮合力的数据导出核心代码。

```
xy_plots curve create, plot_name = .plot_1 , vaxis_data =
CONTACT_1.FX  &haxis_data = CONTACT_1.TIME
file table write, plot_name = .plot_1, file_name = "temp", format = spreadsheet
```

8.6　实 例 验 证

从首页进入 ADAMS 动力学分析系统下的上传模型在线仿真子系统，页面如图 8-7 所示。以下以“一对啮合齿轮”上传模型仿真为例说明。

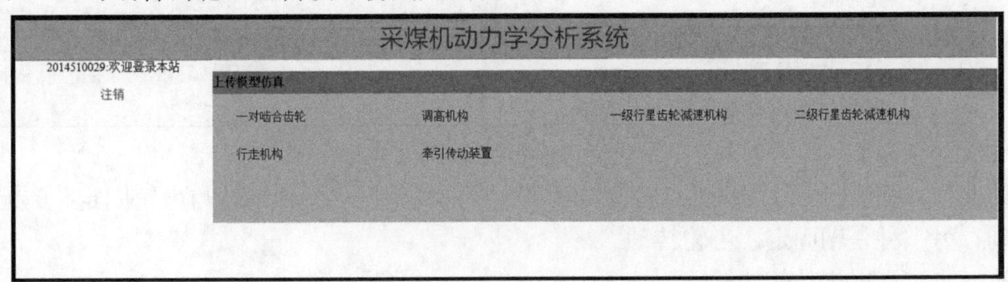

图 8-7　上传模型仿真子系统页面

单击上传模型在线仿真子系统目录下的“一对啮合齿轮”进入“参数提交”页面，如图 8-8 所示，页面主要由齿轮示例图片及参数提交部分组成。整个参数输入分七步完成。

第一步，上传齿轮模型文件。如果所选文件格式错误，页面会提示“文件上传类型不正确，请上传. x_t 格式的文件!”。

第二步，选择重力方向。共有 7 个选项可供选择，分别是忽略重力、X 正(负)向、Y 正(负)向、Z 正(负)向。

第三步，设置在 ADAMS 中添加齿轮啮合力所需的参数。页面提供了两种齿轮间啮合力

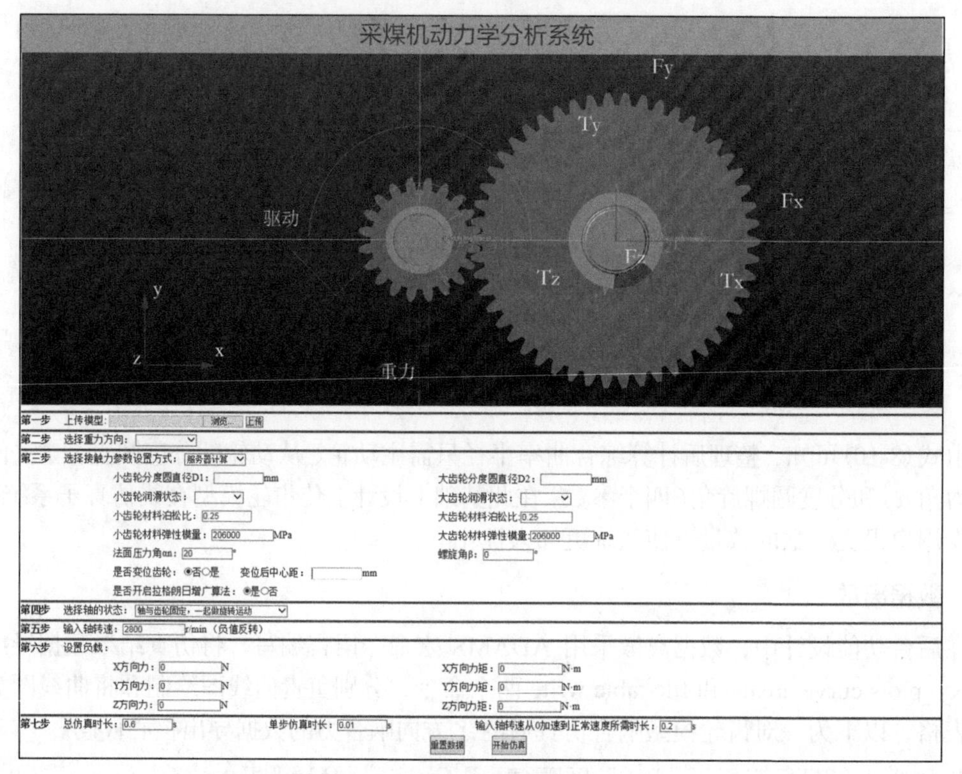

图 8-8　齿轮模型上传与参数提交页面

参数的设置方式，一种是图 8-8 所示的服务器计算的方法，服务器根据用户输入的相互啮合齿轮的几何尺寸和工况等自动计算在 ADAMS 中施加在齿轮间的啮合力所需的参数；另一种是图 8-9 所示的由用户自己手动输入在 ADAMS 中施加在齿轮间的啮合力所需的参数。

第三步　选择接触力参数设置方式：手动输入

齿轮综合刚度：　N/mm$^{3/2}$　　接触力指数：

阻尼系数：　　穿透深度：　mm

静摩擦系数：　　动摩擦系数：

静态阻力滑移速度：　mm/s　　动态阻力转化速度：　mm/s

是否开启拉格朗日增广算法：◉是○否

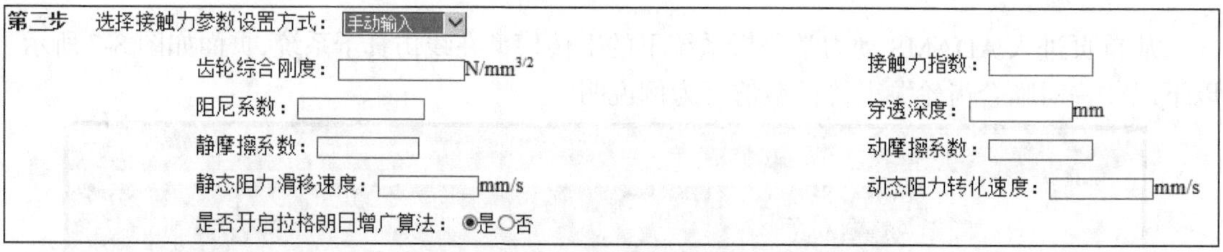

图 8-9　齿轮啮合参数输入界面

第四步，设置轴、齿轮和机身的旋转状态，分两种情况：一种是轴与齿轮固定，一起做旋转运动；另一种是轴固定，齿轮转动。

第五步，设置主动轮的转速。

第六步，设置从动轮上的负载数值。

第七步，设置仿真过程的时长及步长。为了避免齿轮在突然启动时出现极大的冲击加速度，系统默认转速在 0.2s 内从 0 增加到正常速度，用户可以根据需要更改此参数。

单击页面底部的“重置数据”按钮，已输入的参数会恢复初始状态。参数输入完毕后，单击页面下方的“开始仿真”按钮，页面会进入防重复提交参数的保护状态，并提示用户远程仿真正在进行中。等待几分钟后，浏览器会自动跳转到结果页面，如图 8-10 所示。在下拉选框中选择要查看的结果选项，齿轮动力学仿真的结果是齿间啮合作用力，页面提供了 FX、FY、FZ、TX、TY、TZ 6 组不同的数据。单击“查询”按钮后，页面下方会出现相应的曲线图和数据表。

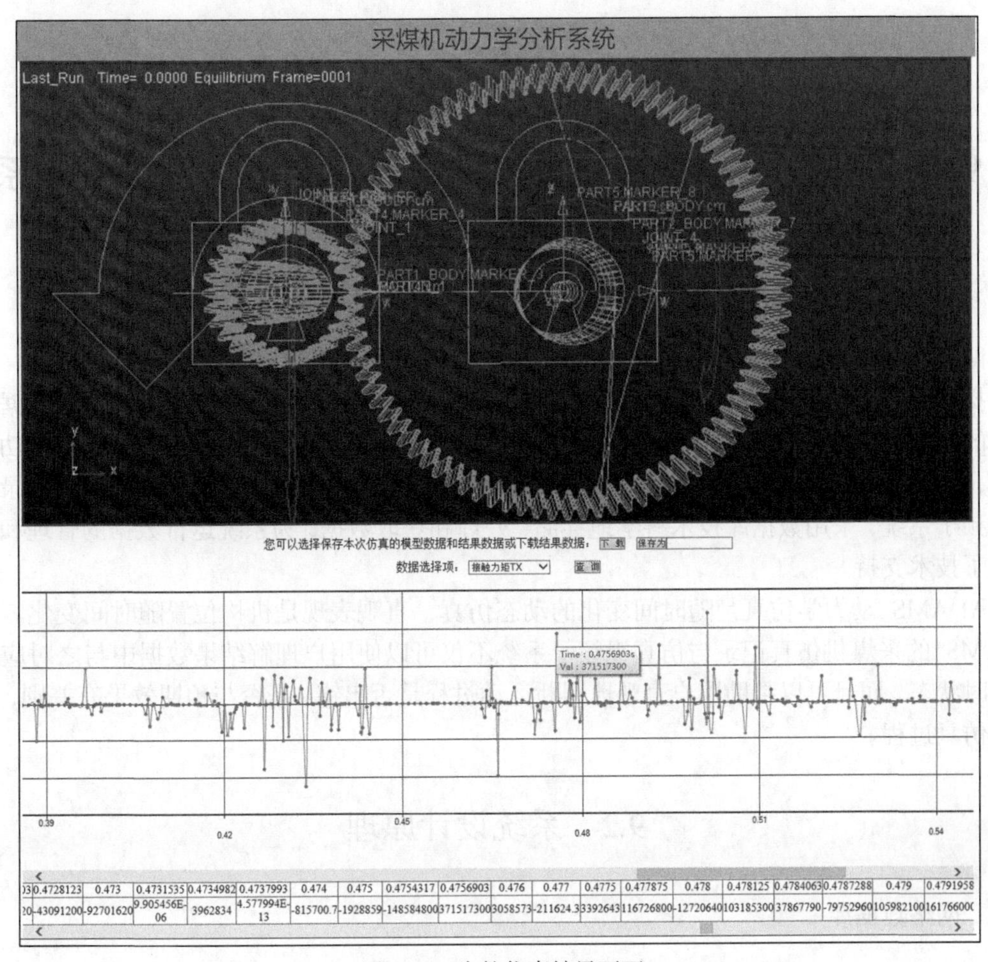

图 8-10　齿轮仿真结果页面

8.7　本 章 小 结

本章针对远程调用 ADAMS 软件对于复杂模型在线分析的局限性，提出了在线上传模型进行仿真的客户个性化定制方案，研究了网络环境下基于 ADAMS 的采煤机上传模型在线仿真方法。确定了系统的工作流程，解决了 ADAMS 宏命令语言和 ADAMS 中碰撞力的计算过程等关键技术。利用动态网络编程技术与 ADAMS 开发了基于 ADAMS 的采煤机上传模型在线仿真子系统，实现了用户上传提交模型文件及提交模型参数就可以远程调用 ADAMS 软件进行动力学仿真的功能。最后以一对啮合齿轮为例验证了方法的可行性与有效性。

本章彩色插图

第9章 基于ADAMS的采煤机仿真记录与仿真视频子系统

9.1 引 言

网络环境下基于ADAMS的采煤机动力学分析系统在运行时会产生大量仿真数据，包括用户提交的分析数据及系统计算和仿真结果数据，有必要提供一个专有系统对这些数据进行统一的管理和维护。设计人员可以通过查看仿真历史数据对比和总结设计经验，提高成功率。因此，为了使系统更加人性化，基于ADAMS的采煤机动力学分析系统添加了仿真记录与仿真视频子系统，采用数据库技术科学地存储、处理和获取数据，为系统运行数据的管理和维护提供了技术支持。

ADAMS动力学仿真是随时间变化的动态仿真，直观表现是机构位置随时间变化。基于ADAMS的采煤机仿真记录与仿真视频子系统不仅可以使用户理解结果数据中与之对应的构件瞬时状态，而且可以帮助用户直观地判断运动过程是否出错、是否与预期效果有差别，进而调整仿真过程。

9.2 系统设计原理

9.2.1 网络数据库

信息爆炸带来的是数据量的指数型增长，传统的纸质存储数据的方式也已经被计算机数据库技术所代替。数据库技术是一种科学地管理和研究数据存储、处理和获取的方法。根据数据存储的需求，可以将数据库分为以下三种模式。

(1)层次模型(Hierarchical Model)。这是一种树型结构，具有明显的层级关系，由节点和连线组成，节点表示的是数据，连线表示的是数据之间的关系，通常关系比较单一。

(2)网状模型(Network Model)。数据之间的关系通常以网状结构表示，网中的节点表示数据。与层次模型相比，网状模型可以表示更加复杂的关系，但是结构问题导致数据关系错综复杂，不方便数据库的管理和维护。

(3)关系模型(Relational Model)。这是一种以数据间关系为核心的模型，替代了前两种模型中以数据为核心的方法，这种关系最突出的表现就是数据二维表。一个二维表代表一种关系，具有同样关系的数据存储在同一个表格中，整个数据库由不同的关系表组成。关系模型是目前世界上技术成熟、使用广泛的数据库技术。

网络数据库将数据库技术与网络系统开发技术相结合，以远程数据库为基础，通过客户端或浏览器实现对数据的操作。随着编程技术的发展，对远程数据库进行操作的后台代码也更加强大。ADO(ActiveX Data Objects)与OLEDB(Object Link and Embedding Database)是微软提供的面向数据库的两种接口。其中，OLEDB是基于COM的一组接口规范，用于访问各种数据源，包括关系型数据库和非关系型数据库。ADO是微软对OLEDB提供的基本接口加以封装，形成的简单易用的一组对象/方法/属性集合。采用这两种接口可以在编程环境下实现对远程数据库的基本操作。

随着.NET 框架的发布，微软对原有的数据库接口技术进行了重新封装，ADO.NET 与 OLEDB.NET 应运而生。与早期的技术相比，尽管使用方法是一样的，但是又有一些不同之处。

(1) ADO.NET 与 OLEDB.NET 是在.NET 框架下运行的，.NET 框架不仅对早期技术有很好的兼容性，而且对新技术具有更好的支持性。

(2) 早期的接口技术将数据以 RecordSet(记录集)的方式保存在内存中，而.NET 框架下的数据是以 DataSet(数据集)的方式保存在内存中的，具有更清晰的数据结构。

(3) 使用 ADO 与 OLEDB 时需要与数据库时刻保持连接，直接对数据库中的数据进行操作，而 ADO.NET 与 OLEDB.NET 仅需要在对数据进行操作时与数据库连接，更加灵活。

9.2.2　ADAMS 仿真视频

ADAMS 后处理模块(ADAMS/PostProcessor)为用户提供了视频输出功能，用户可以使用宏命令语言或者交互式操作将仿真过程动画以视频形式输出。仿真过程结束后，打开 ADAMS/PostProcessor，首先从窗口左上角选择 Animation，然后在右边空白区域右击选择 Load Animation，窗口会载入仿真对应的模型，如图 9-1 所示。

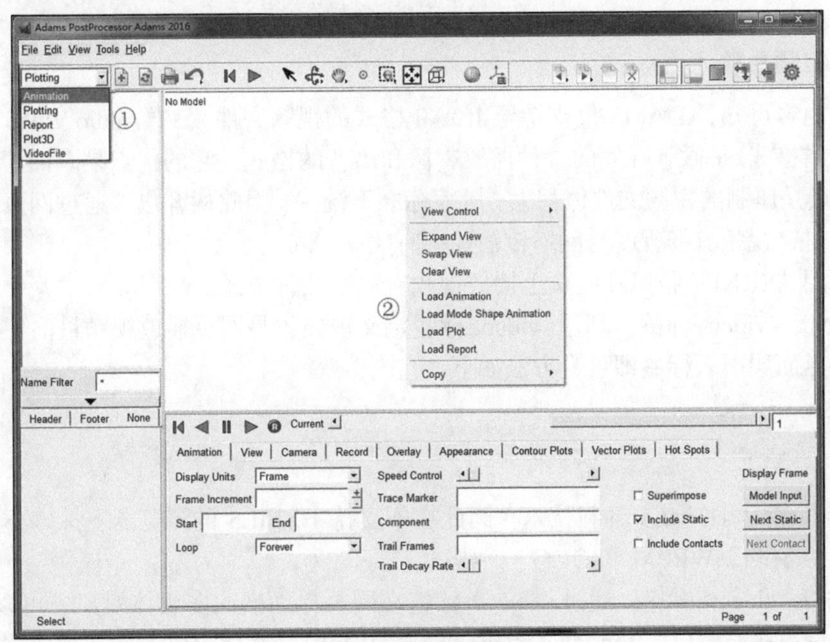

图 9-1　载入仿真模型

图 9-2 是导入模型后的窗口界面，导出仿真视频的操作如下。

(1) 打开窗口右下方的 Record 标签。

(2) 在 File Name 文本框内输入导出后的视频文件名称。

(3) 在 Format 的下拉选框中选择文件格式，ADAMS/PostProcessor 支持导出的文件格式有 MPG、TIFF、JPG、XPM、BMP、PNG 和 AVI。其中只有 AVI 是视频格式，因此选择格式为 AVI。

(4) Quality 可以设置视频的质量，质量越高，视频越清晰。

(5) 单击“播放”按钮右侧 R 键，然后单击“播放”按钮，当视频播放结束后会在工作目录下生成视频文件。

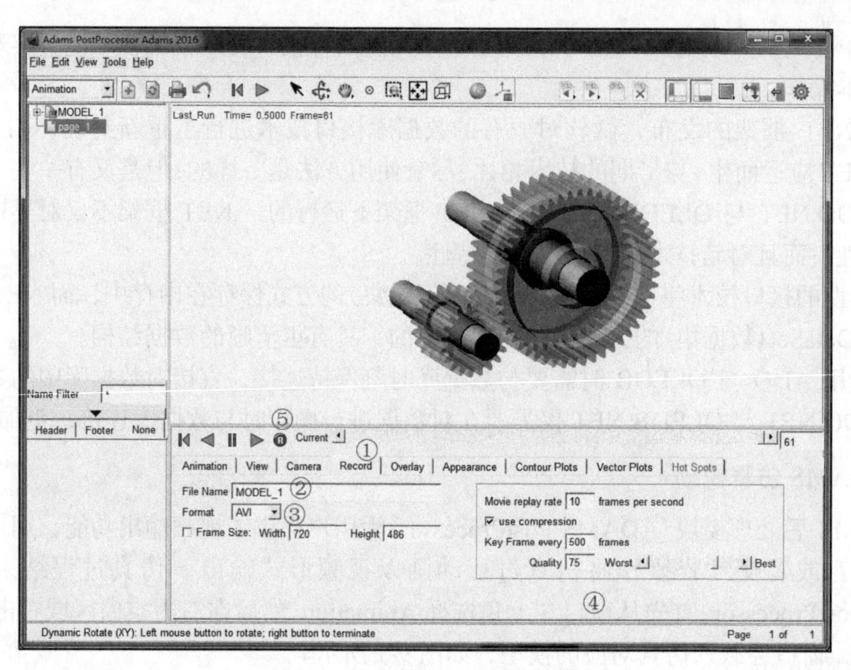

图 9-2 导出仿真视频操作流程

9.2.3 网页视频播放

由上述内容可知，ADAMS 仅支持导出 AVI 格式的视频文件。AVI（Audio Video Interleaved，音频视频交错格式）是微软开发的一种播放影像和语音的格式。它的优点是画面清晰、平台兼容性好，缺点是压制的视频文件体积大，压缩标准不统一。因此从客户端通过网页远程查看仿真动画视频时，视频流畅程度与网络传输速率有关。

目前利用 ASP.NET 技术在网页上播放视频有以下几种方式。

(1) HTML <video>标签。利用<video>标签定义视频，是网页播放视频最简便的方法。只需要在网页界面层引入标签即可，方法如下。

```
<videocontrols>
<sourcesrc="animation.mp4" type="video/mp4">
</video>
```

<video>标签是 HTML5 的新技术，因此在不支持 HTML5 的浏览器上标签不起作用，而且目前只支持 MP4、WEBM 和 OGG 三种格式。

(2) HTML<object>标签。通过<object>标签在网页界面嵌入多媒体对象，可以实现视频、音频、图像等的在线播放。Windows Media Player（WMP）是微软提供的免费播放器，支持播放 MP4、AVI 和 WMV 等格式的视频，随微软操作系统一起安装。此方法最大的优点是微软为 WMP 提供了相应的 COM 组件接口，利用 Visual Studio 2015 将组件引入网站系统中，在参数中指定需要播放的视频文件，用户就可以在客户端浏览视频，而且此方法可以兼容多种浏览器和网页技术。

(3) 借助第三方平台。主要分为两类：一类是利用优酷等视频综合网站，将视频上传到视频综合网站，通过页面引用实现视频播放，其缺点是系统服务器对视频没有控制权；另一类是在网页中引用第三方插件，缺点是安全性无法保障，而且大多数第三方插件并不支持 AVI 格式视频播放。

综合考虑以上方法的优缺点，第二种方式可以满足视频展示子系统的要求，既可以播放 AVI 视频，又有良好的兼容性。视频展示子系统从三个视角详细记录了采煤机关键机构在仿真过程中的运动情况。为了使页面动态化，减少代码重复，将前台页面中的视频源用参数化变量控制。

9.3　系统工作流程

仿真记录子系统可以为用户提供仿真模型数据和结果数据的保存服务和后台连接数据库。图 9-3 为仿真记录子系统的工作流程图。用户通过浏览器打开系统首页输入个人账号和密码，用户单击“登录”按钮后，服务器会判断账号、密码是否正确，核对成功后用户可以正常使用系统。仿真记录子系统有浏览记录和删除记录两种功能。

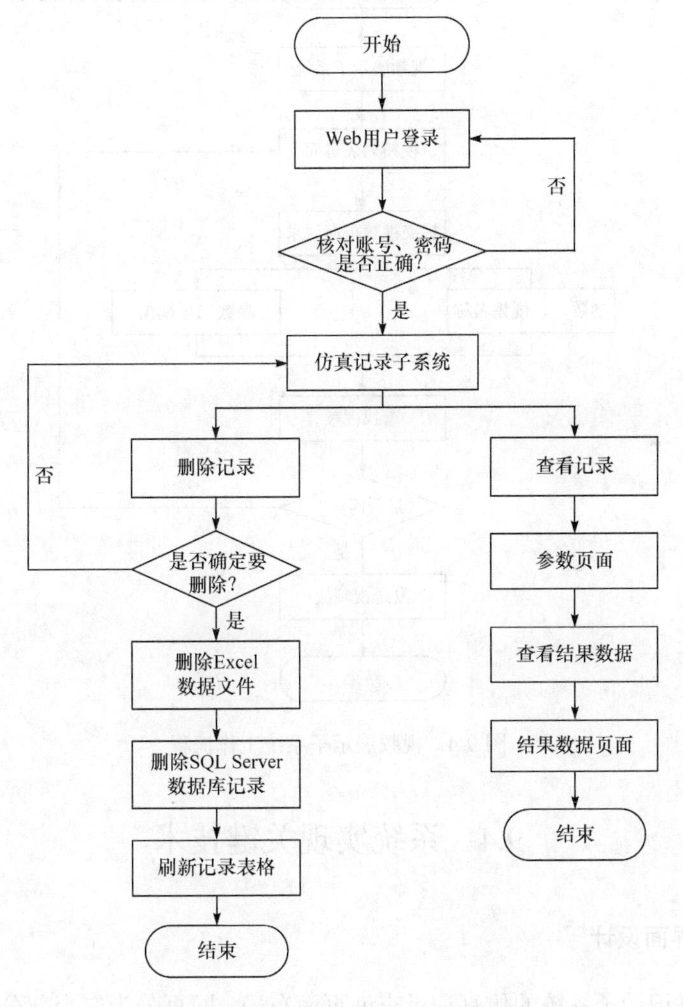

图 9-3　仿真记录子系统工作流程图

1) 浏览记录

用户单击“浏览记录”按钮，页面首先会跳转到仿真模型数据页面，在此页面，用户可以对比机构示意图，查看保存在服务器数据中的模型数据，单击页面下方的“查看结果”按钮会进入仿真结果数据页面，可以查看不同的仿真结果数据曲线。

2) 删除记录

用户单击记录后面的“删除”按钮后，系统会首先提示用户“是否确定要删除？”，如果单击“确定”按钮，系统会首先删除保存了仿真结果数据的 Excel 数据文件，然后删除 SQL Server 数据库中的仿真记录，最后刷新仿真子系统页面，将删除记录后的表格重新显示。

视频展示子系统工作流程如图 9-4 所示。用户进入视频展示子系统后首先打开视频列表页面，选择要观看的采煤机机构仿真视频。单击进入视频播放页面时，客户端会向服务器发送两个参数：一个是视频名称，另一个是视角。服务器收到请求后，首先将两个参数合并，然后以合并后的参数为变量查询服务器文件库中是否有匹配的仿真视频文件。如果查询到相关视频文件，则将视频文件流连同视频播放页面发送给客户端，否则返回到视频列表页面。

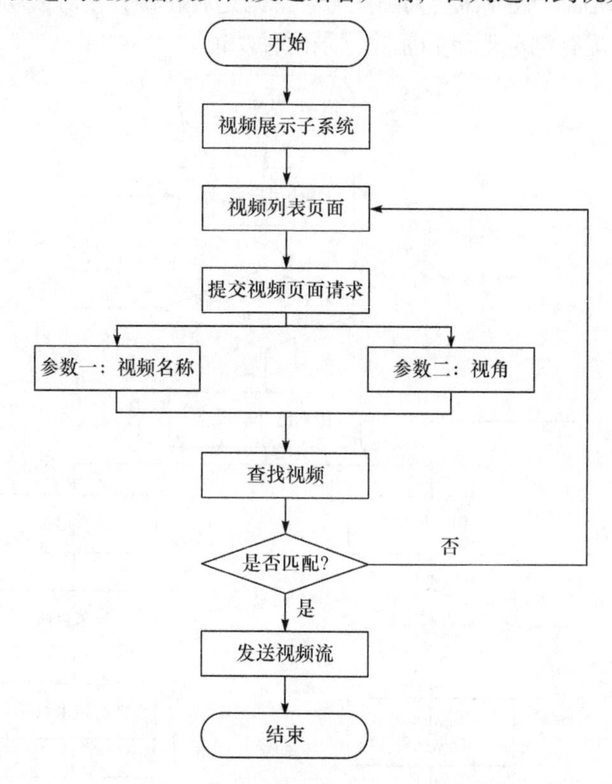

图 9-4　视频展示子系统工作流程

9.4　系统实现关键技术

9.4.1　人机交互界面设计

图 9-5 是仿真记录子系统的仿真记录查询页面布局，网页分为三个部分：导航栏、主体和版权声明注脚。主体部分由选择区域和记录表区域组成。选择区域通过控件确定要查看的采煤机运动机构的仿真记录，在下方显示相应机构的记录表。模型参数和仿真结果数据的查看页面与仿真子系统的参数提交页面、结果查看页面的布局一样。采用这种布局可以避免系统代码冗余，节省服务器空间。

图 9-6 是视频展示子系统的视频播放页面布局，网页分为三个部分：导航栏、主体和版权

声明注脚。主体部分由视频窗口区域和选择区域组成。选择区域提供了仿真视频的视角选择，可以切换视频窗口的仿真画面。

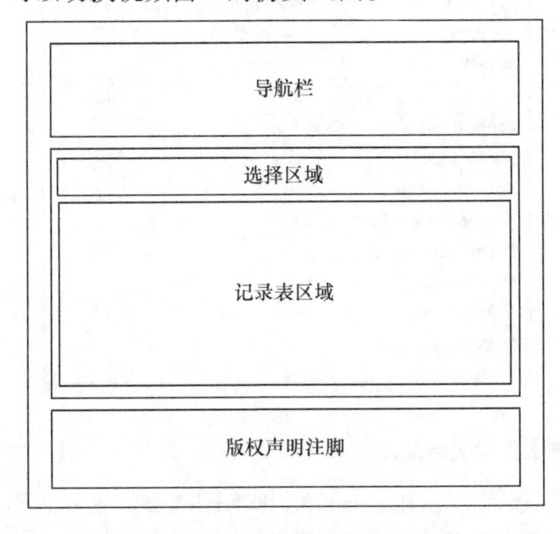

图 9-5　仿真记录查询页面布局

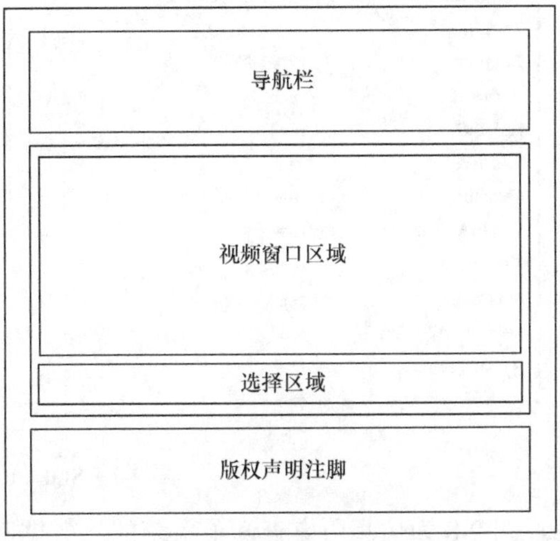

导航栏
视频窗口区域
选择区域
版权声明注脚

图 9-6　视频播放页面布局

9.4.2　双数据库设计

仿真历史查询子系统需要满足以下几点要求：①可以保存在线参数化仿真子系统和上传齿轮模型在线仿真子系统的仿真记录及用户提交的模型相关数据；②可以保存在线参数化仿真子系统和上传齿轮模型在线仿真子系统的仿真结果数据；③可以查询保存过的仿真记录；④可以查看用户保存的采煤机模型的相关数据；⑤可以查看相关仿真记录的结果数据；⑥可以下载相关仿真记录的结果数据。

为满足以上几点要求，本书在设计仿真记录子系统时采用了双数据库模式，即采用 SQL Server 数据库保存仿真记录及用户提交的模型相关数据，用 Excel 保存每次仿真后的结果数据。

SQL Server 数据库是微软公司推出的企业级关系型数据库管理系统，支持数据的查找、添加和删除等操作。它具有开放性强、安全性高、操作简单和扩展性强等优点，目前已成为企业管理数据的重要工具。打开 SQL Server 2008 软件，建立一个名称为 AdamsWeb 的新数据库，然后在其下面新建两个表格：TiaoGaoJiGou 和 GearUpLoad，分别用来保存在线参数化仿真子系统和上传齿轮模型在线仿真子系统中的模型数据。根据所需要保存的模型数据分别设计两个表格中的详细信息，图 9-7(a)是在线参数化仿真子系统表格设计的一部分，图 9-7(b)是上传齿轮模型在线仿真子系统表格设计的一部分。系统根据 UserID 判断用户，用户之间数据互不干扰。

Excel 是微软办公软件的组件之一，使用者可以分析及管理数据，制作数据资料图表，也可以将 Excel 作为一种数据库使用。与 SQL Server 相比，Excel 适用于关系简单的数据存储，存储的数据数量也有限，Excel 97-2003 版本最多支持 65536 行、256 列，新版本最多支持 1048576 行、16384 列。经过试验发现，Excel 数据库不仅能保存仿真结果数据，而且可以通过网络传输 Excel 表格文件，一个文件对应一次仿真结果。

ID	int	☐
UserID	nvarchar(MAX)	☐
FileName	nvarchar(MAX)	☐
TableName	nvarchar(50)	☐
DataTime	nchar(20)	☐
RadiusGT	real	☐
LengthGT	real	☐
RadiusYB	real	☐
ThickYB	real	☐
WidthYB	real	☐
RadiusGTAZ	real	☐
MarginXGT	real	☐
LengthGTAZ	real	☐
RadiusOuterQD	real	☐
RadiusInnerQD	real	☐

(a)

ID	int	☐
UserID	nvarchar(MAX)	☐
DateTime	nchar(20)	☐
FileName	nvarchar(MAX)	☐
TableName	nvarchar(50)	☐
Gravity	int	☐
ContactType	int	☐
SmallGearDiameter	real	☑
BigGearDiameter	real	☑
SmallGearLubrication	int	☑
BigGearLubrication	int	☑
SmallPoissonRatio	real	☑
BigPoissonRatio	real	☑
SmallElasticModulus	real	☑
BigElasticModulus	real	☑

(b)

图 9-7　SQL Server 数据库表格设计

图 9-8 为仿真历史查询子系统的双数据库模式设计，SQL Server 数据库用两张数据库表格分别保存不同子系统用户提交的模型参数，所有用户的仿真记录都保存在同一个表格中，便于管理，但是查询的时候系统并不会列出全部用户的记录，只会列出当前登录系统用户的记录。服务器按照用户的 UserID 为 Excel 数据库分配了不同的存储空间，每个 UserID 下，空间分为

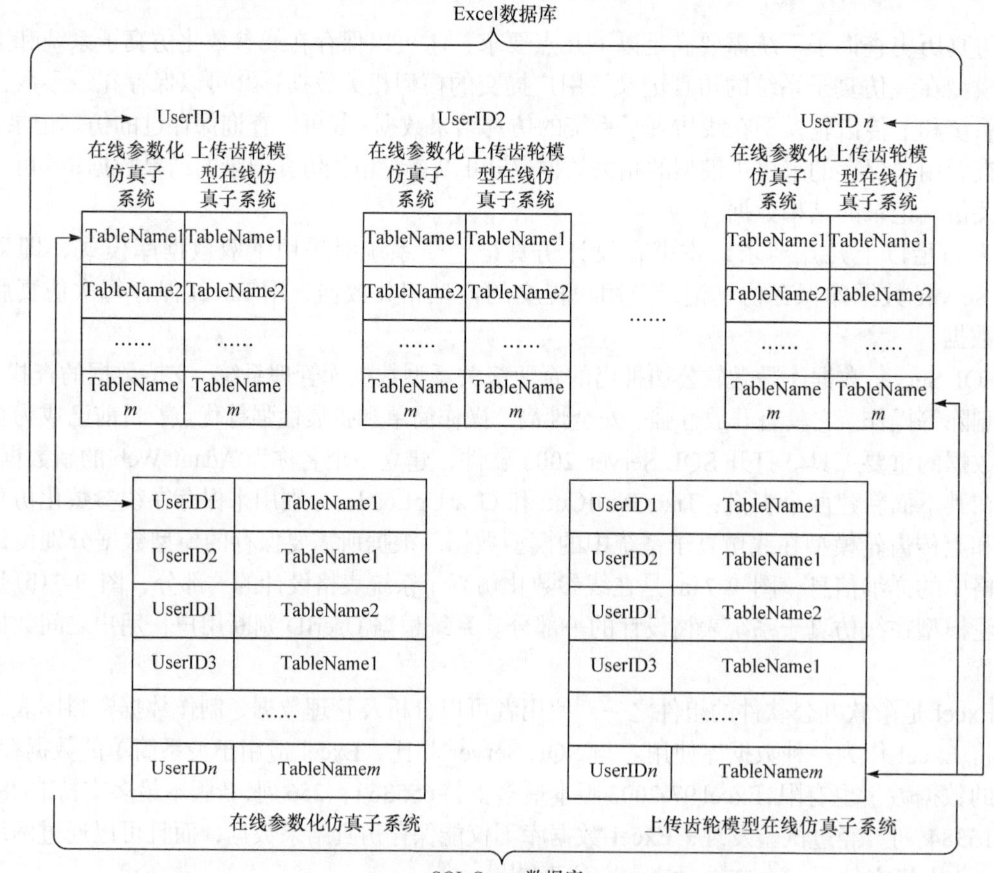

图 9-8　双数据库模式

两部分：一部分存储在线参数化仿真子系统的仿真结果数据；另一部分存储上传齿轮模型在线仿真子系统的仿真结果数据。用户对数据库操作时，系统会根据 SQL Server 数据库中的 UserID 和 TableName 两个参数查找相应的 Excel 数据库文件。

9.4.3　数据库操作

仿真历史查询子系统可以实现对数据库的在线操作，包括数据库连接、数据读取、数据添加和数据删除。由于仿真模型数据与仿真结果数据是紧密相关的，每一个结果都是基于对应的模型经过 ADAMS 软件仿真之后得到的，因此系统并不支持对数据的在线修改。

1) 数据库连接

用户通过浏览器对远程数据库中的数据进行操作之前，首先要保证客户端与服务器数据库之间的通信正常。本书设计的是双数据库系统，SQL Server 与 Excel 属于不同的数据源，连接方式略有不同，以下分别为连接两种数据库的代码。

(1) 连接 SQL Server。

```
string strcon = "server=.;database='AdamsWeb';Trusted_Connection=SSPI";
SqlConnection mycon = new SqlConnection(strcon);
mycon.Open();
```

(2) 连接 Excel。

```
string strConn = "Provider=Microsoft.Ace.OleDb.12.0; data source=temp.xls;
Extended Properties='Excel 12.0; HDR=Yes; IMEX=1'";
OleDbConnection conn = new OleDbConnection(strConn);
conn.Open();
```

2) 数据读取

由于用户查看提交的仿真模型数据和仿真结果数据在不同的页面中，所以对两种数据库的数据读取也分别在不同的网页中，查看仿真模型读取 SQL Server 中的数据，查看仿真结果读取 Excel 中的数据。虽然两个数据库连接方式不同，但是读取数据的代码没有区别，以 SQL Server 为例，代码如下。

```
string strsql = "select FileName from TiaoGaoJiGou where TableName='temp'";
SqlCommand cmd = new SqlCommand(strsql, mycon);
```

3) 数据添加

当用户选择保存本次仿真结果数据时，系统会首先将模型仿真数据保存到 SQL Server 数据库对应的子系统表格中，然后在对应的用户系统目录下新建一个 Excel 表格保存仿真结果数据。向两种数据库中添加数据时需要的部分代码如下。

(1) SQL Server 数据库。

```
string ModelDataSave = "insert into TiaoGaoJiGou values ('TGJG2017')";
SqlCommand Save = new SqlCommand(ModelDataSave, mycon);
```

(2) Excel 数据库。

```
Excel.Application xApp = new Excel.Application();
xApp.Application.Workbooks.Add(true);
Excel.Workbook xbook = (Excel.Workbook)xApp.ActiveWorkbook;
Excel.Worksheet xsheet = (Excel.Worksheet)xbook.ActiveSheet;
string ResultSave = "temp.xls";
```

```
xsheet.Cells[1, 1] = "时间(s)";
……
xbook.SaveCopyAs(ResultSave);
xbook.Close(false, Missing.Value, Missing.Value);
xsheet = null;
xbook = null;
xApp.Quit();
```

4) 数据删除

当用户选择删除仿真记录时，系统首先会先将服务器 Excel 数据库中相应的文件删除，其次将 SQL Server 数据库中对应的数据删除。以下为删除两种数据库数据的部分代码。

(1) Excel 数据库。

```
File.Delete("temp.xls");
```

(2) SQL Server 数据库。

```
string sqlstr = "delete from TiaoGaoJiGou where ID='1'";
SqlCommand com = new SqlCommand(sqlstr, mycon);
```

9.5 采煤机仿真记录与仿真视频子系统开发实例

9.5.1 界面设计

根据图 9-5 所示仿真记录页面主体部分，由<DropDownlist>控件和按钮控件组成选择区域，通过<DropDownlist>控件选择要查看的仿真记录选项，单击“查询”按钮向后台提交请求。记录表采用了 ASP.NET 平台提供的<GridView>控件，以表格形式显示数据库的内容，并通过数据源控件自动绑定和显示数据。可以通过配置数据源控件对<GridView>中的数据进行选择、排序、分页、编辑和删除功能配置。除此之外还可以自定义 UI 属性。以下是仿真记录页面插入<GridView>控件的前台页面代码，通过后台功能代码在表格中显示不同的数据，效果如图 9-9 所示。

查 询

序号	表格名称	创建时间	用户	查看	
数据绑定	数据绑定	数据绑定	数据绑定	查看	删除
数据绑定	数据绑定	数据绑定	数据绑定	查看	删除
数据绑定	数据绑定	数据绑定	数据绑定	查看	删除
数据绑定	数据绑定	数据绑定	数据绑定	查看	删除
数据绑定	数据绑定	数据绑定	数据绑定	查看	删除

12

图 9-9 仿真记录页面

```
<asp:GridView ID="GridView1" runat="server" CellPadding="4" >
    <Columns>
        <asp:BoundField DataField="ID" HeaderText="序号" SortExpression
        ="ID">
        </asp:BoundField>
```

```
        <asp:BoundField DataField="FileName" HeaderText="表格名称"
        ReadOnly="True"SortExpression="FileName">
        </asp:BoundField>
        <asp:BoundField DataField="DataTime" HeaderText="创建时间"
        ReadOnly="True" SortExpression="DataTime">
        </asp:BoundField>
        <asp:BoundField DataField="UserID" HeaderText="用户" ReadOnly=
        "True"
        SortExpression="UserID">
        </asp:BoundField>
        <asp:HyperLinkFieldDataNavigateUrlFields="TableName"
        DataNavigateUrlFormatString=" "HeaderText="查看" Text="查看">
        </asp:HyperLinkField>
        <asp:TemplateField ShowHeader="true">
        <ItemTemplate>
        <span id="message" onclick="JavaScript:return confirm('确定要删除
        吗?')">
        <asp:Button ID="Button2" runat="server" CausesValidation="False"
        CommandName="Delete" Text="删除" />
        </span>
        </ItemTemplate>
        </asp:TemplateField>
    </Columns>
</asp:GridView>
```

在视频列表页面将<asp:ImageButton>控件和<asp:HyperLink>控件组合，给出二级行星齿轮减速机构的视频播放页面和视频名称、视角参数的 URL 地址，主要代码如下。

```
<div class="div1">
    <asp:ImageButton runat="server" Width="100%" ImageUrl="~/images/erji.png"
    PostBackUrl="~/Video.aspx?Name=CMJ_erji&NO=1"></asp:Image Button>
</div>
<div style="div2">
    <asp:HyperLink runat="server" NavigateUrl="~/Video.aspx? Name=erji&NO=1">
    二级行星齿轮速机构</asp:HyperLink>
</div>
```

9.5.2　读取数据

仿真记录子系统前台页面插入<GridView>控件后需要通过后台功能代码将仿真记录从 SQL Server 数据库读取并绑定到控件内才会在页面上正确显示仿真记录，以采煤机调高机构的仿真记录为例，以下是核心代码，如果前台网页<DropDownlist>控件选中的是“调高机构”，服务器则会连接 SQL Server 中名为 AdamsWeb 的数据库并读取相应的记录绑定到前台的<GridView>控件中。

```
if (DropDownList1.SelectedValue == "调高机构")
{
    string UserID = Session["UserID"].ToString();
```

```
        string strcon = "server=.;database='AdamsWeb';Trusted_Conne ction=SSPI";
        SqlConnection mycon = new SqlConnection(strcon);
        mycon.Open();
        string strsql = "select TableName,ID,FileName,DataTime,UserID from
        TiaoGaoJiGou where UserID=" + UserID;
        SqlDataAdapter Sda = new SqlDataAdapter(strsql, mycon);
        DataSet Ds = new DataSet();
        Sda.Fill(Ds, "TiaoGaoJiGou");
        GridView1.DataSource = Ds;
        GridView1.DataKeyNames = new string[] { "ID" };
        GridView1.DataBind();
        mycon.Close();
        Sda.Dispose();
}
```

9.5.3 视频播放

在视频播放页面，除用<object>标签引入 Windows Media Player 播放器外，还用<% %>标签加入服务器代码块,读取 URL 中的视频名称和视角参数。以下为视频播放页面的核心代码，页面效果如图 9-10 所示。

```
<object id="player" classid="CLSID:6BF52A52-394A-11D3-B153-00C04F 79FAA6" >
    <param name="url" value="<%=Video %>" />
    <param name="AutoStart" value="-1" />
    <param name="PlayCount" value="1" />
    <param name="rate" value="0.73" />
    <param name="BufferingTime" value="5" />
</object>
```

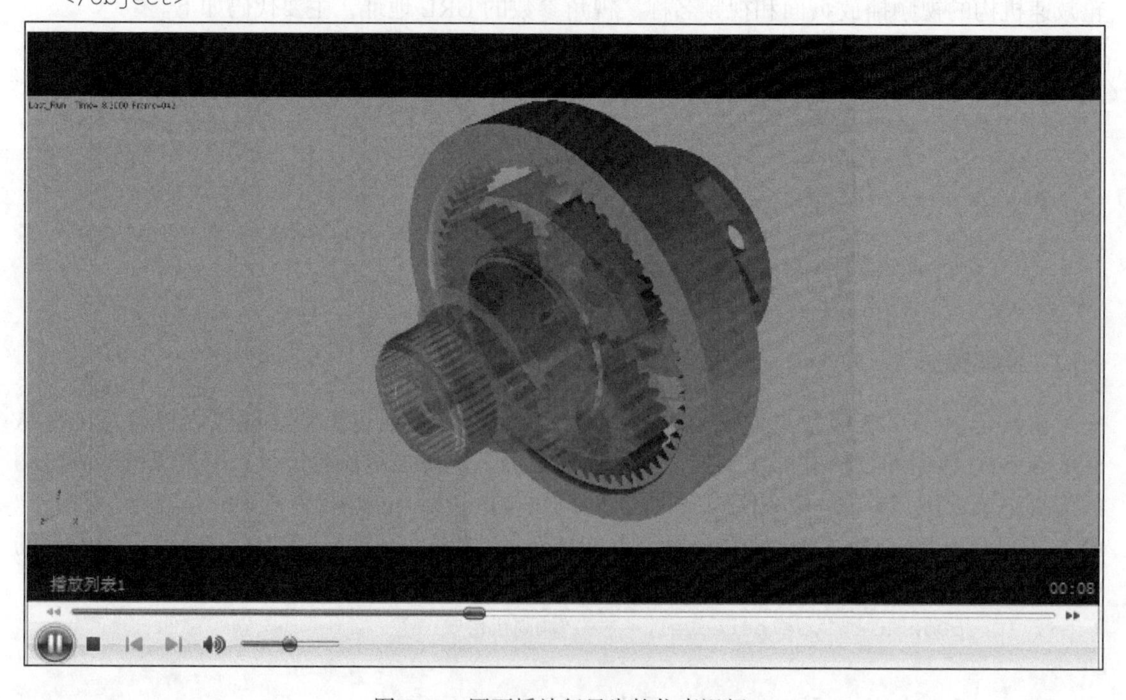

图 9-10　网页播放行星齿轮仿真视频

9.6　实 例 验 证

9.6.1　仿真记录子系统

从首页进入仿真记录子系统，每个用户只能查看自己保存的仿真记录，以“调高机构”的仿真记录为例进行说明。首先从下拉框中选择“调高机构”，单击“查询”按钮后，页面会以列表形式显示用户保存的调高机构参数化仿真的记录消息，如图 9-11 所示，表中列出了序号、表格名称、创建时间、用户、查看和删除等内容。

采煤机动力学分析系统

调高机构　查询

序号	表格名称	创建时间	用户	查看	
1	ddddd	2016-06-03	2014510029	查看	删除
2	sssss	2016-06-03	2014510029	查看	删除
3	aaaaa	2016-06-04	2014510029	查看	删除
4	fffff	2016-06-04	2014510029	查看	删除

图 9-11　仿真记录查询页面

单击每条仿真记录的“查看”项，页面会跳转到仿真参数记录页面，页面布局与图 8-4 所示的页面一样，但是有两处不同之处。

(1) 从仿真记录子系统打开的参数页面中的所有文本框均为只读属性，用户不能改动，如图 9-12 所示，所有参数均是系统从 SQL Server 数据库中的仿真记录表中读取并填写到只读文本框内的。

(2) 页面下方以“查看结果”按钮取代“重置”和“提交”按钮。单击“查看结果”按钮，页面直接跳转到仿真结果页面，与图 8-10 所示的结果页面一样，不同之处是没有“保存为”按钮。

单击每条记录后的“删除”按钮，页面会弹出提示框以确定是否要删除相应的仿真记录，如图 9-13 所示，单击“确定”按钮后，服务器会先后删除对应记录的 Excel 和 SQL Server 数据库中的数据，同时仿真记录页面会刷新记录列表。

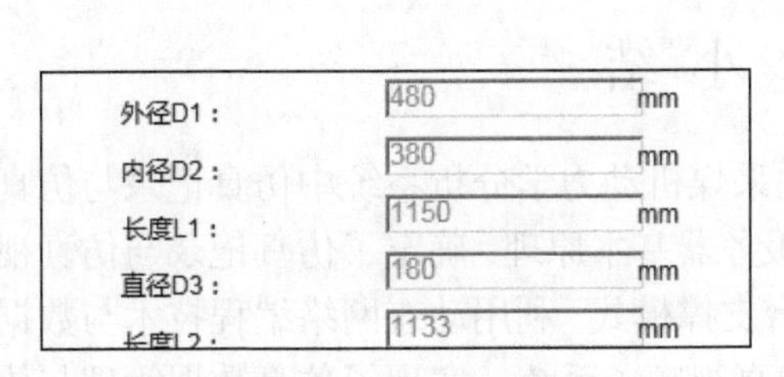

图 9-12　参数文本框只读

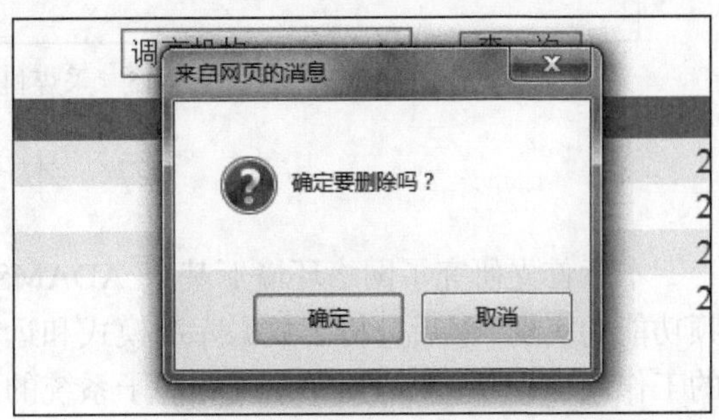

图 9-13　删除仿真记录

9.6.2　仿真视频子系统

从首页进入仿真视频子系统，首先会进入视频列表页面，见图 9-14。目前仿真视频子系统中列出了采煤机整机、调高机构、摇臂齿轮传动、一级行星减速机构和二级行星减速机构 5 个机构的仿真运动视频。

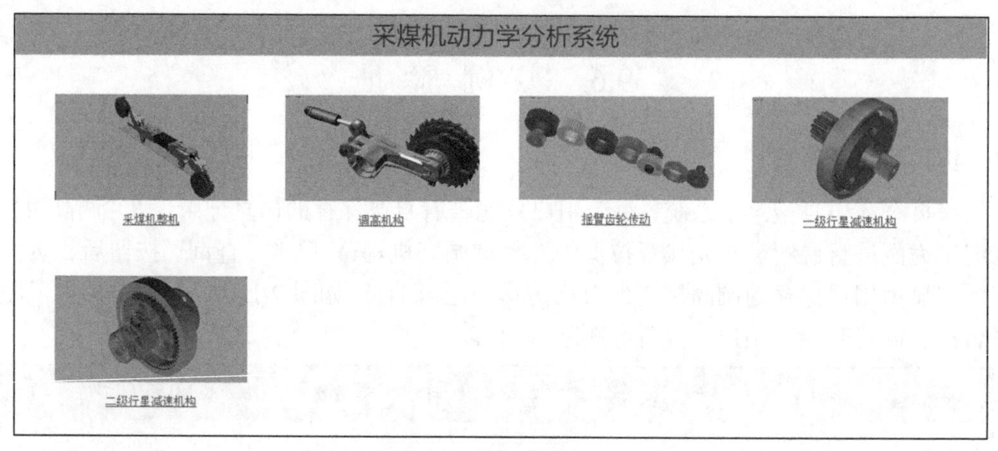

图 9-14　视频列表页面

单击视频列表页面中的“采煤机整机”进入视频页面，如图 9-15 所示，系统为用户提供了三个不同的视角，展示了用 ADAMS 对采煤机整机进行仿真后得到的运动视频，默认以视角一播放视频，用户可以在页面左下角选择其他视角进行视频播放。

图 9-15　采煤机整机仿真视频展示

9.7　本 章 小 结

本章首先研究了网络环境下基于 ADAMS 的采煤机动力学分析系统中仿真记录与仿真视频功能的实现。然后分析了数据库的模式和远程服务器基本原理，确定了仿真记录与仿真视频的工作流程，选用双数据库系统作为子系统的后台支撑模式。利用动态网络编程技术与数据库技术开发了基于 ADAMS 的采煤机仿真记录与仿真视频子系统，实现了仿真数据管理与仿真视频展示的功能。最后以采煤机截割部摇臂调高机构的仿真记录及采煤机整机的仿真视频为例，验证了方法的可行性与有效性。

本章彩色插图

第10章　系统测试与应用

10.1　引　　言

测试是软件或系统开发过程中的必要环节，在对采煤机动力学分析系统测试之前，必须明确测试目的与内容，避免盲目性测试。在遵循相关测试原则的基础上，设计适当的测试方法，在适当的测试方法指导下制定合理的测试步骤。此外，测试要在综合考虑系统功能和用户需求的前提下进行，及时发现并修复系统中潜在的问题。

10.2　系 统 测 试

10.2.1　测试目的与内容

软件测试作为保障软件质量最直接、最有效的手段之一，是软件开发的重要部分，无论软件开发者还是使用者都应该把软件质量作为重要目标之一。软件测试实质是指发现软件中的错误并不断修复的过程。通过对软件在需求分析阶段、系统设计、子系统设计和实现阶段等各个环节的迭代测试，尽早地发现问题并加以改进。找出系统在用户提供不同输入数据的条件下运行时可能出现的问题，是系统测试的主要目的。通过系统测试发现错误，并准确定位错误发生在程序运行中的具体环节，在理性分析的基础上得出错误出现的原因和产生机理并提出解决方案，能极大地提高系统运行的可靠性。此外，还可以通过用例测试对软件的质量和可信度进行评估。

采煤机参数化设计与分析系统测试内容主要包括以下几方面。

(1)系统可移植性测试。采煤机参数化设计与分析系统是基于 NX9.0 平台的单机版系统，系统可移植性测试主要是为了检测在其他计算机上设置环境变量并安装相应文件后，系统在接受用户提供的输入数据后能否正确运行。

(2)系统功能测试。系统功能测试主要为了检测当用户通过菜单选择相应的功能模块后，通过程序运行能否达到预期效果，包括能否依据用户提供的零件尺寸参数正确生成三维模型；能否依据用户提供的材料参数、网格参数、载荷参数自动生成仿真模型并进行有限元解算；能否依据用户提供的目标函数、设计变量、约束变量自动进行优化分析。

(3)系统集成稳定性测试。系统集成稳定性测试主要为了检测将参数化CAD建模子系统、参数化CAE分析子系统、参数化优化设计子系统集成后的系统运行可靠性与稳定性。

网络环境下基于 ADAMS 的采煤机动力学分析系统测试的内容主要包括以下几方面。

(1)界面测试。测试系统各级页面在不同客户端浏览器上是否会出现错位、页面丢失、颜色失真等问题；测试系统是否具有良好的可操作性和友好的界面；测试页面布局是否合理，文字及图片位置是否合理；测试表格、图片是否能完整显示；测试是否会出现乱码问题。

(2)性能测试。首先测试系统能否远程调用 ADAMS 并正确地提供仿真结果。其次测试系统的响应速度及对仿真分析过程的处理速度，这主要与网络的传输速率及服务器计算机的CPU性能有关。评判的标准以用户可接受度为准，若计算机性能过低导致用户等待时间过长，则需要提升系统硬件条件。

(3)功能测试。主要分三部分：一是测试参数化仿真子系统的建模及仿真功能是否正常，系统能否准确计算并将结果返回给客户端浏览器；二是测试上传模型在线仿真子系统能否上传模型文件，能否根据用户上传的不同模型仿真获得正确的结果并传输给客户端浏览器；三是测试仿真记录与仿真视频子系统能否正常与数据库通信，实现仿真记录的查询、删除、查看、管理与仿真视频的播放。

(4)容错性测试。通过故意输入错误类型的或者超出允许范围的数据测试系统能否对数据做出正确的判断并正确应对。

(5)信息安全测试。主要测试系统对用户权限的分配及对文件资源的保护、外界与数据库的交互是否安全等。

10.2.2 测试方法与测试步骤

测试环境主要包括硬件环境和软件环境，硬件环境指由测试所需的服务器、客户机、网络设备等硬件设备构成的环境，软件环境指由操作系统、数据库及应用软件构成的环境。测试硬件环境的配置一般稍低于实际应用环境，条件允许时可准备中等和高级两个档次的配置，这样既能保证绝大多数用户的需求，又满足系统的可扩展性。软件环境一般选用普及的操作系统保证软件适用性，选用正版杀毒软件保证测试环境不被病毒所干扰。

1. 测试方法

系统测试通常是在不同测试方法之间协同进行的，按照是否执行被测程序可分为静态测试和动态测试，静态测试无需运行程序代码，动态测试必须运行程序代码。静态测试通过对程序源代码进行检查和审阅，检测程序的逻辑结构和内部运行通路是否合理，主要用于代码优化。动态测试通过读取用户给定的输入数据，检测程序能否正确、流畅地执行，主要用于系统功能测试。

动态测试方法按照是否查看程序源代码又分为白盒测试和黑盒测试。白盒测试注重代码的执行过程，主要用于程序的结构检测；黑盒测试不关注程序的执行过程，而只考虑程序在接收输入数据运行后，输出结果是否满足预期要求，只进行功能测试。

此外，系统测试按照不同的测试过程又可分为单元测试、集成测试和系统可移植性测试。单元测试包括参数化CAD建模子系统、参数化CAE分析子系统、参数化优化设计子系统各自的独立测试；集成测试用于检测建模、分析、优化三个子系统之间能否实现通信和相互调用；系统可移植性测试用于检测该系统在不同版本的NX平台下能否正确运行。

2. 测试步骤

测试按照单元测试、集成测试、系统可移植性测试的顺序，并结合静态测试和动态测试的方法进行，具体过程如表10-1～表10-6所示。

表 10-1　参数化 CAD 建模子系统测试步骤

测试内容	测试等级	测试步骤	测试结果
内牵引部截一轴齿数修改	单元测试	在图 4-9 中修改齿数为 20，单击“确定”按钮	系统正确生成截一轴模型，齿数为 20
内牵引部截一轴模数修改	单元测试	在图 4-9 中修改模数为 10，单击“确定”按钮	系统正确生成截一轴模型，分度圆变大
内牵引部截一轴轴径尺寸修改	单元测试	在图 4-9 中修改尺寸参数 D10>D7	未能正确生成模型，弹窗给出错误提示

表 10-2　参数化 CAE 分析子系统测试步骤

测试内容	测试等级	测试步骤	测试结果
截一轴线性静力学分析	单元测试	打开截一轴模型，按照 5.5 节所述步骤执行线性静力学分析	成功率 90%以上，除非用户提供了非法参数或用户未按照操作步骤进行分析
截一轴模态分析	单元测试	打开截一轴模型，类比 5.5 节所述步骤执行模态分析	
截一轴瞬态分析	单元测试	打开截一轴模型，类比 5.5 节所述步骤执行瞬态分析	
截一轴疲劳分析	单元测试	在线性静力学分析的基础上，按照 5.5 节所述步骤执行疲劳分析	
截一轴频率响应分析	单元测试	在模态分析的基础上，类比 5.5 节所述步骤执行频率响应分析	

表 10-3　参数化优化设计子系统测试步骤

测试内容	测试等级	测试步骤	测试结果
截一轴重量优化	单元测试	按照 5.5 节所述对截一轴进行线性静力学分析。然后进入参数化优化设计子系统，选择目标函数为重量最小，并给出不同的设计变量、约束条件及求解器参数	除用户提供的优化参数和求解器控制参数不合适外，其余条件均能成功对模型进行优化并给出最优解
截一轴体积优化	单元测试	按照 5.5 节所述对截一轴进行线性静力学分析。然后进入参数化优化设计子系统，选择目标函数为体积最小，并给出不同的设计变量、约束条件及求解器参数	除用户提供的优化参数和求解器控制参数不合适外，其余条件均能成功对模型进行优化并给出最优解

表 10-4　采煤机参数化设计与分析系统集成测试步骤

测试内容	测试等级	测试步骤	测试结果
参数化 CAD 建模子系统	集成测试	按图 4-9 中默认参数创建截一轴三维模型	正确生成三维模型
参数化 CAE 分析子系统获取三维模型并创建仿真模型	集成测试	进入参数化 CAE 分析子系统，通过对话框输入不同的材料、网格、载荷参数创建仿真模型	正确生成仿真模型
参数化优化设计子系统获取分析结果	集成测试	进入参数化优化设计子系统，依据获取的分析结果设置约束条件	正确获取分析结果

表 10-5　系统可移植性测试步骤

测试内容	测试等级	测试步骤	测试结果
系统在 NX8.0 版本中的运行情况	系统可移植性测试	在装有 NX8.0 的其他计算机上创建环境变量并拷入系统文件，运行程序	程序未能正确运行
系统在 NX9.0 版本中的运行情况	系统可移植性测试	在装有 NX9.0 的其他计算机上创建环境变量并拷入系统文件，运行程序	程序可以正确运行
系统在 NX10.0 版本中的运行情况	系统可移植性测试	在装有 NX10.0 的其他计算机上创建环境变量并拷入系统文件，运行程序	程序可以正确运行
系统在 NX11.0 版本中的运行情况	系统可移植性测试	在装有 NX11.0 的其他计算机上创建环境变量并拷入系统文件，运行程序	程序可以正确运行

表 10-6　网络环境下基于 ADAMS 的采煤机动力学分析系统测试步骤

测试内容	测试步骤	测试结果
界面测试	1. 单击系统各级页面链接； 2. 单击导航栏中的网页链接； 3. 查看图表显示	链接正常；页面布局合理，在不同的浏览器中具有良好的页面兼容性；无乱码；图表显示正常
性能测试	1. 在在线参数化仿真子系统和上传齿轮模型在线仿真子系统的参数提交页面预估计从提交参数到结果返回所需时间； 2. 在仿真视频子系统页面预估视频缓冲及播放所需时长	1. 仿真建模时间约为 10min，等待时间在用户可接受范围内； 2. 仿真视频子系统与网络传输速率相关
功能测试	1. ①在在线参数化仿真子系统页面依次输入正确的构件模型参数并提交；②等待结果数据的返回并判断其正确性； 2. ①在上传齿轮模型在线仿真子系统页面单击“浏览”按钮，找到本地模型文件，然后单击“上传”按钮；②输入齿轮模型的各项参数并单击提交；③等待结果页面的返回，并通过图片、数据及数据判断仿真结果的正确性； 3. ①在仿真历史查询子系统页面分别选择不同的机构，单击“查询”按钮；②单击历史记录中的“查看”按钮；③单击“删除”按钮； 4. 在仿真视频子系统页面分别选择不同的仿真视频及视角观看视频	1. 在线参数化仿真子系统可以正常建模及仿真；客户端能够接收到正确的结果数据； 2. 上传齿轮模型在线仿真子系统可以正常上传模型文件；系统可以对用户上传的齿轮模型进行仿真；客户端能够接收到正确的结果数据； 3. 仿真历史查询子系统可以提供正常的查询、删除及管理功能； 4.仿真视频子系统可以正常播放
容错性测试	1. 输入错误类型的数据并提交； 2. 输入允许范围之外的模型数值并提交	系统会对数据类型及数值做出判断，错误则会返回提示
信息安全测试	未登录用户是否有使用权	1. 登录用户可以进入仿真视频子系统查看仿真视频； 2. 其余子系统会提示“请登录！”

10.2.3　测试结果与结论

采煤机参数化设计与分析系统测试结果如下：①系统具有较好的容错性。系统界面在接受正确的输入参数情况下均能正确实现系统预设功能，且当用户提供错误的输入参数后，程序能终止运行并通过弹窗给出错误提示和输入参数合理的取值范围。②系统具有良好的集成稳定性。不同子系统之间能够通过接口函数相互通信，实现了参数化建模、分析、优化的集成。③系统具有良好的可移植性。通过添加环境变量和拷入必要的系统文件，程序可在装有 NX9.0 以上版本的计算机上正确、流畅地运行。

网络环境下基于 ADAMS 的采煤机动力学分析系统测试结果如下：①系统具有良好的可

操作性。②系统具有友好的界面，图表能够正常显示，页面布局合理。③系统运行流畅，响应迅速，等待时间在用户可接受范围内。④系统可以提供正常的建模及仿真服务，并且能够显示正确的仿真结果。⑤系统具有较强的安全性及容错能力。

本章从功能性、易用性、可靠性、稳定性以及可移植性方面进行了软件产品测试，测试结果表明采煤机动力学分析系统各项功能模块工作稳定可靠，均能有效顺利地使用，实现了预期的目标，能够满足用户的需求，符合标准的要求。

10.3　应用实例

以采煤机外牵引部 18T 齿轮为例，介绍采煤机参数化设计与分析系统参数化 CAD 建模、参数化 CAE 分析、参数化优化设计的系统详细操作步骤。

步骤 1：启动 NX9.0，在菜单栏依次单击“采煤机参数化设计与分析系统”→“参数化 CAD 设计系统”→“外牵引部”→“18T 齿轮”，弹出“外牵引 18T 齿轮参数化建模”对话框，如图 10-1 所示。设置图 10-1 所示参数，单击“确定”或“应用”按钮生成三维模型，如图 10-2 所示。

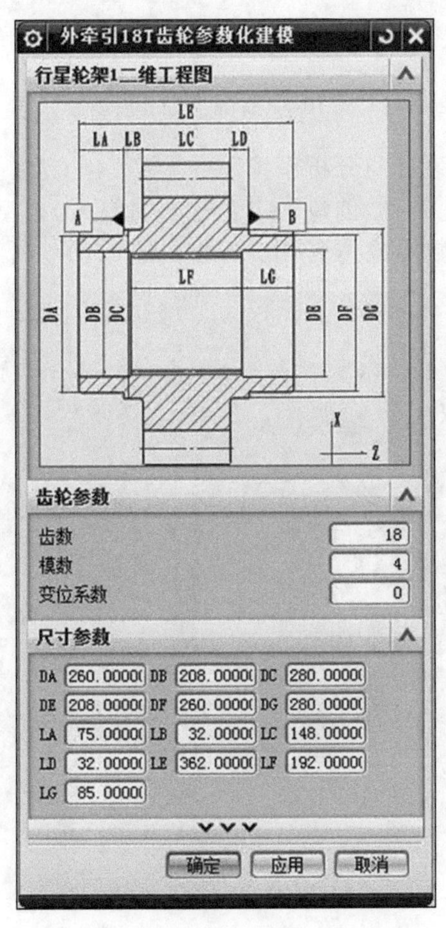

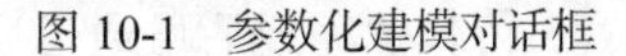
图 10-1　参数化建模对话框

图 10-2　18T 齿轮三维模型

步骤 2：在菜单栏依次单击“采煤机参数化设计与分析系统”→“参数化 CAE 分析系统”→“参数化线性静力学分析”→“18T 齿轮”→“创建 18T 齿轮有限元(Fem)模型”，弹出如图 10-3 所示对话框，设置图 10-3 所示参数生成有限元 Fem 模型，如图 10-4 所示。

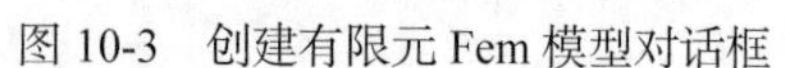
图 10-3　创建有限元 Fem 模型对话框

图 10-4　有限元 Fem 模型

步骤 3：在菜单栏依次单击“采煤机参数化设计与分析系统”→“参数化 CAE 分析系统”→“参数化线性静力学分析”→“18T 齿轮”→“创建 18T 齿轮仿真(Sim)模型”，弹出如图 10-5 所示对话框，设置图 10-5 所示参数生成仿真 Sim 模型，如图 10-6 所示。

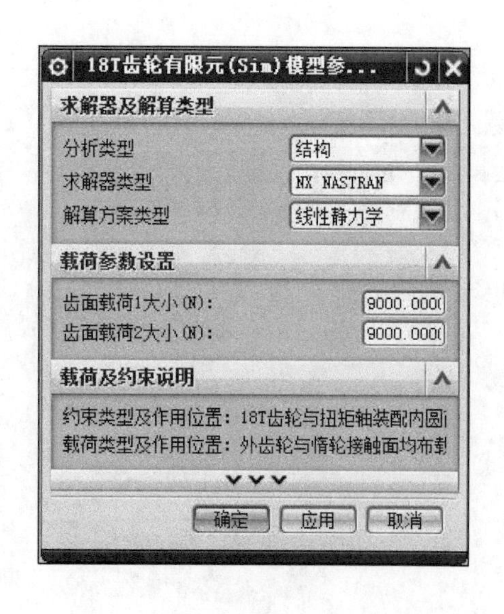

图 10-5　创建仿真 Sim 模型对话框

图 10-6　仿真 Sim 模型

步骤 4：在工具栏单击“解算”按钮，默认求解器设置，待作业完成后可通过后处理功能查看 18T 齿轮位移幅值云图和应力云图，如图 10-7 和图 10-8 所示。

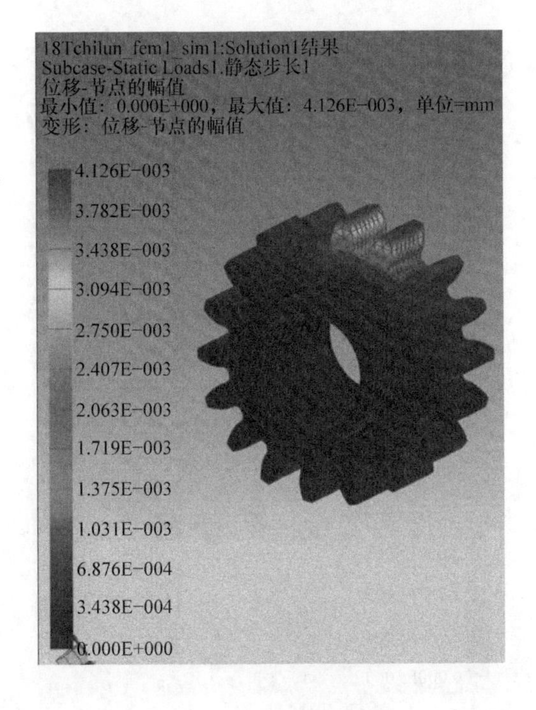

图 10-7 位移幅值云图

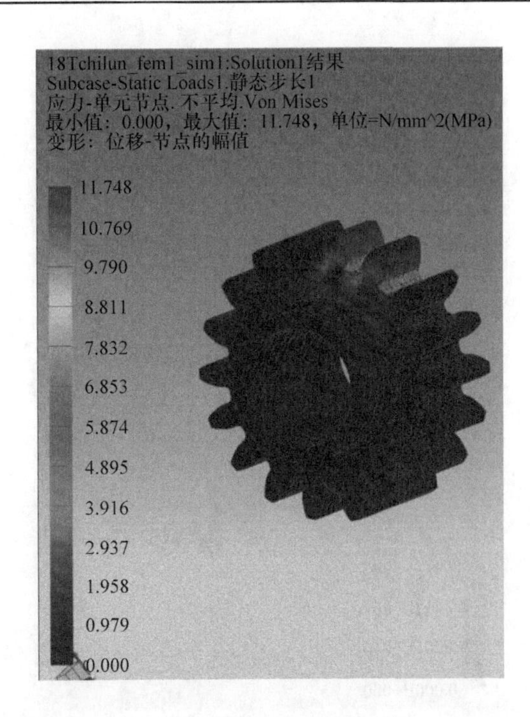

图 10-8 应力云图

步骤 5：返回仿真并切换到 Fem 环境，在菜单栏依次单击“采煤机参数化设计与分析系统”→“参数化 CAE 分析系统”→“参数化瞬态分析”→“18T 齿轮”→“创建 18T 齿轮仿真(Sim)模型”，弹出如图 10-9 所示对话框，设置图 10-9 所示参数生成仿真 Sim 模型，如图 10-10 所示。

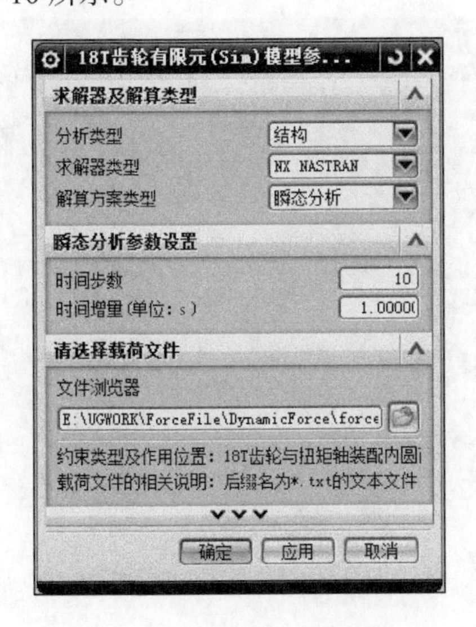

图 10-9 瞬态分析对话框

图 10-10 瞬态分析仿真 Sim 模型

步骤 6：在工具栏单击“求解”按钮弹出求解对话框，默认求解器设置。单击“确定”按钮，待作业完成后系统自动跳转到结果界面，通过 NASTRAN 后处理功能可查看 18T 齿轮增量 5 和增量 8 的位移幅值云图，如图 10-11 和图 10-12 所示。

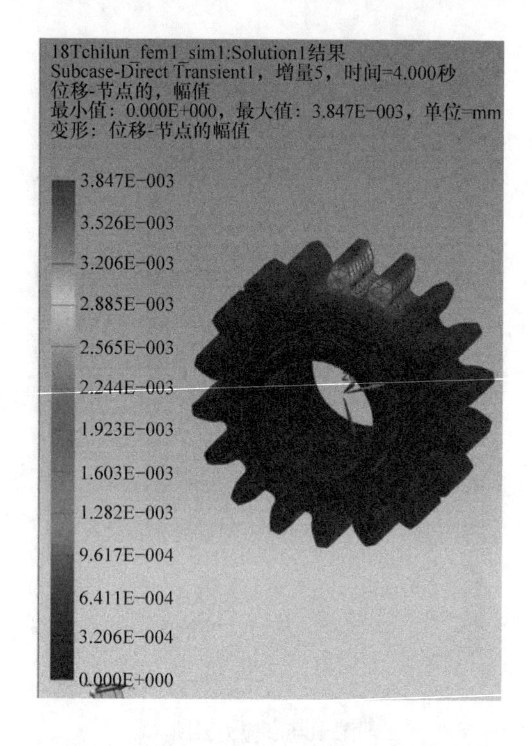

图 10-11　增量 5 位移幅值云图

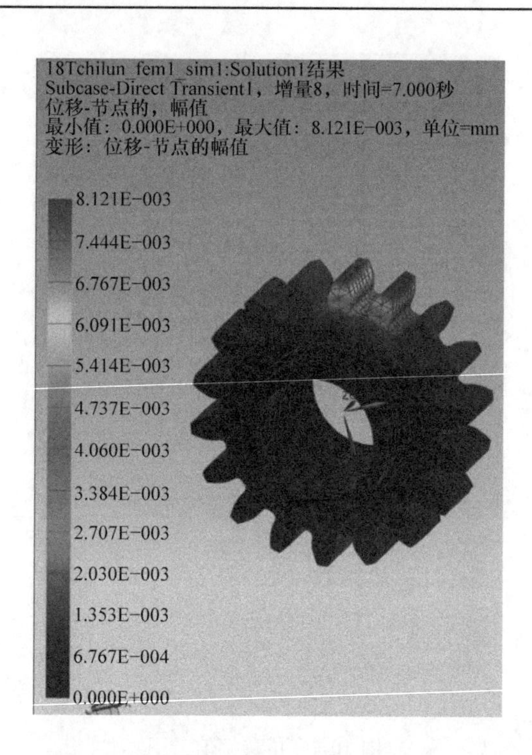

图 10-12　增量 8 位移幅值云图

步骤 7：返回仿真并切换到 Fem 环境，在菜单栏依次单击“采煤机参数化设计与分析系统”→“参数化 CAE 分析系统”→“参数化模态分析”→“18T 齿轮”→“创建 18T 齿轮仿真(Sim)模型”，弹出如图 10-13 所示对话框，设置图 10-13 所示参数生成仿真 Sim 模型，如图 10-14 所示。

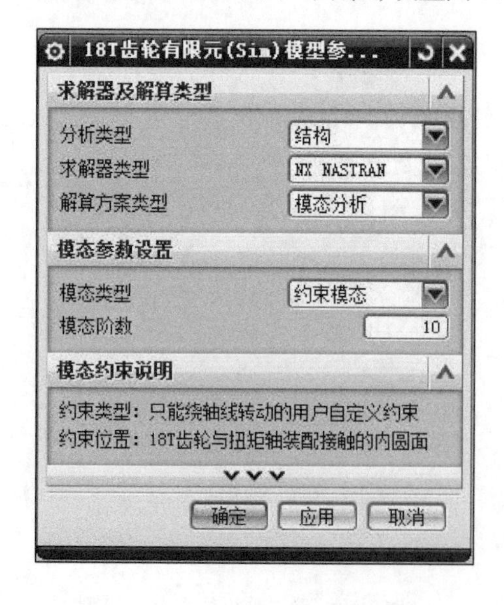

图 10-13　模态分析对话框

图 10-14　模态分析仿真 Sim 模型

步骤 8：在工具栏单击“解算”按钮，默认求解器设置，待作业完成后可通过后处理功能查看 18T 齿轮在约束条件下的一阶模态和三阶模态分析结果，如图 10-15 和图 10-16 所示。

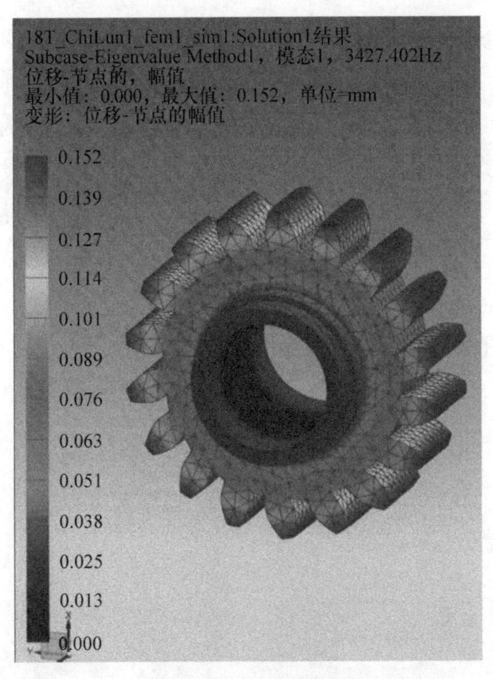

图 10-15　一阶模态

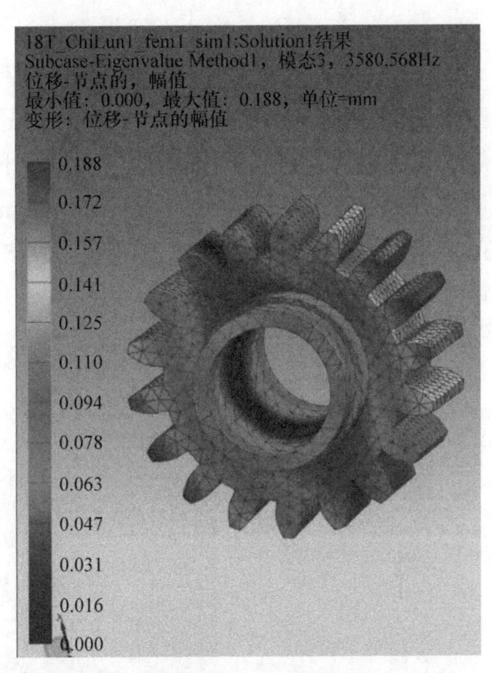

图 10-16　三阶模态

步骤 9：返回仿真并切换到模态分析 Sim 环境，在菜单栏依次单击“采煤机参数化设计与分析系统”→“参数化 CAE 分析系统”→“参数化频率响应分析”→“18T 齿轮”，弹出如图 10-17 所示对话框，默认图 10-17 所示参数，单击“确定”按钮以生成频率响应分析仿真 Sim 模型。在工具栏单击“解算”按钮，默认求解器设置，待作业完成后可通过后处理功能查看 18T 齿轮共振条件下的应力云图，如图 10-18 所示。

18T齿轮有限元(Sim)模型参...

求解器及解算类型

分析类型	结构
求解器类型	NX NASTRAN
解算方案类型	频率响应分析

频率响应参数设置

频率列表窗体	FREQ
第一频率	3850.000(
频率增量	2.0000(
频率增量数	100.0000(
频率相关载荷	15000 N
阻尼类型	结构阻尼
阻尼大小	0.08

频率响应分析相关说明

一、请在模态分析的基础上进行频率响应分析
二、所施加的载荷是以频率为自变量的变载荷

确定　应用　取消

图 10-17　频率响应分析对话框

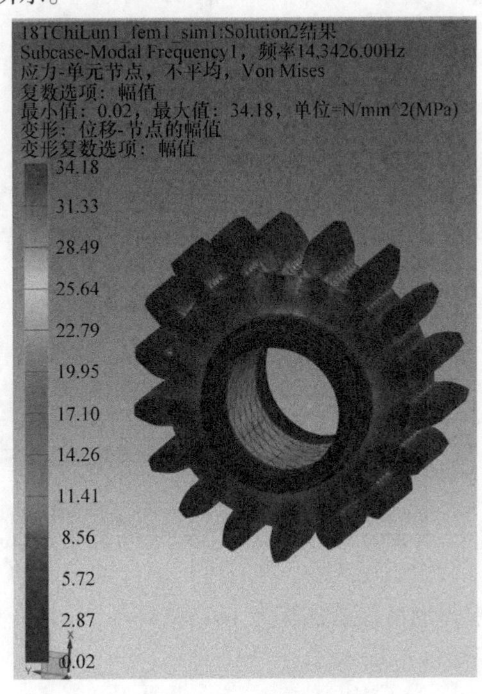

图 10-18　应力云图

步骤 10：返回仿真并进入线性静力学分析 Sim 环境，在菜单栏依次单击“采煤机参数化设计与分析系统”→“参数化优化分析系统”→“外牵引部”→“18T 齿轮”，系统弹出“18T 齿轮优化分析参数设置”对话框，如图 10-19 所示。设置优化目标为重量，目标函数为最小化；约束类型为位移，分量为 X；限制类型为下限，约束限制值为–0.02mm；设计变量 1 选择为轴径 DA，上限设置为 286mm，下限设置为 234mm；设计变量 2 选择轴孔 DB，上限设置为 228mm，下限设置为 187mm；控制参数组保持默认设置，单击“确定”按钮进行迭代解算。

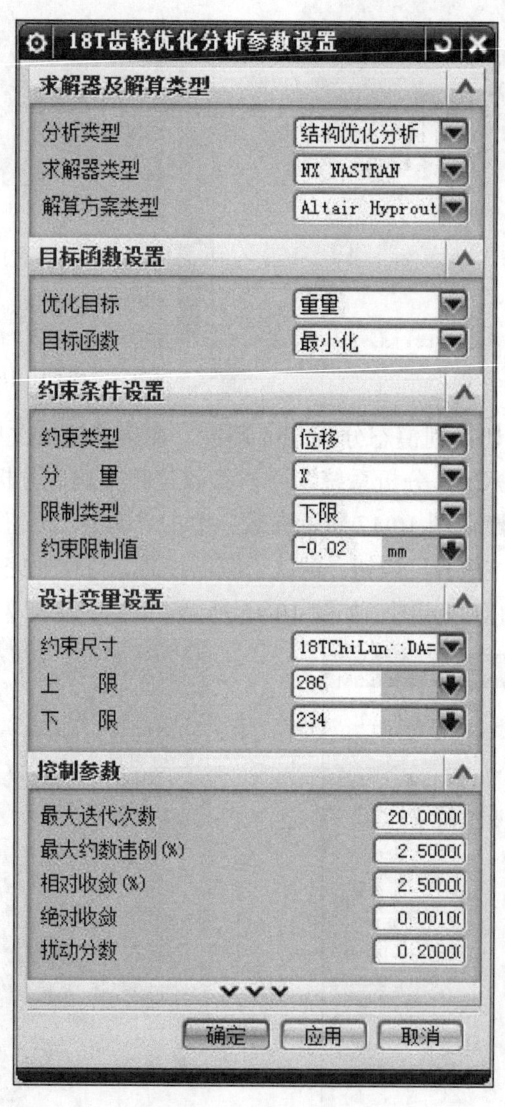

图 10-19　优化分析对话框

待分析完成后，可通过系统自动弹出的 Excel 表格查看详细优化分析结果。对于本实例最终求得的目标最优解为 1613851mg，设计变量分别为：DA=286mm，DB=228.8mm。优化结果如图 10-20 所示。

优化历程					
基于 Altair Hyprout					
设计目标函数结果					
最小值 重量 [mg]	0	1	2	3	4
	1777169	1777169	1713706	1613851	1613851
设计变量结果					
名称	0	1	2	3	4
"18T_ChiLun1"::DA=260	260	270.4	260	260	286
"18T_ChiLun1"::DBB=208	208	208	216.32	228.8	228.8
设计约束结果					
	0	1	2	3	4
Result Measure					
下限 = -0.020000 [mm]	-0.006	-0.006	-0.0059	-0.00581	-0.00581
找不到更佳的设计，运行已收敛。					

图 10-20　优化结果

10.4　本 章 小 结

本章研究了满足工程需求的、高效的软件测试方法，制定了针对不同子系统测试步骤，利用不同的测试方法对系统功能性、易用性、可靠性、稳定性以及可移植性进行测试，并根据不同子系统设计了典型的测试用例，对采煤机动力学分析系统做了全面测试，保证了系统的可靠性与稳定性。最后，以采煤机外牵引部 18T 齿轮为例，详细阐述了采煤机参数化设计与分析系统的详细操作步骤，验证了该系统良好的可操作性与实用性。

本章彩色插图

第 11 章　结论与展望

11.1　主 要 结 论

⑴研究了采煤机整机动力学理论模型，利用 ADAMS 建立了采煤机整机动力学模型，通过整机仿真方式找到行走轮与销轨啮合力，为行走轮破坏形式分析提供线索。在整机动力学研究的基础上，分别对采煤机截割部和牵引部进行了动力学分析，找到易损坏部位，为采煤机的设计提供理论依据。

⑵提出了参数化动力学分析方法及网络化动力学分析方法，包括采煤机参数化 CAD 建模方法、参数化 CAE 分析方法、参数化优化设计方法及 CAD/CAE 集成方法、在线参数化仿真方法，在此基础上构建了采煤机动力学分析系统体系框架。

⑶研究了基于三维模型模板的参数化 CAD 建模方法，建立了基于约束的参数化实现机理，并借助数学表达式、逻辑表达式和几何表达式建立了尺寸约束，并通过 CAD 软件二次开发工具和接口函数，实现可变参数对模型的实时驱动。

⑷研究了基于 NX NASTRAN 的参数化 CAE 分析方法，建立了基于程序的参数化实现机理，利用解算求解器和接口函数完成前处理、模型建立、分析过程的参数化与自动化，实现了采煤机关键零部件的静力学分析、模态分析、瞬态分析、疲劳分析、频率响应分析等参数化 CAE 分析，提高了分析效率，降低了分析门槛。

⑸提出了基于同一平台的设计、分析、优化过程的集成方案，完成了采煤机关键零部件参数化建模、参数化分析和参数化优化的整个过程，形成了“设计—分析—优化—再设计”的良性闭环，实现了模型数据参数的无缝传递，解决了当前参数化 CAD/CAE 系统数据转换时导致的数据丢失问题。

⑹提出了网络环境下基于 ADAMS 的采煤机动力学分析的设计方案，解决了在 B/S 模式下调用 ADAMS 软件的关键技术，搭建了参数化远程动力学分析平台，实现了在网络环境下将 ADAMS 虚拟样机技术应用于采煤机运动机构的在线动力学仿真，实例验证该方法方便快捷，实现了异地仿真与分析。

⑺在上述理论与方法的研究基础上，基于 NX 平台及网络平台开发了动力学分析系统，实现了工程应用。系统能够实现采煤机关键零部件的参数化 CAD 建模、参数化 CAE 分析、参数化优化设计、在线参数化仿真、上传模型在线仿真、仿真记录与仿真视频等功能。应用实例表明，系统运行稳定可靠，一定程度上实现了采煤机动力学分析的参数化、集成化、自动化和智能化。

11.2　主要创新点

⑴将参数化原理及网络化思路融入采煤机动力学分析领域，提出了参数化动力学分析方法及网络化动力学分析方法，研究了采煤机参数化建模、参数化分析、参数化优化及集成、在线参数化仿真等关键技术，开发了基于 NX 平台与网络平台的采煤机动力学分析系统，在一定

程度上实现了采煤机动力学分析的集成化、网络化、自动化与智能化。

(2) 提出了参数化建模、分析、优化的集成解决方案，基于约束的参数化实现机理实现了可变参数对模型的实时驱动，利用解算求解器和接口函数实现数据的无缝传递与共享，完成了CAD 建模、CAE 分析和优化的参数化与自动化，实现了采煤机设计、分析、优化整个过程的良性闭环控制，不仅避免了数据在不同软件转换时造成数据丢失，而且缩短了采煤机研发周期，提高了设计效率。

(3) 提出了网络环境下基于 ADAMS 的采煤机动力学分析方案，在 B/S 模式下通过 ADAMS 接口函数、宏命令语言、模型语言与仿真脚本文件等关键技术，搭建了动力学分析的网络平台，实现了网络远程调用 ADAMS 对采煤机关键机构进行在线参数化仿真分析、上传模型在线仿真分析、仿真记录与仿真视频等功能，弥补了单机版 CAE 分析软件的局限性，拓展了设计分析范围，节省了企业成本，具有良好的社会效益和经济效益。

11.3　进一步工作展望

本书对采煤机动力学分析与系统的体系结构、功能模块和实现关键技术等问题进行了较为深入、系统的探讨和尝试，并取得了以上一些研究进展和成果。但是采煤机动力学分析是一项集理论、计算、仿真和分析等于一体的庞大、复杂的分析任务，涉及大量错综复杂的因素，各个设计环节联系密切。本书仅对参数化和网络化技术应用于采煤机关键零部件的动力学分析进行了有益的探索，但无论从理论的深度还是系统的开发方面都有待进一步的深入研究，今后的研究工作可从以下两个方面开展。

(1) 系统对采煤机关键零部件进行建模分析时，需要对模型进行简化，导致数据结果与简化前的模型仿真结果存在一定的误差，并且可分析的模型存在一定的局限性，在今后的研究中需要寻找更加有效的方法。

(2) 采煤机结构复杂且零部件众多，该系统仅涵盖采煤机截割部和牵引部的关键零部件，为使系统更加完善，应对零部件进行扩充。

参 考 文 献

[1] 申宝宏, 郭玉辉. 我国综合机械化采煤技术装备发展现状与趋势[J]. 煤炭科学技术, 2012, 40(2): 1-4.

[2] 耿东锋, 王启广, 李琳. 我国综合机械化采煤装备的现状与发展趋势[J]. 矿山机械, 2008, (12): 1-6.

[3] 张世洪. 我国综采采煤机技术的创新研究[J]. 煤炭学报, 2010, 35(11): 1898-1902.

[4] TORAÑO J, DIEGO I, MENÉNDEZ M, et al. A finite element method (FEM)–fuzzy logic (soft computing)–virtual reality model approach in a coalface longwall mining simulation[J]. Automation in construction, 2008, 17: 413-424.

[5] 齐有军, 程桁. 基于有限元分析法的减速器的优化设计研究[D]. 太原: 太原理工大学, 2009.

[6] 杨涛, 王义亮, 郭生龙. 大采高电牵引采煤机截割部虚拟样机技术及关键零件的结构有限元分析[D]. 太原: 太原理工大学, 2009.

[7] 赵丽娟, 周宇. 基于 ANSYS/LS-DYNA 的薄煤层采煤机扭矩轴动力学接触分析[J]. 煤矿机械, 2009, 30(4): 68-70.

[8] 白学勇, 薛河. 采煤机截齿冲击动力学分析[D]. 西安: 西安科技大学, 2010.

[9] 王广, 张世洪, 汪崇建, 等. 基于 ADAMS 的采煤机调高机构动态分析[J]. 煤矿机电, 2012, (6): 16-18.

[10] 杜成林, 张芝侠, 贾龙. 基于 Abaqus 的采煤机行走机构啮合动态仿真[J]. 煤矿机电, 2013, (5): 66-67.

[11] 赵丽娟, 兰金宝. 采煤机截割部传动系统的动力学仿真[J]. 振动与冲击, 2014, 33(23): 106-110.

[12] 赵丽娟, 乔美娜, 兰金宝. 新型采煤机截割部行星轮系强度分析[J]. 机械传动, 2015, 39(2): 107-110, 123.

[13] 原彬. 典型工况下采煤机牵引部动力学及行走轮疲劳寿命分析[D]. 太原: 太原理工大学, 2018.

[14] 李江云. 电牵引采煤机整机典型工况动力学分析[D]. 太原: 太原理工大学, 2018.

[15] 李磊. 典型工况下电牵引采煤机截割部动力学分析[D]. 太原: 太原理工大学, 2018.

[16] LARKIN L A. Elastic-plastic analysis with NASTRAN user elements [J]. Computer and structures, 1981, 13(3): 357-362.

[17] CESTINO E. Design of solar high altitude long endurance aircraft for multi-payload &operations[J]. Aerospace science and technology, 2006, 10: 541-550.

[18] HAJIMIRZAALIAN H, MOOSAVI H. Dynamics analysis and simulation of parallel robot Stewart platform[C]. The 2nd International Conference on Computer and Automation Engineering, 2010, 42: 472-477.

[19] RAMESH M, NIJANTHAN S. Mechanical property analysis of kenaf–glass fibre reinforced polymer composites using finite element analysis [J]. Bulletin of materials science, 2016, 39(1): 147-157.

[20] 谢飞, 黄旭, 王建华. 基于 UG 的 Logix 齿轮参数化建模及弯曲应力分析[J]. 机械传动, 2011, 35(3): 30-32.

[21] LI X, WANG H L, ZHANG R H. Based on NX NASTRAN finite element analysis of rotary blade axis[J]. Applied mechanics & materials, 2013, 6: 397-400, 656-661.

[22] 李耀明, 孙朋朋, 庞靖. 联合收获机底盘机架有限元模态分析与试验[J]. 农业工程学报, 2013, 29(3):38-46.

[23] 郭生龙. 电牵引采煤机截割部摇臂瞬态动力响应分析[J]. 煤矿机械, 2013, 34(1): 103-104.

[24] 石更强. 基于 UG6.0NX NASTRAN 人工仿生膝关节应力分析[J]. 生物医学工程学杂志, 2014(1): 128-131.

[25] 李春银, 王树林. 汽车空调旋叶式压缩机排气阀片的振动特性[J]. 振动与冲击, 2014, 33(8): 186-191.

[26] 陈家琦, 王冬良, 刘海明. 分布式驱动电动汽车轮毂设计与优化[J]. 农业装备与车辆工程, 2017, 55(11): 13-16.

[27] 赵娟妮. 某载货平板车车架优化设计及有限元分析[J]. 成都航空职业技术学院学报, 2018, 34(1): 37-40.

[28] 顾涛, 罗平尔. 涡轮增压器壳体自动铆压机的设计与分析[J]. 机床与液压, 2018, 46(2): 40-42, 53.

[29] MERVYN F, SENTHIL K A, NEE A Y C. An adaptive fixture design system for integrated product and process design[C].IEEE International Conference on Automation Science and Engineering., 2005: 87-92.

[30] HREN G. Web-based environment for mechanism simulation integrated with CAD system[J]. Engineering with computers, 2010, 26(2): 137-148.

[31] LWIN T, VU N A, LEE J W, et al. A distributed Web-based framework for helicopter rotor blade design[J]. Advances in engineering software, 2012, 53(7): 14-22.

[32] NYAMSUREN P, LEE S H, KIM S. A web-based revision control framework for 3D CADmodel data[J]. International journal of precision engineering & manufacturing, 2013, 14(10): 1797-1803.

[33] 韩永彬, 王云莉, 刘娜, 等. 基于 Web 的分布式计算环境中 CAE 软件的应用共享[J]. 计算机工程与应用, 2002, (13): 127-129.

[34] 张和明, 熊光楞. Web 的多学科系统设计与仿真平台及其关键技术[J]. 计算机集成制造系统-CIMS, 2003, 9(8): 704-709.

[35] 胡建正, 巫世晶, 王晓笋. 基于 web 的履带车辆传动系统仿真[J]. 制冷空调与电力机械, 2003, 24(90): 57-60.

[36] 王晓东, 毕开波, 周须峰. 基于 ADAMS 与 Simulink 的协同仿真技术及应用[J]. 计算机仿真, 2007, 24(4): 271-274.

[37] 赵胜刚, 万丽荣. 基于 WEB 的产品定制与仿真系统研究[D]. 青岛: 山东科技大学, 2007.

[38] 张艳花, 杨兆建, 范秋霞. 采煤机远程选型系统的设计与实现[J]. 煤矿机械, 2012, 33(4): 147-149.

[39] 杨兆建, 王学文. 矿山机械装备云仿真 CAE 服务系统研究与应用[J]. 机械工程学报, 2013, 49(19):111-118.

[40] 谢嘉成, 杨兆建, 王学文, 等. 基于 Web 的煤矿采掘运提装备虚拟拆装与仿真系统设计[J]. 矿山机械, 2015, 43(1): 120-125.

[41] 郝晓东, 杨兆建. 基于 Web 的采煤机扭矩轴参数化分析系统[J]. 煤炭技术, 2016, 35(4): 231-233.

[42] 赵峰. 网络环境下基于 ADAMS 的采煤机截割部动力学分析系统[D]. 太原: 太原理工大学, 2017.

[43] AZIZ E S, CHASSAPIS C. Development of an interactive web-based support system for gear design//Proceedings of the ASME Design Engineering Technical Conference [C]. 28th Design Automation Conference. New York: American Society of Mechanical Engineers, 2002.

[44] 朱爱斌, 张锁怀, 丘大谋. 转子轴承系统动力学分析系统的设计与实现[J]. 机械设计与研究, 2005, 21(3): 44-46.

[45] 刘峰, 李华, 姚进. 齿轮轴参数化有限元分析系统的开发[J]. 机械设计与制造, 2011, (11):117-119.

[46] 米良, 殷国富, 孙明楠. 多软件环境下机床主轴智能化集成设计系统[J]. 吉林大学学报(工学版), 2011, 41(5): 1335-1341.

[47] 杨创战, 方宗德, 刘杰.基于 ANSYS 二次开发的减速器箱体有限元分析系统的研究[J]. 机械科学与技术, 2014, 33(3): 391-394.

[48] 徐涛, 王海霞, 金艳. 基于 VB、Oracle 及 Matlab 的航空发动机振动分析系统及接口设计[J]. 测控技术, 2014, 33(2): 148-152.

[49] 谢爱争. 基于 NX NASTRAN 采煤机牵引部关键零件参数化设计与分析系统[D]. 太原: 太原理工大学, 2018.

[50] 汪锐. NX Open API 编程技术[M]. 北京: 电子工业出版社, 2012.

[51] 周临震, 李青祝, 秦珂. 基于 UG NX 系统的二次开发[M]. 镇江: 江苏大学出版社, 2012.

[52] 莫蓉. 图表详解 UG NX 二次开发[M]. 北京: 电子工业出版社, 2008.

[53] 金昊炫. 基于 UG 的注塑机模板参数化 CAD 系统的研究和实现[D]. 杭州: 浙江大学, 2003.

[54] 张洪伟, 张以都, 王锡平. 基于 ANSYS 参数化建模的农用车车架优化设计[J]. 农业机械学报, 2007, 38(3): 35-38.

[55] SONG I H, CHUNG S C. Intergrated CAD/CAE/CAI verification system for web-based PDM[J]. Computer-aided design and applications, 2008, 5(5): 676-685.

[56] BAGUMA R, LUBEGA J T. A web design framework for improved accessibility for people with disabilities (WDFAD)[C].Proceedings of the 2008 International Cross-Disciplinary Conference on Web Accessibility, Beijing, 2008: 134-140.

[57] DAI X, QIN Y, JUSTER N P. A web-based collaborative design advisory system for micro product design assessment[J]. Applied mechanics and materials, e-engineering and digital enterprise technology, 2008, 10-12: 220-224.
[58] 侯亮, 林祖胜, 郑添杰. 基于网络的有限元分析专家系统[J]. 计算机集成制造系统, 2008, 14(3): 499-505.
[59] 郭卫东, 李守忠, 马璐. ADAMS2013 应用实例精解教程[M]. 北京: 机械工业出版社, 2015.
[60] 陈立平. 机械系统动力学分析及 ADAMS 应用教程[M]. 北京: 清华大学出版社, 2005.
[61] 郭颂, 明廷堂, 郭立新. ASP.NET 编程实战宝典[M]. 北京: 清华大学出版社, 2014.
[62] 刘吉成, 张学红, 刘树林. 基于 ADAMS 的机械造穴工具二次开发平台研究[J]. 机械设计, 2011, 28(10): 41-45.
[63] 刘建功, 吴淼. 中国现代采煤机械[M]. 北京: 煤炭工业出版社, 2012.
[64] 濮良贵, 纪名刚. 机械设计[M]. 北京: 高等教育出版社, 2012.

附 录

ADAMS(Automatic Dynamic Analysis of Mechanical Systems)机械系统动力学自动分析
ANSYS(ANalysis SYStem)有限元分析软件
APDL(ANSYS Parametric Design Language) ANSYS 参数设计语言
API(Application Programming Interface)应用程序编程接口
ASP(Active Server Pages)动态服务器页面
AVI(Audio Video Interleaved)音频视频交错格式
B/S(Browser/Server)浏览器/服务器
CAD(Computer Aided Design) 计算机辅助设计
CAE(Computer Aided Engineering)计算机辅助工程
CATIA(Computer Aided Three-dimensional Interactive Application)交互式 CAD/CAE/CAM 系统
COM(Component Object Model)组件对象模型
CORBA(Common Object Request Broker Architecture)公共对象请求代理体系结构
CSS(Cascading Style Sheets)级联样式表
DAO(Data Access Objects)数据访问对象
DCOM(Distributed Component Object Model)分布式对象组件模型
DLL(Dynamic Link Library)动态链接库文件
FEM(Finite Element Method)有限元方法
HTML(HyperText Markup Language)超级文本标记语言
Pro/E (Pro/Engineer) CAD/CAM/CAE 软件
RecurDyn(Recursive Dynamic)多体系统动力学仿真软件
RMI(Remote Method Invocation)远程方法调用
SQL(Structured Query Language)结构化查询语言
UG(UnigraphicsNX)交互式 CAD/CAE/CAM 系统
UI(User Interface) 用户界面
URL(Uniform Resource Locator)统一资源定位符
VRML(Virtual Reality Modeling Language)虚拟现实建模语言

附 录

ADAMS(Automatic Dynamic Analysis of Mechanical System) 机械系统动力学自动分析

ANSYS(ANalysis SYStem) [illegible]

APDL(ANSYS Parametric Design Language) ANSYS参数化设计语言

API(Application Programming Interface) 应用程序接口

ASP(Active Server Pages) 动态服务器页面

AVI(Audio Video Interleaved) 音频视频交错格式

B/S(Browser/Server) 浏览器/服务器

CAD(Computer Aided Design) 计算机辅助设计

CAE(Computer Aided Engineering) 计算机辅助工程

CATIA(Computer Aided Three-dimensional Interactive Application) [illegible] CAD/CAE/CAM [illegible]

COM(Component Object Model) 组件对象模型

CORBA(Common Object Request Broker Architecture) 公共对象请求代理体系结构

CSS(Cascading Style Sheets) 层叠样式表

DAO(Data Access Objects) 数据访问对象

DCOM(Distributed Component Object Model) 分布式组件对象模型

DLL(Dynamic Link Library) 动态链接库

FEM(Finite Element Method) 有限元法

HTML(HyperText Markup Language) 超文本标记语言

[illegible]

RecurDyn(Recursive Dynamic) [illegible]

TMM(Transfer Matrix Method) [illegible]

SQL(Structured Query Language) 结构化查询语言

UG(Unigraphics) [illegible] CAD/CAE/CAM [illegible]

UI(User Interface) 用户界面

URL(Uniform Resource Locator) 统一资源定位符

VRML(Virtual Reality Modeling Language) 虚拟现实建模语言